工业和信息化部"十二五"规划教材

目标探测与识别技术

张 合 江小华 编著

北京理工大学出版社
BEIJING INSTITUTE OF TECHNOLOGY PRESS

版权专有　侵权必究

图书在版编目（CIP）数据

目标探测与识别技术／张合，江小华编著．—北京：北京理工大学出版社，2015.4
（2021.7 重印）

ISBN 978 - 7 - 5682 - 0552 - 8

Ⅰ.①目…　Ⅱ.①张…②江…　Ⅲ.①目标探测 - 探测技术 - 研究②自动识别
Ⅳ.①TB4②TP391.4

中国版本图书馆 CIP 数据核字（2015）第 083276 号

出版发行／北京理工大学出版社有限责任公司

社　　址／北京市海淀区中关村南大街 5 号

邮　　编／100081

电　　话／（010）68914775（总编室）
　　　　　　82562903（教材售后服务热线）
　　　　　　68948351（其他图书服务热线）

网　　址／http：//www.bitpress.com.cn

经　　销／全国各地新华书店

印　　刷／北京虎彩文化传播有限公司

开　　本／787 毫米×1092 毫米　1/16

印　　张／18.25

字　　数／421 千字

版　　次／2015 年 4 月第 1 版　2021 年 7 月第 3 次印刷

定　　价／46.00 元

责任编辑／林　杰

王玲玲

文案编辑／王玲玲

责任校对／周瑞红

责任印制／王美丽

图书出现印装质量问题，请拨打售后服务热线，本社负责调换

PREFACE 前言

　　本书是在作者 2006 年出版的《探测与识别技术》教材基础上，结合专业教学和科研工作，并参考相关国内外最新资料文献，结合专业改革发展和教学实践经验而编写的。全书按教学改革的要求，注重知识面的拓宽，加强能力的培养，特别是把科研成果有机地融入书中。全书充分强调基础理论，力求在各章节把有关基础理论部分的内容介绍清楚，充分注意理论的完整性和内容的可读性，突出探测的实用性。

　　本书主要介绍飞行体在运动状态下的非接触探测与识别，各章节涉及的学科领域较宽，它包括激光技术、毫米波技术、红外技术、磁电技术、声与地震动传播与探测技术、电容近感技术、GPS/北斗卫星定位技术以及目标识别技术等，取材上大部分是"九五"以来的科研成果或先进技术与最新发展，是武器系统与运用工程和武器发射工程专业本科生的专业教材，也可作为其他武器类专业的本科生和研究生的教材或参考书。

　　本书由南京理工大学张合教授和江小华副研究员编著，其中第 1、2、5、8、11 章由张合编写，第 3、4、6、7、9、10 章由江小华编写，全书由江小华统稿。本书由北京理工大学李东光教授和中北大学张亚教授主审，他们提出了许多宝贵意见，特此致谢。在编写和出版过程中，得到了南京理工大学机械工程学院的指导与帮助，也深表感谢。由于探测与识别技术知识面广，而编者水平有限，书中谬误和不妥之处在所难免，敬请读者批评指正。

编著者

2015 年 1 月

目　录
CONTENTS

第1章

绪　　论

1.1　目标探测与识别技术的地位与定义

目标探测与识别是一门综合多学科的应用技术，它涉及的学科领域有传感器技术、测试技术、激光技术、毫米波技术、红外技术、近代物理学、固态电子学、人工智能技术、海陆空武器系统、引信技术等。它的主要目的是采用非接触的方法探测固定或移动的目标，通过识别技术，完成对受控对象的控制任务。例如：在公路上行驶的汽车，遇到浓雾天气，在行驶过程中为了避免追尾，汽车工程师在汽车前端设计安装一种定距探测装置，根据探测到的两车距离控制行车速度，从而避免汽车追尾事故的发生。另外，在精确打击武器系统中，快速探测到被攻击的目标，根据目标的特性决定攻击时刻、攻击位置也是十分重要的。

近十几年，随着现代科学技术的飞速发展，目标探测与识别技术发生了日新月异的变化，在工业、农业，特别是军事斗争的需求牵引下，毫米波探测、激光定距探测、主被动声探测、磁探测、地震动探测等都有了极大的技术进步。在现代武器中，为了达到最佳作用效能，需要引信实时判断弹体本身或弹目相对位置，甚至对目标进行识别，对引信提出了更高的要求，因而引信目标探测与识别具有重要的意义。

引信目标探测与识别没有严格的定义，根据引信的需要和用途，给出如下定义。

引信目标探测与识别是指引信通过对固定或移动目标进行非接触测量，测量的信号包含距离、位置、方位角或高度信息等，测量到的信号经过设计的识别方法能正确地给出相关的信息，为引信的起爆控制策略提供输入参数。以上过程中所采用的技术统称为引信目标探测与识别技术。

1.2　引信目标探测与识别技术的军事需求

1.2.1　高新技术弹药发展的需求

自 1991 年 1 月 17 日开始的历经 42 天的海湾战争，是以美国为首的多国部队同与之军事实力相差极为悬殊的伊拉克之间的战争，是一场现代技术条件下陆、海、空、天、电磁环境五维一体的各种高新技术武器的综合较量。美国依靠高新技术，在 38 天的空中轰炸期间，摧毁了伊拉克近 50% 的军事实力，在随后的 4 天地面战争中，打垮了伊军部署在前线 43 个师中约 37 个师的作战能力。此次战争使伊军前线的 4 280 辆坦克损失了 2 000 多辆，2 880

辆装甲车损失了1 500辆,基本上摧毁了伊军前线部队的军事实力。在1999年3月24日至6月10日发生的科索沃战争中,以美国为首的北约采用大规模空袭为作战方式,凭借占绝对优势的空中力量和高技术武器,对南联盟的军事目标和基础设施进行了连续78天的轰炸,造成了1 800人死亡,6 000多人受伤,12条铁路被毁,50座桥梁被炸,20所医院被毁,40%的油库和30%的广播电视台受到破坏,是20世纪末一场重要的高技术局部战争。战争中大量使用了精确制导武器,使弹药的命中精度与毁伤效果有了"质"的飞跃。

所谓高新技术弹药,指的就是采用了末端制导技术、末端敏感技术、弹道修正技术等目标探测与识别技术,具有精确打击能力的弹药,此类弹药具备一定的目标探测功能。图1-1给出了常用的目标探测工作方式,其中末制导技术根据制导的方式不同,分别可使用可见光、红外、毫米波、声、静电等探测技术。通过目标识别,控制弹丸跟踪、命中目标。目前正在发展和实际采用的制导方式有自主式制导系统、遥控制导系统、寻的制导系统和复合制导系统,其中20世

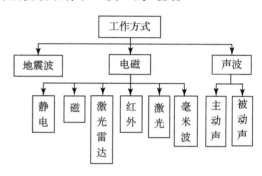

图1-1 常用的目标探测工作方式

纪80年代装备部队并在战场上使用的主要产品有美国的M712 Copperhead"铜斑蛇"激光制导炮弹和苏联/俄罗斯的"红土地"2K25式激光末制导炮弹系统。末端敏感技术主要用在末端敏感炮弹(简称末敏弹)上,它是用火炮发射的一种"发射后不用管"的子母炮弹,该弹飞抵目标区域后,引信开仓抛出敏感子弹,在敏感子弹的整体旋转过程中,依靠弹上的敏感器对地面进行扫描,自动探测目标,在发现目标的同时,识别出子弹与目标之间的相对空间位置,再依靠爆炸成型装药毁伤目标,末敏弹没有制导系统,它只探测、识别目标,而不追踪目标,末敏弹常用的探测器有毫米波探测器、红外探测器、双色红外探测器等。弹道修正技术用在炮弹上,有两种修正方式:一种是自主修正,采用传感器和卫星定位信息测出实际飞行弹道和理想弹道的差别,并进行修正;另一种是半自主修正,炮弹在飞行中的弹道参数和目标参数通过地面站测定,并向炮弹发射出修正信号,弹上只完成接收信号和控制弹丸运动的工作。除此之外,弹道修正弹还可以把来自弹载的全球定位系统(GPS)接收机或其他类似接收机通过探测系统测得的弹道信息传回给火炮,使射击指挥系统通过弹丸飞行中的实测参数来修订发射火炮的装定诸元,以提高后续炮弹的命中精度。

1.2.2 "新三打三防"战术发展的需求

随着国际形势发生变化,中国人民解放军在20世纪90年代末提出了"新三打三防"为内容的军事训练科目。

所谓"新三打",就是指打武装直升机、打巡航导弹、打隐形飞机。

武装直升机是配有机载武器和火控系统,用于空战或对地面、水面或水下目标实施空中攻击的直升机的统称,包括各种攻击直升机、歼击直升机以及装有机载武器和火控系统的其他直升机,如美国的"阿帕奇"攻击直升机、俄罗斯的"蜗牛"反潜直升机、法国的"黑豹"攻击/空战直升机、印度的"印度豹"攻击直升机等。武装直升机具有低空突防、防空雷达难于探测的优点,因而在现代战争中发挥出日益重要的作用。例如,2003年4月20日

美英联军对伊拉克战争中，武装直升机起到了对地面控制的关键作用，迫使伊拉克士兵只能分散作战，不能形成大规模的战役决战。在这种非线性、不对称战争中，传统的防空武器面临巨大的挑战。为对抗武装直升机对地面设施和人员带来的威胁，智能雷弹突破传统的观念向空中拓展，主要作用是摧毁敌方超低空飞行的直升机，或利用密集布置的智能雷弹迫使敌机高飞，从而使其暴露于其他防空武器的火力之中。智能雷弹如图 1-2 所示，其声传感器可探测 1 000 m 左右直升机螺旋桨产生的噪声。一旦分析出这种信号，雷弹锁定其频率，当信号或噪声增加到一定水平时，第二个探测系统（红外或地震动）开始工作，它能探测到直升机的接近距离或敏感到直升机主旋桨下降气流产生的大气压力变化，一旦到达预定的距离或压力变化时，雷弹可被弹射到一定的高度并爆炸，毁伤直升机。声和红外的复合探测技术也可以用于攻击巡航导弹。

图 1-2　智能雷弹

巡航导弹是指以巡航状态在大气层内飞行的有翼导弹，是一种智能型的精确打击武器。巡航导弹能够自动控制导航，利用喷气发动机推进，以最有利的速度和高度飞行，进行超低空突防。典型的巡航导弹包括美国的 BGM-109 "战斧" 式巡航导弹、AGM-86C 型空射巡航导弹、俄罗斯的 SA-15 萨姆空射对地巡航导弹及中国的长剑-10 陆基巡航导弹。对于巡航导弹的主要预警技术包括远程地面雷达预警技术、近程雷达预警技术、光学、夜视和声学技术等。

隐形飞机是广泛采用低可探测技术或目标特征控制技术的飞机，它不易被探测系统发现，具有较强的隐蔽性、生存力和作战能力。典型的隐形飞机包括美国的 B-2A 战略轰炸机、F-22 隐形战斗机，俄罗斯的 Su-47 "金雕" 式战斗机等。对于隐形飞机的主要战术手段之一就是要加强预警，及时发现。包括改进常规雷达探测性能、研制不同波段的新型雷达、利用空中和天基探测系统、采用特殊体制雷达、采用光电探测设备等，实现组网预警、接力开机、空地一体、立体预警的预警系统。

新 "三防" 指的是防侦察、防电子干扰和防精确打击。

侦察监视是指利用高性能的侦查探测系统进行全时域、大空域，甚至覆盖全球的侦察与监视，从而在战时和平时都可以迅速、准确、全面掌握地方的情况，为实时采取相应的对策提供依据。在防侦察方面，随着传感器的发展和信息革命的到来，侦察信息的获取和处理已进入一个全新的时期，如无人值守传感器系统（UGS）就是各国正在发展的防侦察、对地面目标探测、对战场监视的手段之一。作为对空中目标探测以及区域入侵报警的装备，它一般设置在地面上，通过多种传感器自动收集远距离目标的信息而无须人工干预，并与控制中心通信，具有极好的抗干扰性和保密特性。多传感器探测与控制网络系统的功能结构如图 1-3 所示，地震动/声传感器和红外复合探测入侵信息，通过基本模块及处理电路把信息通过天线发向指挥系统。

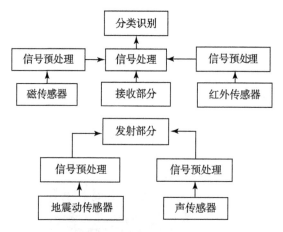

图 1-3 多传感器探测与控制网络系统的功能结构

在战场侦察方面，美国正在开展灵巧灰尘（Smart Dust）的研究，灵巧灰尘是使用 MEMS 技术把大量的传感器与相关电路微型化，而后构成网络。这些灵巧灰尘可悬浮在空中，对地面各种活动进行侦察、摄像，如图 1-4 所示，获得的信息经微处理器和微控制器处理后，通过射频发射机传输给网络系统。

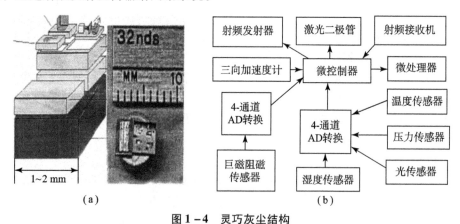

图 1-4 灵巧灰尘结构
(a) 结构图；(b) 原理框图

电子干扰是指人为地发射或转发某种电磁波，或者使用某些器材反射或吸收电磁波，以扰乱、欺骗敌人的电子设备，降低其效能或使之失效。防电子干扰的方法包括通信反干扰、雷达反干扰、光电反干扰等，如果能准确探测出电子干扰的信号或目标特征，防电子干扰就能做到有的放矢、快速高效。

精确制导武器是采用精确制导系统，具有很高命中精度的导弹和制导弹药的统称。其中导弹是依靠自身动力装置进行飞行、由制导系统依据所设定的导引规律（如追踪法、平行接近法和比例导引法等）导引和控制其飞行路线并导向目标的武器；精确制导弹药是指自身无动力装置，其弹道的初始段、中段需要借助火炮发射或飞机投掷的精确打击弹药。精确制导弹药分为末制导弹药和末敏弹两种，前者主要有制导炮弹、制导炸弹、制导地雷、制导鱼雷等，后者主要指一些反装甲、反集群目标的精确子弹药。防精确打击的拦截手段包括反导防空系统拦截和近程常规武器拦截，其首要条件都是需要快速、精确地探测与识别目标并预判其运动轨迹。

1.2.3 水下反鱼雷的发展需要

自 19 世纪鱼雷问世到 21 世纪的今天，世界各国在鱼雷的研制方面都有了长足的进展。西方主要国家的由水面舰艇发射的反舰鱼雷虽然已被舰对舰导弹所代替，但是潜艇作为一种隐蔽的鱼雷运载工具和发射平台，随着其技术的发展及发射的鱼雷越来越先进，对舰船的威胁从某种意义上讲比反舰导弹更严重。例如，早在 1943 年 9 月 16 日，一艘德国潜艇发射了声自导鱼雷，10 min 之内就击沉了 3 艘英国驱逐舰，在 1982 年英阿马岛海战中，英核潜艇"征服者"号对阿根廷海军的"贝尔格拉诺"战斗群发动鱼雷攻击，"征服者"号发射了 3 枚 MK - 8 鱼雷，两枚射向"贝尔格拉诺"号巡洋舰，一枚射向一艘老式护卫舰，巡洋舰被击中后当即沉没，由于从护卫舰底穿过的鱼雷引信没有作用才使护卫舰侥幸逃脱。因此，现代海战中，水下反鱼雷技术是迫切需要的。目前，反鱼雷技术归纳起来分为"硬杀伤""软杀伤"和"非杀伤"三种类型。其中"硬杀伤"是直接探测到来袭鱼雷，采用某种手段将其摧毁；"软杀伤"是探测到来袭鱼雷后，依靠施放各种假目标，如干扰器、声诱饵等干扰或诱骗来袭鱼雷，使鱼雷偏航或能源耗尽后自沉；"非杀伤"是指采用消声、隐形等技术，降低目标回波强度，对抗鱼雷自导系统的检测能力，使其丢失目标。在反鱼雷技术方面，无论是"硬杀伤"还是"软杀伤"方式，探测到鱼雷来袭的方位、距离是十分重要的，目前，常采用的是声呐、磁探测技术或两者的复合技术，声磁复合诱饵雷弹及其引信如图 1 - 5 所示。声呐用来探测鱼雷的来袭方位，磁探测确定袭鱼雷的距离，在设定距离内起爆反鱼雷的鱼雷，摧毁敌方鱼雷。

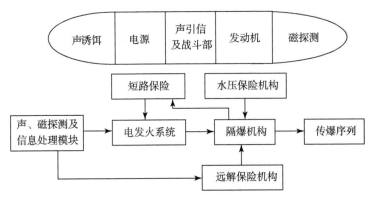

图 1 - 5 声磁复合诱饵雷弹及其引信

1.3 目标探测与识别技术对引信发展的意义

引信是利用目标信息和环境信息，在预定条件下引爆或引燃战斗部装药的控制装置或系统。现代引信的主要功能包括起爆控制、安全控制、命中点控制和发动机点火控制。

引信技术的概念在武器装备需求的强力牵引和高新技术发展的推动下有较大的发展，现代引信技术通过先进的传感器和数字技术的引入以提高弹药的整体性能为基础，强调了引信对目标的探测、识别以及抗干扰和起爆控制能力，而目标探测和识别功能的实现则是引信灵巧化和智能化的前提。

现代弹药系统中普遍使用各种近炸引信。近炸引信能够大大提高弹药的毁伤效能，如各种导弹、火箭弹、航空炸弹和中大口径炮弹配用的近炸引信，甚至有向小口径弹药发展的趋势，如小口径防空弹药、要求空炸的小口径枪榴弹等。随着现代战争的发展和战场环境的复杂化，对各种近炸引信的性能也提出了越来越高的要求，如对目标精确定位并选择最佳起爆位置与起爆方向、对目标的探测识别能力、抗自然和人为干扰能力等。然而由于各种弹药配用的近炸引信的作用环境、作用对象及要求近炸引信提供的目标、环境信息的内容等各不相同，使得单纯使用一种或几种探测手段难以满足不同近炸引信的战术、技术要求，或难以得到较优的性能指标。

近炸引信起源于 20 世纪 30 年代，自 1943 年无线电近炸引信开始装备部队以来，在以后的较长时间内，无线电波成为近炸引信的主要探测手段，得到广泛的应用。随着现代科学技术的发展，各种各样探测原理的近炸引信使用范围越来越广泛。促使近炸引信采用新探测原理的原因主要有以下三点。

①随着现代科技的飞速发展，各种探测原理在理论和器件制作技术上的成熟为新探测原理在近炸引信中的实际应用奠定了理论和物质基础。

②现代武器系统对近炸引信提出了更加苛刻的要求，首先是探测能力，从简单的定位、定距到目标识别、环境识别；其次是使用条件和使用环境的恶化和复杂化。而各种探测手段都具有由其本质属性决定的优势与不足，为满足各种近炸引信的不同技术、战术要求并得到最优的系统性能，发展多种近炸探测原理并加以复合成为必然的发展趋势。

③无线电近炸引信发展的同时，针对无线电近炸引信的干扰技术也同步发展，为解决抗干扰问题而提出的新的无线电探测体制如跳频无线电体制、频率捷变体制、伪随机编码体制等都是以增加复杂性和成本为代价的。相比之下，其他探测原理的近炸引信或者是由于其本质特性或者是由于缺乏相应的干扰技术，对敌方人为干扰表现出大大优于无线电近炸引信的抵抗能力。

目前应用于近炸引信的探测技术主要包括无线电探测技术，声、超声探测技术，红外探测技术，激光探测技术，辐射探测技术，静电探测技术，磁探测技术，电感、电容探测技术及以上各种探测技术组合使用的复合探测技术。

1.3.1　引信灵巧化发展的需要

为了充分发挥引信技术在弹药"灵巧化"进程中的作用，非制导武器弹药"灵巧化"使武器系统各部件之间的相对独立设计发展为以提高总体性能为目的的系统一体化设计。武器系统各部件之间信息互相利用、资源共享、功能互补、互相渗透的趋势越来越明显，部件间的界限越来越模糊，各部件作为自封闭独立物理实体的设计概念日趋淡化，而系统的综合功能越来越强。正是在这种背景下，非制导武器弹药"灵巧化"赋予了引信更新、更多、更重要的功能，国外在灵巧弹药寻的引信方面开展了深入的研究，典型的实例有美国的

SADARM – 155 mm 末敏弹、德国的 SMArt – 155 mm、法国的 ACED、瑞典的 BONOS 等，基本都采用毫米波雷达或红外传感器复合探测。以毫米波雷达为例，在毫米波雷达对目标的探测与识别方面，目前国内外在 3 mm、5 mm、8 mm 等波段上开展了对目标的探测与识别技术研究。

灵巧化的精确制导武器有两项关键的核心技术：一是高分辨率、高灵敏度的毫米波或红外探测敏感技术，二是智能化信息处理与识别技术。前者用于尽可能多地获取关于目标与背景的详细信息，后者则用于在恶劣的战场条件下发现、截获、跟踪具有强干扰、隐身能力的军事目标，也就是说，通过对毫米波或红外探测敏感系统所获取的整个搜索区域内的大量信息进行处理，从中准确地获得与感兴趣目标密切相关的少数几维重要信息，从而回答出这样一些所关心的问题：毫米波或红外探测敏感系统所扫掠的区域内是否有目标？如果已经发现了目标，那么是哪一类目标？是敌方目标，还是我方目标？是编队的、集群的目标，还是单个的目标？是种类单一的目标，还是混编的目标？目标以多快的速度运动？领队在哪儿？最重要、最具攻击价值的目标在哪儿？目标的什么部位最薄弱？所有这些问题都是其信息处理与识别系统需要实时地、明确地回答并对战斗部实施控制。

毫米波雷达是目前最常用的一种电磁设备，它通过发射具有一定波形、矢量特征与极化的电磁波信号与四周的环境相互作用，形成了一个多维的测量空间，这个空间带有关于环境与目标的多维时空信息，如何从雷达所获取的大量的非目标信息（如气象杂波、电子干扰、光电干扰、动物、植物、地物杂波、建筑物、其他车辆、其他飞行物、接收机中的噪声等）中获取感兴趣的少数几维信息，消除多维随机变量信息的部分确定性是信息处理与识别技术的内容。

进行多维处理需要产生多功能的"最佳"雷达信号波形并以适当的方式发送和接收，利用这种编码信号为雷达提供一个包括时间域、频率域、幅度域乃至极化的工作环境。信息处理器则用来对多个域的数据以矢量方式进行处理，这样就可以在时间、频率、幅度、到达方向和极化等方面对信号检测和定位。这种方法的主要优点在于它可以收集更多的能量，可以利用不同信号域之间的交叉信息，降低在所有信号域中同时出现干扰的概率，采用这种设计的毫米波雷达导引头在探测、识别、确定目标位置、延伸域轮廓形状等方面的准确度、分辨率、抗干扰能力、自适应能力等都会有所改进。

1.3.2　引信智能化发展的需要

智能引信的智能是指人工赋予的，对于客观的感知、思维、推理、学习判断、控制决策的能力，智能引信是信息技术、传感器技术和微机电技术等发展的产物，是以软件为核心的信息探测、识别与控制的系统。智能引信的原理功能框图如图 1 – 6 所示。其中，探测系统是智能引信的基础，它由各种传感器组成，其功能是感知或探测目标的信息，要完成准确的探测、识别与控制的功能，要探测到目标的多种信息，从多种信息的提取中获得有用信息，因此，复合探测是智能引信发展的需要。另外，对目标、背景、环境信息模式进行分类与研究，是开展引信模式识别的基础，只有建立了这些特征信息的模式，才能为引信技术自动识别研究提供基准。基于神经网络的模式识别技术是引信智能化的基础，目前广泛开展以神经元网络为基础的信息处理技术研究迅速用于引信中，将会对引信智能化的发展起重要作用。

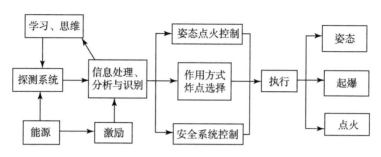

图1-6　智能引信的原理功能框图

1.3.3　引信起爆控制系统发展的需要

引信的起爆控制内容十分丰富，按马宝华教授提出的分类，其技术层次可概括为六个层次，如图1-7所示。

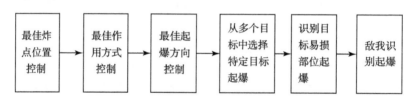

图1-7　引信起爆控制的技术层次

最佳炸点位置控制包括触发引信的高瞬发度控制、触发延期引信的炸点控制、实现引信的时间开仓点自适应控制以及近炸引信启动距离控制，它是21世纪近代引信起爆控制技术的一个研究热点。

引信多种作用方式的复合，导致引信最佳作用方式控制问题的出现，如对空和反舰导弹触发/近炸复合引信，其最佳作用方式控制应是：当导弹能够直接命中目标时，优先选择触发作用；当导弹未能直接命中目标时，应选择近炸作用；当导弹完全脱靶时，应定时作用自毁。

引信最佳作用方式控制还包括区域封锁弹药的多模引信，它可以有即时起爆、随机延时起爆、不可近起爆、不可动起爆、不可拆起爆、不可运起爆甚至包括"不起爆"等多种作用方式，达到在封锁和反封锁对抗条件下获得尽量长的封锁时间的目的。

现代战争中会遇到多目标拦截问题，这时要求引信具有从多个目标中识别特定目标的功能，以保证导弹掠过非指定目标时引信不提前作用。此功能也包括区域封锁弹药（如地雷、水雷）引信仅对特定目标起爆的功能。

识别目标易损部位是指引信能够感知目标的结构，识别其易损部位并予以适时起爆，以达到最佳的毁伤效果。例如，通过对飞机的方位及易损部位探测与识别，控制导弹的破片方向主要朝目标易损部位作用，在对空导弹引信中具有较大的应用前景。

从最佳起爆方向控制层次到敌我识别起爆需要对目标的探测与识别，并进行起爆控制，能从敌我双方的坦克、飞机、直升机的空战中，完成敌我目标的探测与识别并起爆战斗部，是未来引信的最高设计层次。

纵观引信的发展可知，探测与识别技术是实现高水平引信的关键技术，除了单一探测体制的发展与完善之外，对复合探测、仿生探测的深入研究，将会大大提高灵巧化、智能化引信的设计水平。

1.3.4　引信智能化目标识别技术发展的需要

在探测获取大量的信息后，传统的信息处理技术在完成目标自动识别时，大都是利用统计模式识别方法。假设一个视觉系统要从一个背景中识别一辆坦克，必须首先利用图像预处理，然后再利用边缘抽取、目标分割等算法把目标从周围的背景中分割出来，最后经特征抽取、统计决策等相当复杂的分析判决来判断分割出的区域是不是坦克。在算法设计、编程以及识别系统建立等方面必须经过严格的训练、学习。这种方法在目标旋转、遮挡、重叠、姿态发生变化，周围背景杂波复杂多变时，系统就无法正确地识别变化大的和未经训练的目标，必须对系统重新进行训练学习以适应新的要求。

鉴于传统的目标识别方法在识别复杂多变战场环境中的多种军事目标时存在着许多无法逾越的障碍，人们先后在信息处理系统中引入逻辑推理与人工智能研究成果，并试图将两者有机地结合起来。

基于逻辑推理的智能识别目标首先对被识别的目标及其周围所关联的物体运用图像分析技术、图像识别技术或人工智能技术，获得待识别目标及其周围可能的景物的符号性表达（如待识别目标的各种抽象特征、与周围景物的几何和物理约束关系及其他关联信息等），即知识性事实后，运用人工智能方法，确定图像分析与处理前端分割出的感兴趣区域的类别，属于符号处理系统，它模拟人脑抽象思维处理来提高目标识别性能。

人工智能神经网络是试图模仿生物神经网络的工作机理而发展起来的一种新型的信息处理系统，它是由大量的类似于神经元的信息处理单元广泛地互联成复杂的网络系统，具有下述3个主要特点。

①平行性。网络中每个单元都是一个独立的信息处理单元，它们的计算均可独立进行，而整个网络系统是平行计算的。

②信息存储是分布式的，局部受损或丢失部分信息不影响全局，具有处理模糊的、随机的、不确定信息的能力，且因信息的存储与计算合为一体，以互联方式存储信息，具有从不完整的信息中联想出全部信息的能力。

③具有自适应、自组织、自学习能力。人工神经网络实际上是一种大规模的并行分布式处理系统，以大量非线性处理单元模拟人脑神经元，用各处理单元之间错综复杂而又灵活多变的互联，来模拟人脑神经元之间的密切联系。在神经网络中，每个神经元都有很多输入、输出键，各神经元之间靠键相连。而键则决定了各神经元之间的连接强度，即相互作用的强弱程度，决定着网络的性能。人们可以根据应用环境的变化，对网络进行学习、训练，使网络不仅可以处理各种变化的信息，获得人们所期望的特定功能，而且使网络在处理信息的同时，不断改变参数与结构，这就是自适应、自组织、自学习过程。

由于神经网络具有突出的优点，因此，模式识别与分类、信号识别、计算机视觉就成了当前神经网络应用的主要领域。美国休斯公司、霍尼维尔公司、霍普金斯大学等开发了神经网络目标识别系统，试验表明：在目标无遮挡时，神经网络方法比传统的目标识别方法的识别率高出20%；在有遮挡时，即在有障碍的战场情况下，神经网络的识别率还要高得多。

神经网络目标识别系统，将"智能"置于系统的结构和适应规则中，它的优点不是针对一个问题或一种应用，而是整个问题，它不要求数字化的数据，可将传感器传来的信息以相应的形式直接传送到神经网络，系统则能通过例子训练学习，从而识别在各种背景下的坦克和其他车辆。识别的前提是高质量的探测，识别技术的发展又推动探测技术的发展。

第2章

目标特性

2.1 地面目标的主要特征

2.1.1 坦克的主要特征

坦克是现代陆上作战的主要武器,有"陆战之王"的美称,坦克是装有大威力火炮,具有高度越野机动性和装甲防护力的履带式装甲战斗车辆,主要用于同敌方坦克和其他装甲车辆作战,也可以压制和摧毁反坦克武器、野战工事,歼灭敌方有生力量。

目前,世界上最先进的主战坦克主要是20世纪80年代以后研制的,这些坦克的战斗全重一般为40~60 t,发动机功率427~610 kW,单位功率9~15.4 kW/t,越野速度35~55 km/h,最大速度48~72 km/h,最大行程300~600 km,载有3~4名乘员。坦克的主要武器是一门105~155 mm口径加农炮,直射距离一般在1 800~2 000 m,射速每分钟7~10发,弹药基数为42~65发。通常采用复合装甲或贫铀装甲,部分还可以披挂外挂式反应装甲,并多数装备了导航系统、敌我识别系统、夜战系统以及"三防"系统(防核/防化学/防生物)。主要技术特征是:普遍采用了脱壳穿甲弹、空心装药破甲弹和碎甲弹,火炮双向稳定器、光学测距仪、红外夜视夜瞄仪器,大功率柴油机或多种燃料发动机,双功率流传动装置、扭杆式独立悬挂装置、"三防"装置和潜渡装置;降低了车高,改善了防弹外形;有的安装了激光测距仪和机电模拟式弹道计算机。

具有代表性的坦克型号有苏联/俄罗斯的T-72、T-80、T-90,美国的M1A1、M1A2,英国的"挑战者1"、"挑战者2",法国的"勒克莱尔"AMX-56,德国的"豹2",日本的90式,中国的99式等。典型坦克的特性及技术参数见表2-1。

表2-1 典型坦克的特性及技术参数

类型	国别	质量/t	最大功率/kW	最大速度/(km·h^{-1})	最大行程/km	乘员/人	装备年份
T-90	俄罗斯	46.5	618	65	65	3	1994
M1A2	美国	63	1 100	67.6	426	4	1993
挑战者2E	英国	62.5	1 100	72	550	4	2002
AMX-56	法国	56.5	1 100	72	550	3	1991

续表

类型	国别	质量 /t	最大功率 /kW	最大速度 / (km·h⁻¹)	最大行程 /km	乘员 /人	装备年份
豹2	德国	55	1 100	70	470	4	1979
90式	日本	52	1 100	70	300	3	1992
ZTZ - 99A2	中国	58	1 100	70	450	3	2009

展望未来，坦克仍然是未来地面作战的重要突击兵器，许多国家正依据各自的作战思想，积极地利用现代科学技术的最新成就，发展21世纪初使用的新型主战坦克。坦克的总体结构可能有突破性的变化，出现如外置火炮式、无人炮塔式等布置形式。火炮口径有进一步增大趋势，火控系统将更加先进、完善；动力传动装置的功率密度将进一步提高；各种主动与被动防护技术、光电对抗技术以及战场信息自动管理技术，将逐步在坦克上推广应用。各国在研制中，十分重视坦克无人化，减轻质量，减小形体尺寸，控制费用增长。可以预料，新型主战坦克的摧毁力、生存力和适应性将有较大幅度的提高。这也是坦克未来的发展方向。

坦克的主要特性与特征表现在三个方面，即红外辐射特征、声传播特征和行驶过程中产生的地面振动特征。

由于其在大气中传输时，存在一定的大气窗口，红外线在大气中传播时，大气对某些波长的红外线产生强烈的吸收，使传播的能量受到损失，而对另外一些波长的红外谱线则吸收较少，透射率较高。大气对红外线吸收比较少的波段，也就是透射率比较高的波段，被形象地称为"大气窗口"。几乎一切与大气有关的光学设备只能去适应这些窗口。大气的红外透射曲线如图2-1所示。

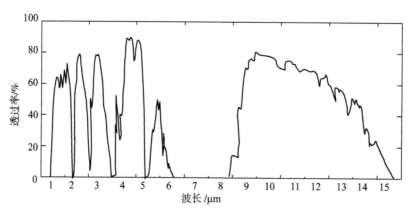

图 2-1　大气红外透射曲线

2.5~4 μm共占据了两个大气窗口，也就是说对坦克进行红外探测时，可利用1.8~2.7 μm、3~4 μm两个大气窗口设计探测、识别系统。

坦克在行驶过程中产生的声音，通过空气传播，实际是一种噪声信号。它由坦克的结构、发动机类型、行驶速度、地形、地质结构等因素决定。坦克车的噪声主频在13 Hz左右，在大约1 km的距离，通过多个声音传感器测量坦克产生的噪声，对噪声信号进行频域分析、时域估算，能正确识别出坦克的方位和距离。

坦克车在行驶过程中，对地面的冲击以及声波对地面的激励，对于非刚体的地球介质，这种激励将引起地球介质的变形。变形在地球介质中的传播即形成地震波。通常把坦克车辆作为激励源，采用地震动传感器在一定距离内进行探测，获得的信号分析后可知，信号主频率在100 Hz以下。其运动过程中产生的地震动信号如图2-2所示。采用高灵敏度的电磁式地震动传感器，能很好地探测坦克的接近距离。通过信号时域、频域的分析，能分辨出坦克的类型及行驶速度等特征。

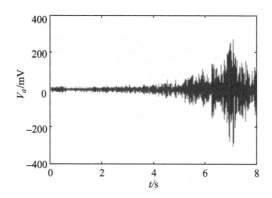

图2-2 某坦克运动过程中产生的地震动信号

2.1.2 车辆的主要特征

车辆分军用车辆和民用车辆，军用车辆主要指步兵战车，它是供步兵机动作战时使用的装甲战斗车辆，分为履带式和轮式两种。民用车辆主要指小汽车和货车两大类，主要以轮式车辆为主。装甲人员输送车具有高度的机动性和一定的防护能力，主要用于战场上输送步兵，也可协助车载武器进行战斗。多数装甲人员输送车的战斗部全重为6~16 t，乘员2~3人，载员8~13人，履带式装甲人员输送车陆上最大时速为55~70 km，最大行程为300~500 km，轮式装甲人员输送车陆上最大时速可达100 km，最大行程可达1 000 km。各国步兵战车性能见表2-2。

表2-2 各国步兵战车性能

类型	质量/t	乘员/载员/人	发动机功率/kW	陆地速度/水面速度/（km·h^{-1})	最大行程/km	战车结构
美EFV	33.8	3/17	1 800	72/46	523	履带式
美M2A2	29.5	3/7	441	57.6/7.2	483	履带式
俄BMP-2	14.3	3/7	221	65/7	600	履带式
德国"美洲狮"	31.45	3/6	800	70/—	900	履带式
中国ZBD-08	25	3/7	400	75/20	600	履带式
德国Boxer	38	10	530	103/—	1 050	轮式
美国Stryker	19	2/9	350	99/—	499	轮式
芬兰XC-361P	19.5	10	360	100/10	750	轮式
法国VBCI	26	3/8	500	100/—	750	轮式
中国ZBL-09	21	3/7	340	100/8	800	轮式

车辆的特性和特征与坦克的基本类似，不同的是，轮式车辆的主频偏低，一般在 13 ~ 40 Hz，而发动机的噪声无论是通过空气传播还是地震动传播，幅值偏小，定位距离偏短，其运动过程中产生的地震动信号如图 2 - 3 所示。

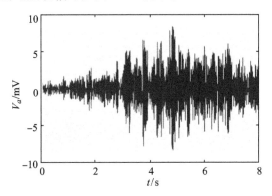

图 2 - 3　某轮式车辆运动过程中产生的地震动信号

2.1.3　人员的主要特征

地面人员的运动也可以通过地震动传感器进行探测，其脚步信号如图 2 - 4 所示。由图可知，在人员逐渐接近探测器时信号幅值逐渐增大，由于脚步信号一般不超过 6 步/s，主频一般小于 6 Hz，成排或成连的士兵通过时，产生的频谱是低于 20 Hz 的噪声，通过频域分析或小波分析能很好地区别出人和车的通过情况。

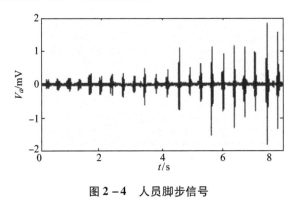

图 2 - 4　人员脚步信号

2.2　空中目标的主要特征

2.2.1　背景辐射

现代战争中，主要对付的空中目标有三类，即固定翼飞机（如隐形飞机）、武装直升机和精确制导弹药（如巡航导弹）。由于三类目标属于有源飞行器，红外特性非常明显，采用红外探测系统能很好地识别和区分。除红外探测系统外，目前还使用毫米波探测系统、声探测系统等。为了更好地了解目标的特性，首先将三类目标的背景辐射叙述如下。

1. 导弹类

导弹或火箭能以多种形式作为红外辐射源，如火箭或空气喷气发动机的喷口、喷气流、气动加热的飞行器表面再入大气层时烧蚀形成的尾迹及冲击波层内的热空气等，均可成为强的辐射源。这些类型的辐射源随飞行的方式、阶段、探测的波段与方向的不同而改变其重要性。

对采用火箭发动机的导弹，在动力段最强的辐射源是喷气流，对大多数有效的工作情况，火箭发动机是以富燃烧剂燃烧的，所排物中有相当一部分物质是可连续燃烧的。它们和空气中的氧气混合后产生外燃反应而形成一个后燃区。这是火箭发动机的尾焰在低高度飞行时的一个特点。这种后燃反应会使尾焰温度增加 500 K 左右。随着飞行高度的增加，空气中氧气减少而使后燃程度减少。

导弹或火箭再入体由于严重的气动加热而成为强的红外辐射源。再入体的辐射主要来自四个部分：①再入体前部被激波加热的空气；②气动加热的再入体表面；③附面层内烧蚀物；④再入体后的尾流。在红外区，主要的辐射来自②和③，在可见光和紫外区则①会起主要作用。

2. 飞机和直升机

飞机是目前对空战术导弹的主要攻击目标。喷气式飞机有四种红外辐射源：作为发动机燃烧室的热金属空腔、排出的热燃气、飞机壳体表面的自身辐射和飞机表面反射的环境辐射（包括阳光、大气与地球的辐射）。

（1）喷口辐射

在研究以 2.7 μm 和 4.3 μm 为中心的两个波段的辐射时，对马赫数小于 2 ~ 2.5 的飞机，其主要的红外源是燃烧室的热金属空腔辐射（或简称喷口辐射）及喷气流辐射。图 2 – 5 所示为一涡轮喷气式发动机原理图。它由压缩机、燃烧室、涡轮、尾喷管等组成。

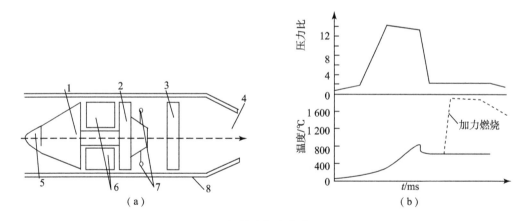

图 2 – 5　涡轮喷气式发动机原理图

（a）结构示意图；（b）发动机工作温度曲线及压力比

1—压缩机；2—涡轮；3—加力燃烧室；4—喷口；5—扩压器；6—燃烧室；7—热电偶；8—尾喷管

喷气流的辐射对从目标飞机的侧向和前半球攻击的红外导弹来说，是极重要的红外源。测量和计算表明，喷气流辐射在与喷流轴线垂直的正侧向为最大。由于飞机机体的遮挡作用，它在飞机前半球内的角分布，要比余弦定律描述的衰减得快，尤其是当角（飞行方向与喷气流的正侧向之间的夹角）大于 60°时，则衰减得更快。

喷流辐射的光谱分布是一个值得注意的问题。大气的吸收不仅会使喷流辐射的值衰减，而且它的光谱分布也会改变。测量数据表明，在 3～5 μm 波段内及在额定工作状态下，喷气流在其正侧向的辐射强度大约为发动机正后向辐射强度的 1/10；在加力状态下，这个比值为 0.80～0.90，有的飞机还可能大于 1。

（2）蒙皮辐射

在研究波长 λ < 5 μm 的飞机红外辐射时，飞行马赫数 $Ma < 2$ 时蒙皮的辐射不起重要作用。因而过去往往认为，只有在 $Ma > 2$、飞机蒙皮承受相当程度的气动加热的条件下才需要考虑蒙皮的红外辐射，这是一种片面的理解。未产生较严重的气动加热的蒙皮会在 8～14 μm 波段内产生重要影响。在 8～14 μm 波段内蒙皮辐射占有压倒性的比例。众所周知，直升机几乎不存在气动加热问题。蒙皮辐射在 8～14 μm 内占这样重要比例的原因在于，一是蒙皮（以其温度为 300 K 为例）辐射的峰值波长约为 10 μm，正好处在 8～14 μm 波段范围内；二是此波段的宽度较宽；三是飞机蒙皮的面积非常大，它的辐射面积比喷口面积大许多倍。由于上述三个原因，使得蒙皮辐射在 8～14 μm 波段内占有极重要的地位。

（3）背景辐射

背景辐射是一个红外系统必然会接收到的辐射，背景辐射在探测器上形成的辐照度有时会比目标形成的辐照度高好几个数量极，且其变化复杂，因而开展背景的研究对正确设计和使用红外系统具有十分重要的意义。导弹红外系统面对的背景有天空、地面和海洋等，下面分别对天空及地面背景的辐射进行一些讨论。

1）天空背景

天空背景可分为晴空和有云两种情况。在晴空条件下，天空向下的辐射主要由两部分组成，即天空中的气体分子及气溶胶粒子对太阳的散射和大气分子的辐射；在有云的条件下，要考虑云对阳光的散射和云本身的辐射。

试验和理论计算表明，对阳光的散射和大气的辐射在光谱分布上是有差别的。对阳光的散射主要分布在波长小于 3 μm 的范围内；而大气辐射由于大气本身温度较低，其有效温度在 200～300 K，因之在小于 4 μm 的波长范围内的辐射量很小。天空辐射可以认为是上述两种辐射的叠加。这种辐射在 3～4 μm 波段内出现极小值，在 3 μm 以下的短波部分以散射为主，而在 4 μm 以上以大气辐射为主。

大气分子和气溶胶粒子对阳光的散射，均随波长而变。不管是瑞利（Rayleigh）散射区或是米（Mie）散射区，散射效率因素均随波长的增大而降低。在做粗略估算时，把太阳看作一个温度近似为 6 000 K 的黑体，并假设入射到大气层上的阳光，被大气层均匀地向各个方向散射。大气外层与阳光垂直的面上的辐照度 E 为

$$E = \frac{M}{\left(\dfrac{r}{r_s}\right)^2} \tag{2-1}$$

式中　M——太阳表面的辐出度；

　　　r——大气外层至太阳的平均距离；

　　　r_s——太阳的半径。

若入射到大气层上的阳光被均匀地散射到 2π 立体角内，则天空的亮度 L 为

$$L = \frac{E}{2\pi} = \frac{M}{2\pi \left(\dfrac{r}{r_s}\right)^2} \tag{2-2}$$

太阳表面的亮度 L_s 与天空亮度 L 之比为

$$\frac{L_s}{L} = \frac{\dfrac{M}{\pi}}{\dfrac{M}{2\pi\left(\dfrac{r}{r_s}\right)^2}} = 2\left(\frac{r}{r_s}\right)^2 \tag{2-3}$$

若取 r 与 r_s 比值的平均值为 215，则

$$\frac{L_s}{L} = 9.245 \times 10^4 \tag{2-4}$$

上述数据与实际数据相比，散射形成的天空亮度显然是偏高了。一般认为取其 1/10 可能较为实际。

在地平方向，晴空时大气分子辐射可近似地用一个 $T = 300$ K 的黑体辐射来代表。因而理想化的天空辐射可用阳光散射的天空亮度与大气辐射的亮度叠加而成。

①阳光散射。在晴空条件下，散射形成的天空亮度具有以下一些特点。

a. 在散射区，光谱曲线并不是理想化的黑体曲线，而是具有一系列的波带状结构。这是由以 0.94 μm、1.1 μm、1.4 μm、1.9 μm、2.7 μm 为中心的水汽的强吸收带形成的。

b. 散射的亮度随观测的仰角而变化（图 2-6），这是因为和水平面构成的仰角增加时，光线路径减小，散射阳光的大气分子数也随之减少，因之散射的亮度减小。需要注意，图中短波区的光谱辐射亮度值应为图中坐标所得值乘以 10。

c. 天空的散射亮度也随阳光的高低角而变。图 2-7 即为不同阳光高低角时天顶高度的

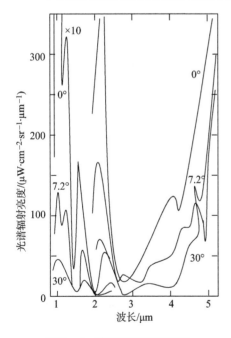

图 2-6　晴空时不同仰角的
散射亮度的光谱分布

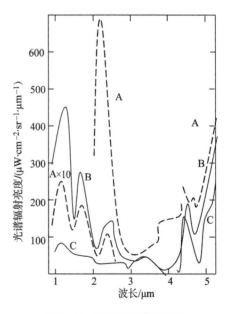

图 2-7　不同阳光高低角时
天顶亮度的光谱分布

A—太阳高低角 77°，温度 30 ℃；B—太阳高低角 41°，
温度 25.5 ℃；C—太阳高低角 15°，温度 26.5 ℃

光谱分布。图中曲线 A 的值应为纵坐标值的 10 倍。

  d. 散射与大气辐射不同，它受大气温度的影响很小。

  ②大气辐射。在波长大于 4 μm 的范围内，天空背景辐射主要由大气辐射形成。大气散射在夜间自然消失了，不过大气辐射不管在白天或夜间均存在。

  大气的辐射受气象条件的影响很大，云团的遮盖对大气的辐射有着重要的影响。在晴朗天空的条件下，大气温度对大气辐射亮度有着明显的影响。图 2-8 所示是天顶的辐射亮度与温度的关系曲线。可以把晴空大气辐射粗略地看成黑体辐射，因而温度也就成了决定性的因素。由于在 8~13 μm 内大气分子的吸收率很低，因而在这个波段内出现了谷地区域。图中虚线是相应温度的黑体辐射亮度曲线。图中较高温度的曲线是在海拔 1 830 m 的山顶上测得的，较低温度曲线是在海拔 4 300 m 的山顶上测得的。

  观测线的仰角对天空光谱辐射亮度也像散射一样有重要影响。图 2-9 是夜间晴空光谱辐射亮度与观测仰角的关系曲线。图中波长 6.3 μm 处的 H_2O 吸收带和 15 μm 处的 CO_2 吸收带，它们的分子吸收系数很大，因而即使仰角为 90°时，发射率也已近似于 1 了，从而使该波长处的各种观测角的曲线均已接近于黑体的曲线。

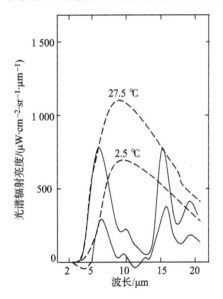

图 2-8　天顶的辐射亮度与温度的关系曲线

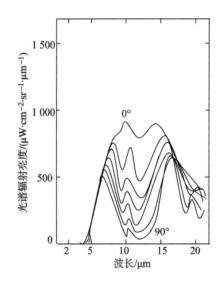

图 2-9　夜间晴空光谱辐射亮度与观测仰角的关系曲线

观测高度为 3 352 m，环境温度为 8 ℃，
仰角分别为 0°、1.8°、3.6°、7.2°、14.5°、30°和 90°

  但是，在 8~13 μm 波段内则不然，在此波段内大气吸收率很低，因而不同仰角所代表的不同路径就有不同的分子数，吸收率也就不同。从图 2-9 也可看到，在 9.6 μm 处有个明显的峰值，这是由 O_3 的发射造成的。

  需要提到的是，此组曲线是在高度为 3 352 m 的高山站上测得的，即使仰角为 0°，在 3~8 μm 内的发射率尚未达到 1，因而它和黑体曲线仍有些差别。在低高度的测量站的测量结果表明，在仰角为 0°时的曲线在 8~13 μm 内已和黑体曲线重合了。

  在有云的情况下，形成云团的水汽一般来说对红外辐射是很好的吸收体。具有相当厚度的云团，对红外线的吸收率很高。当然，在可见光范围内的太阳辐射的吸收不高。

对分散的云团，云团下测量到的辐射可把云团看作为近似黑体的辐射及云团晴面大气（通常温度比云团温度高）的波带状结构的组合。图 2 - 10 所示为白天典型地面物质的光谱辐射亮度。此曲线可理解为 - 10 ℃的云作为黑体辐射和在云团下的大气（+ 10 ℃）的辐射的组合。

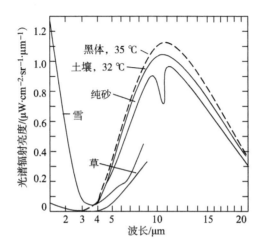

图 2 - 10 白天典型地面物质的光谱辐射亮度

对低空多云的天空的测量表明，此种辐射可近似用相当于环境温度正负几摄氏度的温度的黑体辐射来表示，但也可能在 5 ~ 8 μm 范围内有某种波带状结构。这可能是靠近地面的大气温度略高于云层温度而引起的。

对大气的辐射也能用理论计算的方法进行估算。大气的温度、压力、密度通常随高度而变，因之可将大气沿高度方向分成 n 层。可以假定在每一层的大气是均匀的并且处于热平衡状态，在知道了各层大气的温度、压力、密度分布及透过率后，就可求出大气辐射形成的天空辐射亮度的分布。

2）地面背景

与形成天空背景辐射的机理相似，地面背景辐射由两种机理产生：一是反射的阳光辐射，其中包括天空散的阳光辐射，这部分辐射主要在近红外区，即小于 3 μm 的区域；二是地球本身的辐射，它的辐射主要在 4 μm 以上的区域。正如天空辐射一样，在 3 ~ 4 μm 出现了地面背景辐射的最小值，如图 2 - 10 所示。

地面各种物质如岩石、草地、雪、植物、房屋建筑物等对天空辐射的反射率相差很大，《红外手册》对各类物质均列出了详细的曲线，设计时可以参考。

地面本身的辐射可粗略地考虑为一个温度为 280 K 的黑体的辐射，但是它显然受各地区地面温度的影响。

2.2.2 空中目标及特性

1. 固定翼飞机

固定翼飞机包括战斗机、攻击机、轰炸机、运输机、无人驾驶军用飞机、隐形战斗机、空中加油机、预警机、空中侦察机等，国际某些飞机的主要性能见表 2 - 3。

表 2-3　国际某些飞机的主要性能

机型	苏-35	米格-29M	F-35A	幻影-2000	台风	F-22	J-20
国别	俄罗斯	俄罗斯	美国	法国	英、德、意、西	美国	中国
翼展/m	14.7	11.36	10.7	9.13	10.95	13.56	12.88
机长/m	21.9	17.32	15.67	14.36	15.96	18.9	20.3
机高/m	5.9	4.73	4.33	5.2	5.28	5.08	4.45
最大平飞速度（Ma）	2.25	2.25	1.6	2.2	2.0	2.25	2.5
作战半径/km	1 580	1 500	1 093	1 550	1 389	759	2 000
最大航程/km	4 500	3 200	2 222	3 335	2 900	2 960	5 500
实用升限	18 000	17 000	18 288	17 060	16 765	19 812	18 000

　　现代固定翼飞机无论飞机速度、飞行高度、攻击能力还是防御能力都有提高，通常飞机的蒙皮 90% 是由 1.5~2.5 mm 的轻质金属材料制成，10% 是 3~5 mm 的钢板或钛合金。有的飞机在驾驶舱室还安装有约 10 mm 厚的防护钢板，其油箱则采用自封闭材料或阻燃材料组成。中、高空对固定翼飞机的攻击采用地空导弹或空空导弹，其探测部分采用红外、激光或毫米波探测技术；中、低空对固定翼飞机的攻击可采用高炮、单兵肩射防空导弹，如美制"毒刺"导弹是采用红外探测寻的的，攻击距离 4 km，在苏联入侵阿富汗时期，阿富汗游击队得到了美国大量"毒刺"导弹，击毁多架苏联直升机和军用飞机。

2. 武装直升机

　　武装直升机是近期发展较快的空中目标，它的主要优点是机动性和防护能力都较强，起降场地要求低，战场运用能力强，因而被广泛使用于反坦克作战以及空中支援、反舰反潜、侦察、运输、指挥通信，尤其对地面步兵及重要设施有巨大的威慑力。国际几种武装直升机的主要性能见表 2-4。

表 2-4　国际几种武装直升机的主要性能

机型	AH-1F（眼镜蛇）	AH-64（阿帕奇）	米-35M	UHT（虎式）	川崎 OH-1	WZ-10
国别	美国	美国	俄罗斯	德国、法国	日本	中国
飞行速度/（km·h^{-1}）	277	307	330	298	278	300
航程/km	510	578	500/1 000	800	550	800
主旋翼直径/m	13.41	14.63	17.1	13	11.6	13
机高/m	4.11	4.95	6.5	5.2	3.8	3.85
空重/kg	2 993	5 352	8 200	4 350	2 450	3 000
起飞质量/kg	4 500	7 890	11 500	6 000	4 000	7 000
实用升限/m	3 720	6 250	4 500	3 200	4 880	6 400

续表

机型	AH - 1F （眼镜蛇）	AH - 64 （阿帕奇）	米 - 35M	UHT （虎式）	川崎 OH - 1	WZ - 10
发动机	T53 - L - 703	2 台 T700 - GE - 701C	2 台 TB3 - 117BMA	2 台 MTR - 390	2 台 TS1 - M - 10	2 台 WZ - 9A
武器装备	3 管 20 mm加农炮、枪榴弹发射器、火箭弹、反装甲导弹	30 mm 链炮、火箭弹、反装甲和防空导弹	双管 23 mm机炮、火箭弹、枪榴弹、空地导弹、空空导弹	反坦克导弹、空空导弹	3 管 20 mm加特林炮、反坦克导弹、空空导弹	23 mm机炮、火箭弹、反坦克导弹、空空导弹

"三打"战术之一就是针对武装直升机进行研究打击的方法。武装直升机的主要部位都有装甲防护，如在驾驶室、发动机、油箱外均有 4～6 mm 钛合金板防护，在驾驶室前方用 50 mm 厚的钢化防弹有机玻璃防护，一般能防御 12. 7 mm 机枪的攻击。由于武装直升机强大的动力装置，一般有 2 台 1 kW 以上的发动机，其动力噪声是主要能量波探测的环境信息之一。直升机的红外辐射信息相当丰富，经空气传播在几百米内也可采用被动红外探测方法。

3. 精确制导弹药

现代战场上大量涌现的各类精确制导弹药，主要包括各类导弹、精确制导炸弹和末制导炮弹等。其中尤以导弹种类繁多，应用广泛，发射平台多样，是来自空中的主要威胁。地面防空反导系统重点要对付的是空地导弹、巡航导弹、反辐射导弹和战术地地导弹等目标。这些导弹的速度和飞机差不多（巡航导弹较小），雷达反射面积较小，飞行高度也比较低，飞行中空气噪声小，因此反导比反机有更大的难度。国际几种巡航导弹的性能见表 2 - 5。

表 2 - 5　国际几种巡航导弹的性能

型号	AGM - 86B	BGM - 109C	BGM - 109G	Kh - 555	CJ - 10
国别	美国	美国	美国	俄罗斯	中国
发射平台	空中发射	舰艇发射	陆上发射	空中发射	陆上发射
射程/km	2 500	1 300	2 500	3 500	2 500
巡航速度（Ma）	0.67	0.72	0.72	0.98	0.75
巡航高度/m	7.6～150	15～150	50～150	40～110	50～150
弹长/m	6.32	5.56	5.56	7.45	8.3
弹径/mm	690	527	527	514	680
命中精度/mm	10～30	10	30	45	5～10

导弹结构一般分为控制系统、战斗系统和动力系统，除有一层外表蒙皮外，各系统均有较厚的壳体。由于导弹体积相对其他飞行体小，发动机功率也较小，空间特征表现为点目标，利用红外特性进行探测十分困难。目前，低空进行导弹探测主要采用的仍是低空雷达、红外、声探测手段。

2.3 水面与水中目标的主要特征

21世纪是海洋的世纪,海洋地位的提升,使海军的作用更加重要。现代高科技飞速的发展,给海军舰船装备带来了日新月异的变化。作为矛与盾的另一方,水中武器技术也得到了飞速发展。下面分别描述其主要特性与特征。

2.3.1 潜艇

潜艇在第一次世界大战中登上海战的舞台后,其灵活机动的作战能力可以使一艘艘巨大的水面舰船沉入海底。在第二次世界大战中,交战双方的潜艇共击沉300余艘大、中型水面舰船和5000余艘运输船只,使人们对潜艇有了新的认识。

现代潜艇具有隐蔽性好、突击威力强、水下续航力大和自给力强等特点。潜艇按照其动力装备的不同,可分为常规动力潜艇和核动力潜艇;按照所装备武器的不同,可分为鱼雷潜艇和导弹潜艇;按照担负任务的不同,可分为攻击潜艇和弹道导弹潜艇。国际典型潜艇及参数见表2-6。

表2-6 国际典型潜艇及参数

型号	"海狼"(核)	"前卫"(核)	"哥特兰"	"阿库拉"Ⅱ	094型
国家	美国	英国	瑞典	俄罗斯	中国
输出功率/kW	38 800	20 500	—	—	25 000
最大航速/kn①	35	25	20	35	26
长/m	107.6	149.9	60	110	133
宽/m	12.2	12.8	6.5	13.5	13
排水量/t	9 142	15 900	1 500	9 500	9 000
最大下潜深度/m	610	330	300	600	300

潜艇在水下运行时,对其周围环境产生扰动的物理量可供探测的有异常磁信号、声信号、红外信号。对磁扰动采用定期消磁技术,使舰体的磁性降到最低。采用舰体表面敷贴消声瓦,各种升降装置敷有雷达波吸收涂层,对产生噪声的设备采用先进的隔振降噪,使噪声水平尽可能降低,这些措施给被动探测技术带来了很大的难度。例如导弹核潜艇,采用隐身措施后,使辐射噪声大幅度降低,达到100 dB以下,已低于海洋本身噪声,同时又采取降低红外、磁、尾流特性,加大下潜深度至400~600 m,以及使用迷惑或欺骗对方探测的各种手段,使潜艇的生存概率达到90%以上。

潜艇辐射噪声和舷侧阵自噪声的产生是由复杂且多种相关的物理现象组成的。虽然这两种噪声涉及非常宽的频带,但从潜艇自身来说,它们的主要激励源是潜艇内部的机械设备。

机械噪声是由旋转装置失去平衡引起振动、接触振动(如齿轮啮合)及机械设备内部液体紊流产生的噪声。一般来说,前两种方式产生的噪声的频率相当低,而后一种方式产生

---

① 1 kn=0.514 4 m/s。

的噪声的频率很宽。机械噪声本身不会直接辐射到远场，而是振动能量在潜艇的主结构和次结构中传播，传到壳体后激励壳体才辐射到远场，这一系列物理现象是相互联系的。机械激励壳体的声辐射机理是这样的：施加到壳体的任何局部机械激励产生一种局部形变，这种形变可看成一种"活塞"式的、类似于声的有效辐射体，无方向性。

流体动力噪声是由不规则或起伏的水流流过运动着的潜艇而产生的，当不规则的水流流过舰体时，其压力脉动作为声波直接辐射出去。更重要的是，不规则或起伏的水流还可激起舰体上某些空腔、板和附件的共振，从而辐射声波。

流体诱发噪声机理包括流噪声、弯曲噪声、尾流噪声和空腔噪声等。

1. 流噪声

由于海水是一种黏性流体，当这种流体流经壳体表面时，便形成一种边界层，边界层中的流速从壳体表面的零值可增加到约为潜艇航行的速度。这种边界层在舰首部非常薄，但发展到尾部时，其厚度已达几十厘米。边界层在首部时形成层流，层流是规则而安静的。离首部较远处，边界层渐渐形成小涡流，开始出现不稳定性，并慢慢地变为湍流。湍流边界层的速度脉动会直接辐射出去，其辐射功率随潜艇航速的变化而变化。这是宽带噪声，是潜艇高速航行时的主要噪声源。

湍流边界层的波动压力场激发壳体的结构发生共振，即流体弹性耦合而产生噪声。如果压力脉动波数和结构模数之间有重合，那么这部分结构可能以一种自激方式振动，产生噪声。这是一种窄带噪声，是非常重要的噪声源。

2. 弯曲噪声

在壳体与流体界面上传播的一些机械波是流体诱发的次噪声源，传统上把它们分为弯曲波（即亚声速机械波）、切变和纵向波（即超声速机械波）。弯曲波会产生径向大位移，与水有相当的耦合，但其位移速度比水下声速慢，因此不发声，是一种伪声。切变和纵向波只产生小径向位移，与水不太耦合，其位移速度比水下声速快，然而与水的耦合的特性限制了它们的有效辐射。显然，弯曲波在完全空的无限长的圆柱体中是不传播的，但在装有各种机械设备和武器等具有结构复杂的潜艇中，弯曲波是传播的。

3. 尾流噪声

流体诱发的另一种噪声是潜艇尾流产生的噪声，这种噪声不仅与壳体表面的边界层有关，而且与大涡流结构有关。大涡流结构是在壳体周围的流体流过附件或者几何不连续体时产生的，大涡流之类的流体扰动形成尾流，尾流在螺旋桨叶片上引起的速度扰动产生起落扰动，桨叶随之产生推力和扭转力的扰动。这些扰动由桨轴输送到潜艇的耐压壳体上，形成了新的低频噪声源，由螺旋桨本身和艇壳体辐射，其频率数与尾流的谐波含量有关。

4. 空腔噪声

湍流边界层流过一个空腔时（如压载水舱孔），产生交变或涡流。在发生空腔共振时，产生辐射噪声和自噪声。

熟悉噪声源是开展潜艇探测和识别的第一步。

2.3.2 鱼雷

鱼雷是一种自主推进、自动控制、按预定设计弹道搜索、自动导向、攻击敌舰艇的水中航行体。鱼雷按其雷体直径可分为大型鱼雷（533～555 mm）、中型鱼雷（400～482 mm）

和小型鱼雷（254~324 mm），也有超重型的和超轻型的，但为数不多，20世纪90年代还出现了微型鱼雷（鱼雷直径大约为140 mm）；鱼雷按动力可分为电动力鱼雷（其动力主要是电机、电池）和热动力鱼雷（其主机有摆盘发动机、旋转发动机、涡轮发动机等，燃料有煤油、过氧化氢等）；按制导方式可分为直航鱼雷、自导鱼雷、线导鱼雷和复合制导鱼雷；按携带平台可分为管装鱼雷、空投鱼雷和火箭助飞鱼雷。国际上几种鱼雷的主要性能及战技指标见表2-7。

表2-7 国际上几种鱼雷的主要性能及战技指标

型号	国别	直径/mm	长度/mm	质量/kg	航速/(km·h^{-1})	航程/km	航深/m	制导方式	引信
MK48	美国	533	5 850	1 582	102	46	1 200	线导加主动、被动声自导	近炸+触发
A3	俄罗斯	350	3 700	525	130	34	600	双平面主被动联合声自导	近炸+触发
虹鱼-1	英国	324	2 600	267	74	11	750	主/被动声自导	触发
DM2A4	德国	533	6 620	1 370	92	50	—	线导加主被动声复合自导	触发+电磁
鱼-6	中国	533	7 800	205	92	45	—	线导、主被动声导、尾流自导	近炸+触发

80年代以来，由于微机、微处理器在鱼雷中得到广泛的应用，如美国MK48-5线导鱼雷、英国的虎鱼线导鱼雷和俄罗斯65型尾流自导鱼雷等通过首侧声呐对目标有尺度分辨能力，可发射复杂波形以提高对诱饵的欺骗能力，因而具有智能化的明显优点，迫使各主要海军国家研究鱼雷对抗的新技术和新装备，进而在软杀伤技术（如施放干扰器、声诱饵等干扰和诱骗鱼雷）、硬杀伤技术（如采用深弹、水雷、反鱼雷鱼雷等对抗鱼雷）等方面均取得了很大的发展。如英美合作的水面舰艇鱼雷防御计划（SSTD）中已开发出传感器鱼雷识别和报警处理器，系统基于数字处理技术，采用专门研制的算法实现对鱼雷的自动探测、识别和定位。

未来水声对抗技术发展的一个重要趋势是，为了争夺水下声、磁、电优势，适应水下复杂的战斗环境，提高对抗反应速度和对抗效果，要求软、硬杀伤器材和武器均摆脱单一功能与状态，向一体化通用系统方向发展。目前随着计算机技术的飞速发展，已出现新一代智能式鱼雷，因此，在水下对抗中，人工智能是发展的必然趋势，如采用单片机进行智能控制，可设计出自动识别智能鱼雷的探测系统以及模拟舰船航行特征"回答"对方的诱饵。

2.3.3 舰船

目前，各军事强国主要发展的舰船有航空母舰、驱逐舰、护卫舰等，国际几种舰船主要性能见表2-8。

表 2 - 8　国际几种舰船主要性能

类型	国别	满载排水量/t	总长/m	舰宽/m	航速/kn	动力
"尼米兹"航母	美国	91 487	332.9	40.8	30	核动力
"戴高乐"航母	法国	39 680	261.5	64.4	27	核动力
"库兹涅佐夫"航母	俄罗斯	61 390	306.45	72	29	8 台锅炉 4 台蒸汽轮机
"伊丽莎白女王"航母	英国	65 000	292	38.6	28	2 台燃气涡轮 4 台柴油机
"村丽"级驱逐舰	日本	7 500	108	11	30	2 台汽轮机
"阿利伯克"级驱逐舰	美国	8 422	153.8	20.4	32	2 台汽轮机
"现代"级驱逐舰	俄罗斯	7 500	155.6	17.4	32	2 座蒸汽轮机
"利安徒"级护卫舰	英国	3 200	125	15.4	25	4 座柴油机
"诺克斯"级护卫舰	美国	3 877	134	14	27	蒸汽轮机
"戈达厄里"级护卫舰	印度	4 000	126.5	14	27	蒸汽轮机
052D 型驱逐舰	中国	7 000	157	19	32	2 台燃气涡轮 2 台柴油机

航空母舰是一种以舰载机为主要作战武器的大型水面舰只,它攻防兼备,作战能力强,能完成多种战役战术任务,具有很大的威慑力,因而备受世界海军的器重,使用导弹或导弹子母弹反航母的任务很重。

驱逐舰是一种以导弹、火炮、鱼雷等为主要武器,具有多种较强作战能力的中型水面舰艇。按用途可分为导弹驱逐舰、反潜驱逐舰和防空驱逐舰三种。

护卫舰是以导弹、火炮和反潜装备为主要武器的中型水面战斗舰艇,它的排水量小至500 t,大到 4 000 t,是驱逐舰以下、快艇以上的水面舰艇。从水下攻击舰船可被探测到的信号主要是尾流和噪声。

1. 尾流

尾流在舰船水声对抗中起着一定的作用。尾流指的是舰船体及螺旋桨在航行时所引起的泡沫区域,也称为航迹。"尾流"可以比舰体长许多倍,当舰体航速增加时,尾流中泡沫密度将会增加。

首先,尾流对声波的散射与吸收将影响水声设备的工作;其次,也可以利用它来探测舰船的航迹。

回声探测设备工作时,经常会碰到舰船尾流所产生的假回声,这往往会使反舰、潜艇声呐兵做出错误的判断。尾流中会产生密集的气泡群,由于它的散射和吸收,一方面可以构成鱼雷攻击的有利屏障;另一方面,它产生的假回声也可能被反舰、反潜声呐兵误作鱼雷或潜艇,从而失去对真目标的回声接触。

对传播的声波产生散射和吸收的主要因素是尾流中具有大小不同的密度较大的小气泡层。这种小气泡由两部组成:一部分是空气在外力作用下从海面掺入水中,并以气泡形式扩散开来。例如航行中的舰船在它的吃水线上下可将大量空气携带掺入水中。另一部分是由螺旋桨高速旋转时所产生的空化现象造成的。所谓空化现象，就是由于螺旋桨的高速运转，形成了水中空腔，而溶解于水中的气体进入空腔之内，当空腔破裂之后，空气就以气泡的形式出现在水里，大量的气泡形成了气泡幕。

尾流中的气泡具有不同大小的直径，并以一定速度上浮到水面，在上浮过程中，有些大气泡将变成小气泡，以至被溶解于水中。一般来讲，尾流的声学效应可延长 20 ~ 40 min。

所谓的声学效应，就是指声波入射到气泡上时将产生压力的周期性变化。它迫使气泡内部的空气做强迫振动，这种振动导致气泡向周围发散声能，形成声波的散射。同时，在气泡做强迫振动的情况下，部分声能消耗在气体分子之间的摩擦上，在气泡与周围介质中形成了热的交换，这一部分由声能转换的热能从水中散发掉或者说被海水吸收了。这就是尾流对声波传播的散射和吸收。

尾流对声波的反射，可从两方面来理解：一方面，尾流内有许多大小不一的微小散射体（如气泡），它们对声波产生散射的部分能量构成了反射声能（指散射方向和入射方向相反）；另一方面，尾流和周围海水介质有着明显的界限，形成了声波不同的两种介质，当声波进入两种介质界面时，也要发生反射。

一般目标离声源较远时，其反射本领与距离远近关系不大，但对尾流而言就不一样了，因为随着时间的增加，它所包含的散射体的数量和稠密度将会随之减少。因此，它对声波的散射能力随着距离的增加（即时间的增加）而减弱。

2. 噪声

舰船和鱼雷的噪声通常包含两部分内容：一是舰船和鱼雷的自噪声，二是舰船和鱼雷的辐射噪声。舰船和鱼雷的自噪声会影响舰船和鱼雷的水声探测性能，舰船和鱼雷的辐射噪声是在被动检测面前暴露自己的重要因素。从作战角度来讲，应该使舰船和鱼雷自噪声和辐射噪声得到控制，以便使舰船和鱼雷自身的水声探测器材更好地发挥效用且减少自己在被动检测面前的暴露机会。舰船和鱼雷噪声的研究与控制是长期以来普遍重视的课题。在舰船和鱼雷噪声的实际研究与控制过程中，最关心的是方法、途径、效果。由于作战需求不同，配载的水声装备不同，舰船和鱼雷的噪声略有不同，在舰船和鱼雷的噪声的实际研究与控制中也允许采用不同的方法、途径，但不管用什么方法和途径，都应该使舰船和鱼雷的噪声指标要求满足基本的使用要求。舰船和鱼雷的噪声特性应该符合统计规律。因此，在测量研究中应该用科学、合理的办法，在舰船和鱼雷的工作状态不稳定的情况下，少量的测量研究数据不足以说明噪声的统计规律。降低舰船和鱼雷辐射噪声的措施可根据不同的需要而选取，如选取抑制噪声源、切断噪声的传播途径及限制噪声的辐射等。尽管舰船和鱼雷的降噪措施不断完善，但由于舰船和鱼雷都是金属壳体所制，并且都要依赖于螺旋桨推进，所以舰船和鱼雷的线谱辐射是难以避免的，这就为探测提供了条件，这也是发展被动声呐的理由，同时，也给被动声呐的发展提出了更严和更高的要求。

思考题

1. 坦克、车辆、人员等地面目标的主要特征有哪些？
2. 空中目标的主要特征有哪些？
3. 水面和水中目标的主要特征有哪些？

第 3 章
声探测技术

声探测技术是利用目标发出的或反射的声波，对其进行测量，由此对其进行识别、定位和跟踪等。声探测理论上可以是主动式、被动式或半主动式探测，但在实际使用中主要是主动式和被动式声探测。主动式声探测是探测器发出特定形式的声波，并接收目标反射的回波，以发现目标和对其定位。主动式声探测主要用于探测水面和水下目标，通常采用超声波。空气中超声波衰减很严重，除了很近距离外很少使用。被动式声探测直接接收目标发出的声音，可在水中和空气中使用，但易受其他声源的干扰。

本章主要介绍被动声探测的基础理论知识及其初步应用。包括以下内容：声传播特性、声探测系统、时延估计理论、被动声定位算法、自然风对声探测的影响及其修正、双子阵定位理论、声探测数据的后置处理、声探测技术在军事上的应用等。

3.1 声传播特性

由大学物理知识可知，声波是一种机械波，它是机械振动在弹性介质中的传播。传播的介质可以是空气，也可以是水或大地等。当距离大于声源尺寸时，声源可以被看作点声源，声波可以被看作球面波。在三维空间中，声波传播的波动方程为

$$\frac{\partial^2 u}{\partial x^2} + \frac{\partial^2 u}{\partial y^2} + \frac{\partial^2 u}{\partial z^2} = \frac{1}{c^2}\frac{\partial^2 u}{\partial t^2} \tag{3-1}$$

式中　u——振幅；

　　　c——声速。

其球面坐标形式为

$$\frac{\partial^2 (ru)}{\partial r^2} = \frac{1}{c^2}\frac{\partial^2 (ru)}{\partial t^2} \tag{3-2}$$

声波与电磁波和振弦等不同，它的质点振动方向和传播方向相互平行，为纵波。如果声源所激起的声波的频率在 20 Hz ~ 20 kHz，就能引起人的听觉。低于 20 Hz 的声波叫次声波，高于 20 kHz 的声波叫超声波。

声波具有反射、折射、绕射和散射的特性。空中声场不是理想的自由场，存在非线性和不均匀介质以及障碍物等因素，测量到的声音信号中还包含二次反射甚至多次反射的信号。气象条件对声音的传播影响很大，温度会引起声速的变化，气流会改变声音的方向。空气中，声音的衰减与声波的频率、距离、温度有关，频率越高，衰减越大。声波的频率越低，波长越大，波动性质就越显著，而方向性却越差。当低频的声波碰到普通大小的物体时，就

产生显著的绕射和散射现象。反之，频率越高，波长越小，方向性越好。我们能听到的声波，波长在 0.17~17 m 的范围内，是可以与一般障碍物（如墙角、柱子等建筑部件）的尺度相比的，所以我们能听到障碍物另一侧的声音，因而产生了"只闻其声，而不见其人"的现象。

相比声波而言，超声波频率较高，因而波长较短，具有方向性好、穿透能力强、易于获得较集中的声能、在水中传播距离远等特点。

3.1.1 声压、声强与声强级

声音为纵波，其传播引起空气的疏密变化，从而引起气压的变化。该压力与大气压的差值即为声压。当声波的位移为

$$u = U\sin \omega\left(t - \frac{x}{c}\right) \tag{3-3}$$

时，声压为

$$p = -B\left(\frac{\partial u}{\partial x}\right) = -BkU\cos \omega\left(t - \frac{x}{c}\right) = -P\cos \omega\left(t - \frac{x}{c}\right) \tag{3-4}$$

式中　B——空气的体积弹性模量，$B = 142$ kPa；

　　　U——声波位移的振幅；

　　　ω——声波的角频率。

声强 I 是垂直于传播方向的单位面积上声波所传递的能量随时间的平均变化率，也就是单位面积上输运的平均功率。对于振动速度为 v 的声波

$$pv = \omega BkU^2\cos^2\omega\left(t - \frac{x}{c}\right)$$

声强

$$I = \frac{1}{2}\omega BkU^2 = \frac{p^2}{2\rho c} \tag{3-5}$$

声强单位为 W/m^2。

由于人耳能感觉到的声强范围很大，因而采用对数强度表示更方便。声波的声强级 β 由式（3-6）定义：

$$\beta = 10\lg \frac{I}{I_0} = 20\lg \frac{p}{p_0} \tag{3-6}$$

式中　I_0——任选的参考强度，通常取为 10^{-12} W/m^2；

　　　p_0——对应的声压，即大约相当于可听到的最弱声音。

声强级单位用 dB 表示。

3.1.2 声传播速度及其温湿度的影响

声音在传播过程中，声速与媒介温度有关。理想的干洁空气中声音传播速度与温度的关系如下

$$c = \sqrt{\frac{\gamma RT}{M}} = 20.0468\sqrt{T}$$

$$\approx 331.32 \sqrt{1 + \frac{t}{273.15}} \approx 331.32 + 0.606\,5t \qquad (3-7)$$

式中　γ——热特性系数，$\gamma = 1.4$；

　　　R——气体常数，$R = 8\,314.32\ \text{J/(kmol·K)}$；

　　　T——空气绝对温度；

　　　t——空气摄氏温度；

　　　M——干洁空气摩尔质量，$M = 28.964\,4\ \text{kg/kmol}$。

当空气中存在水蒸气时，由于水蒸气的摩尔质量 $M_s = 18.015\,34\ \text{kg/kmol}$，使湿空气的摩尔质量 M_v 减小。对于气压为 p，水蒸气分压为 a 的湿空气，其摩尔质量 M_v 为

$$M_v = M\left(1 - \frac{a}{p} \cdot \frac{M - M_s}{M}\right) = M\left(1 - 0.378\,018\,\frac{a}{p}\right) \qquad (3-8)$$

其中饱和蒸气压力随温度变化的近似满足表达式

$$a_s = 610.78\exp\frac{17.269(T - 273.15)}{T - 35.86} \qquad (3-9)$$

20 ℃时，相对湿度从 0% 变化到 100% 所引起的声速变化约 2 m/s，相对湿度从 50% 变化到 100% 所引起的声速变化仅 1 m/s，所以可认为湿度对声速的影响总是小于 1 m/s，可以忽略。

由于空气中不同高度的温度相差较大，所以不同高度声音传播的速度不同，这使得高空中声音传播到传声器的过程中会发生连续折射现象，其曲率半径、折射角度与大气中声速增加有关。如果声速随高度增加而增加，则声波会向下折射；如果声速随高度增加而下降，则向上折射。这就是声音的曲线传播现象。

3.1.3　空气中声波的衰减

空气中，水和其他灰尘对声波的影响表现为使声波衰减，由于水分子的热交换引起空气对声音的吸收，使声音传播时发生衰减，传声器接收到的声能 E 呈指数衰减：

$$E = E_0 e^{-\alpha R} \qquad (3-10)$$

式中　E_0——声源处的声能；

　　　R——传声器离声源的距离；

　　　α——吸收系数，其表达式为

$$\alpha = 5.578 \times 10\frac{T/T_0}{T + 110.4} \cdot \frac{f^2}{p/p_0} \quad \text{Np/m}[①] \qquad (3-11)$$

式中　p_0——参考压力，$p_0 = 1.013\,25 \times 10^5\ \text{N/m}^2$；

　　　p——大气压，N/m^2；

　　　T_0——参考温度，$T_0 = 293.15\ \text{K}$；

　　　T——气温，K；

　　　f——声波频率。

可见，声波在空气或介质中传播时，其吸收系数与声波频率的平方成正比，因而高频声

---

① 1 Np/m $= 8.686\ \text{dB/m}$。

波在空气中衰减很大。

在湿度为 20%、温度为 20 ℃ 的标准大气压下，不同频率声波的大气吸收系数如图 3 – 1 所示。

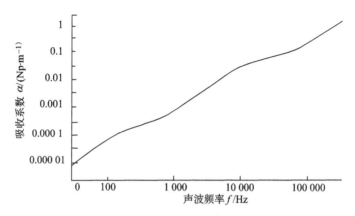

图 3 – 1　不同频率声波的大气吸收系数

3.1.4　多普勒效应

当声源或听者，或两者相对于空气运动时，听者听到的音调（即频率），和声源与听者都处于静止时所听到的音调一般是不同的，这种现象叫作多普勒效应。

作为特例，速度的方向在声源和听者连线上，v_L 和 v_S 分别表示听者和声源相对于空气的速度，取由听者到声源的方向作为 v_L 和 v_S 的正方向，则听者听到的频率与声源频率的关系为

$$f_L = \frac{c + v_L}{c + v_S} f_S \tag{3 – 12}$$

当速度的方向不在声源和听者连线上时，v_L 和 v_S 分别表示听者和声源相对于空气的速度在上述连线上的投影，关系式仍然成立，但 v_L、v_S 和 f_S 为声源发出声音时的值。

3.1.5　风对声音传播的影响

在静止等温的空气中，点声源 $S(x_s, y_s, z_s)$ 发出的声波是以球面波形式向外传播，其各时刻的波阵面是一系列以声速增大的同心球，即 t 时刻波阵面满足

$$(x - x_s)^2 + (y - y_s)^2 + (z - z_s)^2 = (ct)^2 \tag{3 – 13}$$

因此，声源到目标的传播时间为该段距离与声速之比，即

$$t = \frac{1}{c} \sqrt{(x - x_s)^2 + (y - y_s)^2 + (z - z_s)^2} = \frac{r_s}{c} \tag{3 – 14}$$

但在恒定的气流场（风）中，声波的波阵面除了以球面波式（3 – 13）向外传播的同时，还顺着风向以风速 v 漂移。设风向为 α，同时忽略较小的风的垂直分量，则 t 时刻波阵面满足

$$(x - x_s - vt\cos\alpha)^2 + (y - y_s^2 - vt\sin\alpha) + (z - z_s)^2 = (ct)^2 \tag{3 – 15}$$

此时声波的波阵面为一系列非同心圆，半径与静止空气中传播相同，但圆心顺着风向以风速 v 移动。此时声源到原点的传播时间为

$$t = \frac{1}{c^2 - v^2} \left[\sqrt{c^2 r_s^2 - v^2 (z_s^2 + x_s y_s \sin 2\alpha)} - v(x_s \cos \alpha + y_s \sin \alpha) \right]$$

$$\approx \frac{r_s}{c} \left\{ 1 - \frac{v}{c} \left(\frac{x_s}{r_s} \cos \alpha + \frac{y_s}{r_s} \sin \alpha \right) + \frac{v^2}{c^2} \left[1 - \frac{1}{2} \left(\frac{z_s^2}{r_s} + \frac{x_s y_s}{r_s} \sin 2\alpha \right) \right] \right\} \quad (3-16)$$

3.2 声探测系统

3.2.1 传声器及其阵列

1. 传声器的种类及其特性

将声信号（机械能）转换成相应电信号（电能）的换能器为传声器，即麦克风。传声器根据其原理可分为动圈式、压电式、电容式和驻极体式四种类型。

动圈式和压电式传声器的频率响应与稳定性都较差，在测量中很少应用。性能最好的传声器是电容式传声器，它具有灵敏度高、频率响应宽、动态范围大、稳定性好等特点，可以较好地满足声学测量的要求，但它必须依靠一个极化电压（约 200 V）才能工作。驻极体式电容传声器不需要极化电压，目前测量用的驻极体式电容传声器的性能已与电容式传声器接近，而且抗潮性能优于电容式传声器，成本低廉，是一种很有发展前景的传声器。

2. 传声器的方向性

单个传声器对于低频声信号是无方向性的，只有对 10 kHz 以上的信号才呈现一定的方向性，且频率越高，方向性越强。为了实现对目标的定向，一般采用导向筒、合成波束方向图和利用几何关系三种方法，后两种方法需要采用传声器阵列才能实现定向。

（1）采用导向筒

采用导向筒是在传声器前加一个导向筒，利用导向筒的内壁吸收其他方向的声波，实现方向性。但加了导向筒使其转动惯量增大，而且声波衰减较大，同时方向性也不够好，难以满足战术技术要求。

（2）采用合成波束方向图

采用合成波束方向图是利用声波到达传声器阵列的各传声器的时间差（时延）与方向有关，通过对各路信号加不同延迟后叠加，使其中一个方向的信号得到最大的增强，而其他方向的信号增强较小甚至相互抵消，形成波束方向图的方向性。波束方向图的方向性与信号频率、阵元个数及基阵大小有关，频率越高，阵元越多，基阵较大，方向图就越尖锐。对于阵元较多的阵列，还可以使某一个或几个方向较为钝感。对于低频声信号，当基阵较小、阵元较少时，波束的方向图较宽，往往难以满足测向精度的要求。

（3）利用几何关系

利用几何关系也是利用声波到达传声器阵列的各传声器的时间差（时延）与方向有关，通过几何关系求解目标的位置。

3. 传声器阵列

利用几何关系定位时，传声器阵列可分为线阵、面阵和立体阵三种。对于固定式阵列来说，线阵只能对阵列所在直线为界的半个平面进行定位，否则没有唯一解。面阵可以在整个平面对目标进行定位，也可以对阵列所在平面为界的半个空间进行定位。立体阵则可以对整个空间定位，但其算法要复杂些。

由 n 个传声器组成的阵列可以得到 $n-1$ 个独立的时延，因此，确定平面目标的位置（距离和方位角）至少需要 3 个传声器，确定空间中目标的位置（距离、方位角和高低角）至少需要不在一条直线上的 4 个传声器，而确定空间目标的方向（方位角和高低角）则至少需要不在一条直线上的 3 个传声器。为了使定位具有全方位性，采用正多边形阵列最为合适。除远程警戒声雷达外，传声器阵列由于受体积和布设方法的限制，阵元的个数不宜过多，阵列孔径尺寸也较小。如美国 TEXTRON 公司生产的 Anti – Helicopter Mine 为 4 传声器阵列。

3.2.2　恒流源供电电路与前置放大器

声测电路的精度是影响智能雷弹对目标定位的主要因素。阵列所用电容测量传声器，既可以直接加极化电压而工作，也可以用恒流源驱动。恒流源驱动可以避免信号的传输线损耗和降低传输线噪声，消除由于引线而带来噪声和产生信号衰减。为了保证各路信号的线路延迟量一致，各阵元传输线长度应完全一致。

传声器电路结构和恒流源原理电路如图 3 – 2 所示。

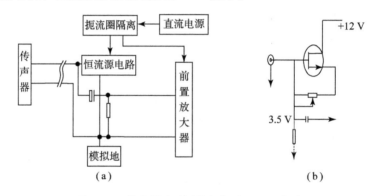

图 3 – 2　传声器电路结构和恒流源原理电路

(a) 传声器电路；(b) 恒流源电路

图 3 – 2 中，扼流圈是为了滤除电源噪声干扰，恒流源电路的"地"与通道模拟地相连。传声器输出信号经过 33 μF 钽电解电容到前置放大器。泄漏电阻的作用是避免放大器出现饱和。恒流源电路中在下端加 1 kΩ 电阻和调节电位器，使得传输线上电压达到 3.5 V。向下的电流达到 3.5 mA。此时，最大输出信号电压动态范围可以达到 ±4 V。但是恒流源电路不影响传声器输出信号的大小。

为了确保传声器输出信号有很高的信噪比，前置放大器应采用经过激光微调的仪器放大器，其自身的噪声小到 nV 级，虽然其增益可以在 1 ~ 1 000 倍调整，但使用时应采用较小的放大倍数。信号大小取决于传声器的灵敏度。

3.2.3　程控放大电路

程控放大器是阵列声测系统中决定模拟电路响应声音强度范围的部件，利用程控放大器可以使得对于低至 60 dB、高至 130 dB 的声压信号，得到幅度接近 – 5 V ~ + 5 V 范围的电压输出信号，从而保证对大范围内的声音具有足够高的响应信噪比。

广泛采用的程控放大器有压控放大器、电压反馈型放大器、数/模转换（DAC）器件组成的放大器和专用程控放大器电路。

利用 DAC 器件构成的放大器，信号的输入/输出关系与输入数字成正比，当把输入信号接入 DAC 的参考端时，由于 DAC 内部的开关电路采用 CMOS 器件，使得可以通过交流电流形成乘法式关系：

$$V_{out} = D \cdot V_{in}$$

简单的 DAC 器件型程控放大器的增益控制范围的大小为 D，对于 8 b（比特）的 DAC 器件，相当于 48 dB，采用变形电路，可以形成对数型程控放大器。DAC 器件型程控放大器有两个缺点：一是电路本身不放大信号，而是通过调节对信号的衰减倍数达到调节增益的目的，增益范围是 0 ~ −48 dB，这样降低了信噪比；二是模拟信号经过数字开关电路时，直接将数字电路的高频脉冲干扰信号串入了信号回路。

压控型放大器只要提供控制电压就能调节增益。控制电压可采用 DAC 器件，得到按照数字 D 线性变化的直流控制电压 V_c，将 V_c 经过滤波和光电耦合后，可以得到不受数字电路脉冲干扰的静态控制电压，即完全避免数字电路干扰模拟信号通道。所以，可以得到高精度的模拟信号。AD604 是线性增益双压控放大器，具有节电工作模式。放大器的增益范围是 0 ~ +48 dB 或 +6 ~ +54 dB，双放大器级联的增益为 0 ~ +96 dB。它对信号进行真正的放大，提高了信噪比。压控型程控放大器如图 3 −3 所示。

全集成程控放大器集译码器、多路开关、电阻网络和放大器于一体，提供多挡增益选择。其中 Burr − Brown 公司的 3606 等程控放大器其增益为对数形式，有 1、2、4、8、16、32、64、128、256、512 和 1024 共 11 挡，由 4 − bit 增益控制，如图 3 −4 所示。

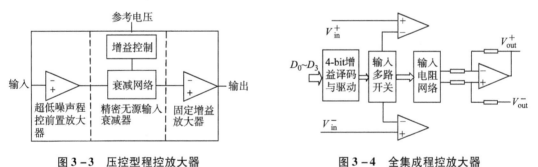

图 3 −3　压控型程控放大器　　　　图 3 −4　全集成程控放大器

为了避免由于自动增益调整而带来的滤形畸变，分段数据处理时，在声探测器电路中可采用半自动增益调整，即在软件控制下，在采样一个数据处理长度后，根据波形数据的大小决定下一段采样时的增益，而在一个数据处理长度内几路信号的放大倍数恒定。此时，若信号幅度变化较快，滤波对其有一定的影响。为了消除滤波和调整增益的相互影响及对时延估计的影响，几路信号应分别在各自信号接近 0 时调整增益。

3.2.4　滤波电路

滤波电路是模拟信号处理的重要部件，采用硬件滤波有利于提高系统对目标声源的选择性，减小干扰声源的影响，该系统中既要有较高的频率选择特性，即要求较高的滤波器阶数，又要保持足够的通道一致性，即通道的传递函数的一致性误差要小，同时，要求元件数目少，便于缩小硬件尺寸和减少元件一致性误差源数目。

常用的模拟滤波器有无源滤波器、有源滤波器、集成滤波器件和数字程控滤波芯片等形式，前三种通过改变其中的电阻或电容来实现滤波器中心频率和带宽的改变，适合于中心频率和带宽固定或变化较少的场合。其中集成开关滤波器件具有很好的频率选择性和相位一致性，滤波器特性基本上只受一个外设电容元件的影响，同时具有节电工作模式。数字程控滤波芯片通过改变其输入的数字量可以实现滤波器中心频率和带宽的改变。因此，采用数字程控滤波芯片可实现按需改变滤波器的中心频率和带宽。

图3-5所示的 MAX260 程控滤波器芯片是 CMOS 型器件，内装两个二阶滤波器，可单独使用，也可串联成四阶滤波器使用。每个二阶滤波器的3个输出端可分别接成低通、高通或带通。

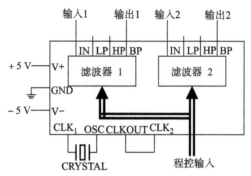

图3-5　MAX260 程控滤波器芯片

滤波器的中心频率 f_0 与输入量 n 及时钟频率 f_{CLK} 的关系有两种，它们分别是

$$f_0(n) = \frac{2f_{CLK}}{\pi(64 + n)} \tag{3-17}$$

和

$$f_0(n) = \frac{2\sqrt{2}f_{CLK}}{\pi(64 + n)} \tag{3-18}$$

其中输入量 n 为 6 b，即 $n = 0，1，2，\cdots，63$。所以中心频率的最大值与最小值之比为

$$\frac{f_{0max}}{f_{0min}} = \frac{f_0(0)}{f_0(63)} = \frac{127}{64} \approx 2 \tag{3-19}$$

滤波器的 Q 值也是程控的。中心频率关系式（3-17）、式（3-18）对应的 Q 值与其输入量 n_Q 的关系为

$$Q(n_Q) = \frac{64}{128 - n_Q} \tag{3-20}$$

和

$$Q(n_Q) = \frac{64\sqrt{2}}{128 - n_Q} \tag{3-21}$$

其中输入量 n_Q 为 8 b，即 $n_Q = 0，1，2，\cdots，127$。对应的最大 Q 值分别为 64 和 90.51。

3.2.5　模/数转换电路

为了保证时延估计的精度，要求对各路传声器信号的放大和时移特性一致，应该使系统采用 4 路完全一致的电路及完全一致的元件参数。

采用频域时延估计算法时，系统要求的采样率很低，可在 48 kHz 或以下，单片多通道带采样/保持电路的模/数转换的典型器件有 AD7865 等。

采用单片采样电路可以极大地简化电路复杂度，减小电路设计难度和增加工作可靠度，缩小电路尺寸。AD7865 器件为 14 b，通道最高采样率为 400 kHz，其模拟输入端有 4 路采样/保持器，+5 V 单电源供电，参考电压 +2.5 V。可用内时钟。每通道转换时间为 2.4 μs，工作时耗电 115 mW。AD7865 器件具有节电工作模式，给 STBY 一个低电平，就进入节电模式，节电模式中耗电电流 3 A，数据仍保留。在节电模式下，可以减少电路工作产生的热量，在不需要采样信号时进入节电模式，特别是当要求的采样率很低时，可以在采样间隔中进入节电模式。给 STBY 一个高电平，进入叫醒状态，约 1 μs 后恢复工作。采样开始、采样结束和采样率通过软件控制，采样过程不占用 CPU 时间。

为了消除环境电磁对 ADC 工作的干扰，提高信号采样后的信噪比，必须对 ADC 器件在电路布线上实现屏蔽，并使信号达到 ADC 的输入端的距离最短。同时，ADC 器件的 + VCC、− VCC 电源要经过低通滤波。

3.2.6　数字信号处理电路

数字信号处理电路是实现目标识别和定位计算实时性的关键，必须采用 DSPs 芯片来完成。在多个厂家的 DSPs 产品中，以 TI 公司的 TMS320 系列产品最成熟、资料最多、应用最广，因此首选该系列产品。

DSPs 芯片按照所支持的数据类型不同，分为定点产品和浮点产品两大类。目前 TMS320 系列通用的型号有 C54x、C3x，运算速度最高的为 C6000 系列器件的 C62xx（定点）和 C67xx（浮点）。其中 C54x 为定点产品，运算速度较快，但总体计算精度较低。C3x 是浮点型 CPU，以新型的 TMS320VC33 性能最佳。若采用 C67xx，其浮点运算速度可达到 1GFLOPS 的峰值性能，具有更大的内部存储器，支持更多的并行运算，可以使系统具有更好的实时性。

为了提高系统的实时性，分段处理时，耗时较长的采样和信号处理应采用并行处理方式，即在进行信号处理的同时进行下一段采样，在信号处理前 DSPs 采用一次读数，腾空 ADC 的存储器。

3.2.7　辅助电路

由于温度对声音的传播速度影响较大，进而给目标定距带来误差，风速也会影响声音速度。为了提高定位精度，应对温度和风速进行精确测量。为了对声定位系统进行检测及必要时监控系统工作状态，系统应留有与微机的接口。

3.3　时延估计理论

对于远处的声信号源，当其距离远大于其自身尺寸时，可以把它作为一个点声源。设声源发出的信号到达传声器 1 为 $s(t)$，经空间某两个传感器测量得到的信号分别为 $x_1(t)$ 和 $x_2(t)$，并考虑传声器间的距离远小于到目标的距离（因此忽略两个传感器之间信号幅度的相对衰减），那么，这两路信号可以用下面的数学模型来描述

$$x_1(t) = s(t) + n_1(t) \tag{3-22}$$
$$x_2(t) = s(t + D) + n_2(t)$$

式（3-22）中，D 表示信号到达两个传感器时（两路信号）的相对时间延迟，也就是所要估计的时延，$n_1(t)$ 和 $n_2(t)$ 表示两路测量噪声，信号与噪声之间互不相关。

假设信号与噪声是平稳随机过程，当存在点声源 $w(t)$ 干扰时，可用式（3-23）来描述

$$x_1(t) = s(t) + n_1(t) + w(t) \tag{3-23}$$
$$x_2(t) = s(t - D_1) + n_2(t) + w(t - D_2)$$

式中　　D_1——信号的时延；

　　　　D_2——点干扰源的时延。

两通道测量信号之间的时延估计问题有着广泛的应用，如声呐信号处理中的目标定位和跟踪问题，通信、声呐和雷达探测中的回波抵消问题，解卷积信号处理中的探测信号和系统响应的估计与识别问题。常用的时延估计方法有广义互相关法、相位谱估计法、高阶谱估计法、互倒谱相关估计法、谱相关率法（SPECCORR）、LMS 自适应滤波器法、时延频率估计法、特征结构法等。

3.3.1　广义互相关法

用来确定两相关信号之间的时延 τ 最直接的方法就是互相关函数法。

$$R_{x_1x_2}(\tau) = E[x_1(t)x_2(t - \tau)] \tag{3-24}$$

使互相关函数式（3-24）取最大值的参数 τ，就是两信号 $x_1(t)$ 与 $x_2(t)$ 之间的时延 D 的估计值。实际应用中，由于存在噪声和干扰，以及有限记录长度的影响，使得普通的互相关函数法存在一系列缺陷，主要有相关峰不够尖锐、出现伪峰、相关峰互相重叠、端点效应等。

为了达到尽量锐化 $\tau = D$ 处的时延相关峰，对互相关函数法加以改进，得到了广义互相关法。广义互相关法是在互相关函数法的频域上加一个广义权函数 $\psi_g(f)$，即取广义互相关函数为

$$\hat{R}_{y_1y_2}(\tau) = \int_{-\infty}^{+\infty} \psi_g(f) \hat{G}_{x_1x_2}(f) e^{j2\pi f \tau} df \tag{3-25}$$

广义权函数可以根据输入信号的特征参数来选择，比如频谱、带宽、信噪比等，这些参数可以是先验知识，也可以是通过估计得到的。选择不同形式的权函数，也就构成了不同的处理器。常见的处理器有 ROTH 处理器、平滑相干变换（SCOT）处理器、相位变换（PHAT）处理器、ECKART 滤波器、HT 处理器等。

（1）ROTH 权函数

$$\psi_R(f) = \frac{1}{G_{x_1x_1}(f)} \tag{3-26}$$

相应的广义互相关函数估计表达式为

$$\hat{R}_{y_1y_2}(\tau) = \int_{-\infty}^{+\infty} \frac{\hat{G}_{x_1x_2}(f)}{G_{x_1x_1}(f)} e^{j2\pi f \tau} df \tag{3-27}$$

（2）平滑相干变换（SCOT）权函数

$$\psi_s(f) = \frac{1}{\sqrt{G_{x_1x_1}(f) G_{x_2x_2}(f)}} \qquad (3-28)$$

相应的广义互相关函数估计表达式为

$$\hat{R}_{y_1y_2}(\tau) = \int_{-\infty}^{+\infty} \frac{\hat{G}_{x_1x_2}(f)}{\sqrt{G_{x_1x_1}(f) G_{x_2x_2}(f)}} e^{j2\pi f\tau} df \qquad (3-29)$$

（3）相位变换法（PHAT）权函数

$$\psi_P(f) = \frac{1}{|G_{x_1x_2}(f)|} \qquad (3-30)$$

相应的广义互相关函数估计表达式为

$$\hat{R}_{y_1y_2}(\tau) = \int_{-\infty}^{+\infty} \frac{\hat{G}_{x_1x_2}(f)}{|G_{x_1x_2}(f)|} e^{j2\pi f\tau} df \qquad (3-31)$$

对于噪声之间互不相关的情况，也就是 $G_{n_1n_2}(f) = 0$ 时，

$$\frac{\hat{G}_{x_1x_2}(f)}{|G_{x_1x_2}(f)|} = e^{j\theta(f)} = e^{j2\pi fD} \qquad (3-32)$$

此时广义互相关函数为

$$R_{y_1y_2}(\tau) = \delta(t - D) \qquad (3-33)$$

　　从理论上讲，相位谱法时延估计的分辨率非常高。然而，实际应用中，由于互谱估计存在误差，而且估计器也不可能是严格的线性相位系统，所以，互相关函数估计结果也就不是严格的 δ 函数。相位变换法中另外一个明显的缺点是，用信号自谱的倒数进行加权，因此，信号功率最小的地方误差最大，特别是互谱为 0 的频带上，相位函数 $\theta(f)$ 也就没有意义，相位估计值会出现异常。

　　（4）最大似然估计器（或称为 HT 处理器）权函数

$$\psi_{HT}(f) = \frac{1}{|G_{x_1x_2}(f)|} \cdot \frac{|\gamma_{12}(f)|^2}{1 - |\gamma_{12}(f)|^2} \qquad (3-34)$$

相应广义互相关函数估计为

$$\hat{R}_{y_1y_2}(\tau) = \int_{-\infty}^{+\infty} \frac{|\gamma_{12}(f)|^2}{1 - |\gamma_{12}(f)|^2} \cdot \frac{\hat{G}_{x_1x_2}(f)}{|G_{x_1x_2}(f)|} e^{j2\pi f\tau} df \qquad (3-35)$$

HT 处理器根据相干性的强度来对相位进行加权。其时延估计的理论方差为

$$\text{var}[\hat{D}] = \frac{\int_{-\infty}^{+\infty} |\psi(f)|^2 (2\pi f)^2 G_{x_1x_1}(f) G_{x_2x_2}(f) [1 - |\gamma(f)|^2] df}{T\int_{-\infty}^{+\infty} (2\pi f)^2 |G_{x_1x_2}(f)| \psi^2(f) df} \qquad (3-36)$$

　　以上几种权函数对于非相关噪声以及自噪声信号和频谱很宽的信号是相当有效的，但对于频谱较窄的信号，特别是以线谱为主的信号，在点声源干扰下，广义互相关函数往往会产生很大的干扰峰，此时还必须根据信号的功率谱对全函数加以修正。

3.3.2　相位谱分析时延估计原理

　　如果认为环境噪声是统计独立的，那么接收到的两信号之间的互相关函数可以用信号的自相关函数表示：

$$R_{xy}(\tau) = E[x(t)y(t+\tau)] = R_{ss}(\tau - D) \tag{3-37}$$

因此，利用 Fourier 变换，互功率谱函数可以表示为

$$G_{xy}(f) = \int_{-\infty}^{+\infty} R_{xy}(\tau)e^{-j2\pi f\tau}d\tau = G_{ss}(f)e^{j2\pi fD} \tag{3-38}$$

从式（3-38）可以看出，时延参数和信号频率决定了互功率谱函数的相位，即互相位谱可以表示为

$$\phi_{xy}(f) = 2\pi fD \tag{3-39}$$

对于理想的线性相位传播媒介，相位谱是频率的线性函数，而对于非线性相位传播媒介，相位谱是频率的非线性函数。如果要分析的信号属于窄带信号，那么可以认为相位谱函数是准线性函数。通过利用最小二乘法对相位谱函数进行拟合得到归一化相位谱斜率，就是所要求的时延估计值。但对于低频信号，相位谱中只有前面少数点的相位是信号的延迟引起的，高频部分则是由噪声引起。而由少数几点计算出的斜率的精度必然不高，因此必须采用内插提高密度。考虑到计算量，线性调频 z 变换方法是一种有效的内插方法。若利用幅值谱或其函数对最小二乘进行加权，使之更突出，则效果更好。

3.3.3 端点效应及其消除

对于同时记录的等长信号 $x(t)$ 和 $y(t)$（$t \in (0, t_n)$）之间的时延估计，由于 $y(t)$ 滞后 $x(t)$ 时间 D（为了讨论方便，不妨设 $D > 0$），虽然 $y(t) = x(t-D)$（$t \in (D, t_n)$），但 $y(t) \neq x(t-D+t_n)$（$t \in (0, D)$），使其周期延拓后的信号形状并不相同。因此，必然存在端点效应，而且随着 D 的加大和 $y(t)$ 与 $x(t-D+t_n)$（$t \in (0, D)$）差异的加大，其对时延估计的影响也随之加大。

为了减小乃至消除端点效应对时延估计的影响，应使两信号周期延拓后的信号形状相同。为此，可行且简单的方法是把该端点置零，但这必然减少有效数据的长度，影响估计精度。另一可行的方法是采用预延时技术，把先到的信号人为延时最接近 D 的整数个采样周期 $D_m = mT$（T 为采样周期），为了不减少有效长度，可适当加大采样长度。这样，预延时后估计的时延 D' 加上预延时时间 D_m，就是所求的实际时延 D，即

$$D = D' + D_m \tag{3-40}$$

当目标的位置是连续变化时，两传声器间的时延也是连续变化的，因此可用上一个时延以采样周期取整后作为预时延 D_m。对于四路信号，还可以提高运算效率。

3.4 被动声定位算法

3.4.1 线阵定位算法

线阵是由布设在一条直线上的若干个传声器组成，用于对半个平面进行定位（或定向）的常用阵形。若阵列能够转动，则可以对整个平面进行定位（或定向）。舰艇所用的被动声呐系统，由于受船宽的限制，通常采用线阵。

1. 二元线阵

二元线阵示意图如图 3 - 6 所示。

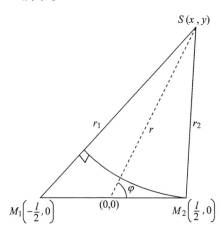

图 3 - 6 二元线阵示意图

图 3 - 6 所示的二元线阵是最简单的传声器阵列，它只能用于远距离目标的定向。设两传声器 M_1、M_2 对称布设在 x 轴相距 l 的两点上，其坐标分别为 $\left(-\dfrac{l}{2},\ 0\right)$、$\left(\dfrac{l}{2},\ 0\right)$，目标位于 $S(x,\ y)$，距离为 r，方位角为 φ，则声程差

$$d = r_2 - r_1 \approx l\cos\varphi\left[1 - \frac{1}{8}\sin^2\varphi\left(\frac{l}{r}\right)^2\right] \tag{3-41}$$

它与两传声器间接收信号的时间差，即时延 τ 成正比，比例系数为声速 c，即

$$d = c\tau \tag{3-42}$$

由于 $r \gg l$，所以

$$\cos\varphi = \frac{d}{l} \tag{3-43}$$

其定向的均方误差为

$$\sigma_\varphi = \left|\frac{\partial\varphi}{\partial d}\right|\sigma_d = \frac{1}{l\,|\sin\varphi|}\sigma_d \tag{3-44}$$

式中　σ_d ——声程差估计的均方误差。

由此可见，定向精度与距离无关，但与目标方位角有关。当目标位于 y 轴附近，即位于两传声器连线垂直平分线附近时，定向精度较高；而当目标位于 x 轴附近，即位于两传声器连线附近时，定向精度很低，甚至无法定向。

2. 三元线阵

三元线阵示意图如图 3 - 7 所示。

三元线阵传声器阵列不仅可以定向，也可以定距。设两传声器 M_1、M_2 沿 x 轴对称布设在位于原点 $(0,0)$ 的传声器 M_0 两边，其坐标分别为 $(-l,0)$、$(l,0)$，目标位于 $S(x,y)$，距离为 r，方位角为 φ，则声程差

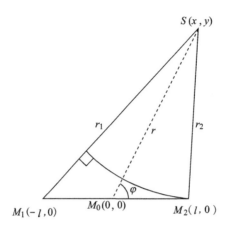

图 3 - 7　三元线阵示意图

$$d_1 = r_1 - r \approx -l\cos\varphi\left(1 - \frac{\sin^2\varphi}{2\cos\varphi} \cdot \frac{l}{r}\right)$$

$$d_2 = r_2 - r \approx l\cos\varphi\left(1 + \frac{\sin^2\varphi}{2\cos\varphi} \cdot \frac{l}{r}\right) \tag{3-45}$$

二式分别相减、相加，得

$$d_2 - d_1 = 2l\cos\varphi$$

$$d_2 + d_1 = \frac{l^2\sin^2\varphi}{r}$$

由此可得定向、定距公式

$$\cos\varphi = \frac{d_2 - d_1}{2l}$$

$$r = \frac{l^2\sin^2\varphi}{d_2 + d_1} \tag{3-46}$$

其定向的均方误差为

$$\sigma_\varphi = \frac{\sqrt{2}}{2l\,|\sin\varphi|}\sigma_d$$

$$\sigma_r = \frac{\sqrt{2}}{\sin^2\varphi} \cdot \left(\frac{r}{l}\right)^2\sigma_d \tag{3-47}$$

由此可见，定向精度与距离无关，而定距精度与距离有关，其误差与距离平方成正比。两者都与目标方位角有关，当目标位于 y 轴附近时，其定向和定位精度远高于目标位于 x 轴附近。

3. 多元线阵

为了提高定向、定距精度，增加阵元数量是一个有效的方法。最常用的是 $2n+1$ 元等距线阵。取线阵沿 x 轴布设，中间的传声器 M_0 位于原点 $(0,0)$，则 x 轴正方向第 k 个传声器 M_k 的坐标为 $(kl,0)$，到目标的距离为 r_k；x 轴负方向第 k 个传声器 M'_k 的坐标为 $(-kl,0)$，到目标的距离为 r'_k。则传声器 M_k 与 M_{k-1} 的声程差

$$d_k = r_k - r_{k-1} \approx -l\cos\varphi\left[1 - \frac{(2k-1)\sin^2\varphi}{2\cos\varphi} \cdot \frac{l}{r}\right] \tag{3-48}$$

传声器 M'_k 与 M'_{k-1} 的声程差

$$d'_k = r'_k - r'_{k-1} \approx l\cos \varphi \Big[1 + \frac{(2k-1)\sin^2\varphi}{2\cos\varphi} \cdot \frac{l}{r} \Big] \qquad (3-49)$$

两式分别相减、相加，得

$$d'_k - d_k = 2l\cos \varphi$$

$$d'_k + d_k = (2k-1)\frac{l^2\sin^2\varphi}{r}$$

由此可得定向、定距公式

$$\cos \varphi_{(k)} = \frac{d'_k - d_k}{2l}$$

$$r_{(k)} = (2k-1)\frac{l^2\sin^2\varphi}{d'_k + d_k} \qquad (3-50)$$

对于 $k = 1, 2, \cdots, n$，由式（3-51）可知，其定向误差相同，而定距误差不同。为此，对 n 个定向结果 $\cos \varphi_{(k)}$ 进行算术平均，有

$$\cos \varphi = \frac{\sum\limits_{k=1}^{n}(d'_k - d_k)}{2nl} \qquad (3-51)$$

此时，其定向的均方误差为

$$\sigma_\varphi = \frac{1}{\sqrt{2nl}\,|\sin \varphi|}\sigma_d \qquad (3-52)$$

为了得到距离的最佳估计，应对 n 个定距结果 $r_{(k)}$ 进行方差倒数加权平均，而 $r_{(k)}$ 的估计均方差为

$$\sigma_k = \frac{\sqrt{2}}{(2k-1)\sin^2\varphi}\Big(\frac{r}{l}\Big)^2\sigma_d \qquad (3-53)$$

由于

$$\sum\limits_{k=1}^{n}(2k-1)^2 = \frac{1}{3}n(4n^2-1)$$

得定距公式

$$r = l^2\sin^2\varphi\frac{\sum\limits_{k=1}^{n}\frac{(2k-1)^3}{d'_k+d_k}}{\sum\limits_{k=1}^{n}(2k-1)^2} = \frac{3l^2\sin^2\varphi}{n(4n^2-1)}\sum\limits_{k=1}^{n}\frac{(2k-1)^3}{d'_k+d_k} \qquad (3-54)$$

其定距的均方误差为

$$\sigma_r = \frac{\sqrt{6}}{\sqrt{n(4n^2-1)}\sin^2\varphi}\Big(\frac{r}{l}\Big)^2\sigma_d \qquad (3-55)$$

由此可见，增加阵元数量是提高定距精度的有效方法。在给定阵元数和总孔径的条件下，优化各阵元的间距，可进一步提高定距精度。

3.4.2 平面四元方阵定位算法

1. 基本算法

设四传声器（M_1、M_2、M_3、M_4）构成边长为 l 的平面方阵，分别对称分布在水平面 xOy 的四个象限，如图 3-8 所示。目标位于 $S(x,y,z)$，方位角为 φ，仰角为 θ，且 $OS = r$，$SM_1 = r_1$，$M_2M_1 = d_{21}$，$M_3M_1 = d_{31}$，$M_4M_1 = d_{41}$，则有

$$\begin{cases} x^2 + y^2 + z^2 = r^2 & ① \\ (x - l/2)^2 + (y - l/2)^2 + z^2 = r_1^2 & ② \\ (x + l/2)^2 + (y - l/2)^2 + z^2 = r_2^2 = (r_1 + d_{21})^2 & ③ \\ (x + l/2)^2 + (y + l/2)^2 + z^2 = r_3^2 = (r_1 + d_{31})^2 & ④ \\ (x - l/2)^2 + (y + l/2)^2 + z^2 = r_4^2 = (r_1 + d_{41})^2 & ⑤ \end{cases} \quad (3-56)$$

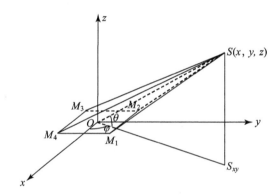

图 3-8　空间定位原理图

这是一个未知数为 x、y、z、r、r_1 的五元二次方程，解该方程就可求得目标的位置 $S(x,y,z)$。将式（3-56）中的第③、④、⑤式分别与②式相减，并解线性方程组，得到

$$\begin{cases} r_1 = -\dfrac{d_{21}^2 - d_{31}^2 + d_{41}^2}{2(d_{21} - d_{31} + d_{41})} \\[2mm] x = \dfrac{2d_{21}r_1 + d_{21}^2}{2l} \\[2mm] y = \dfrac{2d_{41}r_1 + d_{41}^2}{2l} \end{cases} \quad (3-57)$$

在实际应用中，可在不影响精度的前提下对式（3-57）进行简化。由于 $r \gg l$，$r_1 \approx r$，所以近似有

$$\begin{cases} r = -\dfrac{d_{21}^2 - d_{31}^2 + d_{41}^2}{2(d_{21} - d_{31} + d_{41})} & ① \\[3mm] \tan\varphi = \dfrac{y}{x} = \dfrac{d_{41}}{d_{21}} & ② \\[3mm] \cos\theta = \dfrac{\sqrt{d_{21}^2 + d_{41}^2}}{l} & ③ \end{cases} \qquad (3-58)$$

2. 精度分析

式（3-58）中的②、③式分别对 d_{21}、d_{41} 求偏导，有

$$\begin{cases} \dfrac{\partial\varphi}{\partial d_{21}} = -\dfrac{d_{41}}{d_{21}^2 + d_{41}^2} \\[3mm] \dfrac{\partial\varphi}{\partial d_{41}} = \dfrac{d_{21}}{d_{21}^2 + d_{41}^2} \\[3mm] \dfrac{\partial\theta}{\partial d_{21}} = -\dfrac{1}{\sqrt{l^2 - d_{21}^2 - d_{41}^2}} \cdot \dfrac{d_{21}}{\sqrt{d_{21}^2 + d_{41}^2}} \\[3mm] \dfrac{\partial\theta}{\partial d_{41}} = -\dfrac{1}{\sqrt{l^2 - d_{21}^2 - d_{41}^2}} \cdot \dfrac{d_{41}}{\sqrt{d_{21}^2 + d_{41}^2}} \end{cases}$$

并考虑声程差

$$\begin{aligned} d_{21} &= r_2 - r_1 \approx l\cos\theta\cos\varphi\Big(1 + \frac{1}{2}\cos\theta\sin\varphi \cdot \frac{l}{r}\Big) \\ d_{41} &= r_4 - r_1 \approx l\cos\theta\sin\varphi\Big(1 + \frac{1}{2}\cos\theta\sin\varphi \cdot \frac{l}{r}\Big) \end{aligned} \qquad (3-59)$$

根据误差合成理论，方位角 φ 和仰角 θ 的定向均方误差分别为

$$\begin{aligned} \sigma_\varphi &= \frac{1}{l\cos\theta}\sigma_d \\ \sigma_\theta &= \frac{1}{l\sin\theta}\sigma_d \end{aligned} \qquad (3-60)$$

其中，σ_d 为声程差 d_{21}、d_{41} 的均方误差。因此，空间定向的角度均方误差为

$$\sigma_\alpha = \frac{\sqrt{1 + \sin^2\theta}}{l\sin\theta}\sigma_d \qquad (3-61)$$

将式（3-58）中的①式分别对 d_{21}、d_{31}、d_{41} 求偏导，有

$$\begin{cases} \dfrac{\partial r}{\partial d_{21}} = \dfrac{d_{41}(d_{41} - d_{31})}{(d_{21} + d_{41} - d_{31})^2} - \dfrac{1}{2} \\[3mm] \dfrac{\partial r}{\partial d_{31}} = \dfrac{d_{21}d_{41}}{(d_{21} + d_{41} - d_{31})^2} - \dfrac{1}{2} \\[3mm] \dfrac{\partial r}{\partial d_{41}} = \dfrac{d_{21}(d_{21} - d_{31})}{(d_{21} + d_{41} - d_{31})^2} - \dfrac{1}{2} \end{cases}$$

并考虑声程差

$$d_{31} = r_3 - r_1 \approx l\cos\theta(\cos\varphi + \sin\varphi)$$

可得距离 r 估计的均方误差

$$\sigma_r = \frac{2\sqrt{3}}{\cos^2\theta |\sin 2\varphi|}\left(\frac{r}{l}\right)^2 \sigma_d \tag{3-62}$$

3. 算法的改进

虽然平面四元方阵只有 3 个独立时延，但可估计的时延共有 6 个。对于定位计算来说，另外 3 个为非独立的冗余时延。充分利用 d_{21}、d_{34}、d_{41}、d_{32}、d_{31}、d_{42} 这 6 个时延，可提高定向和定距的精度。

在式（3-58）的定向公式②、③式中，d_{32}、$\dfrac{d_{31}+d_{42}}{2}$ 与 d_{41} 是等价的，同样，d_{34}、$\dfrac{d_{31}-d_{42}}{2}$ 与 d_{21} 是等价的。因此，令

$$\begin{aligned} d_y &= \frac{1}{4}(d_{41}+d_{32}+d_{31}+d_{42}) \\ d_x &= \frac{1}{4}(d_{21}+d_{34}+d_{31}-d_{42}) \end{aligned} \tag{3-63}$$

可得方位角 φ

$$\varphi = \arctan\frac{d_y}{d_x} \tag{3-64}$$

仰角 θ

$$\theta = \arccos\frac{\sqrt{d_x^2+d_y^2}}{l} \tag{3-65}$$

根据式（3-58）的①式，同理可由 d_{21}、d_{42}、d_{32} 求得 r_2、由 d_{34}、d_{31}、d_{32} 求得 r_3，由 d_{34}、d_{31}、d_{32} 求得 r_4。由于它们都是距离 r 的近似，且有对称关系，取其平均，并做技术处理，有

$$r = \frac{d_x \cdot d_y}{2[(d_{41}-d_{32})+(d_{21}-d_{34})]} \tag{3-66}$$

虽然式（3-64）~式（3-66）不是精确公式，但其引起的系统误差要比式（3-58）小得多，完全可忽略。

式（3-64）、式（3-65）的方位角 φ、仰角 θ 的定向均方误差和空间定向的角度均方误差分别为

$$\begin{cases} \sigma_\varphi = \dfrac{1}{2l\cos\theta}\sigma_d \\[2mm] \sigma_\theta = \dfrac{1}{2l\sin\theta}\sigma_d \\[2mm] \sigma_\alpha = \dfrac{\sqrt{1+\sin^2\theta}}{2l\sin\theta}\sigma_d \end{cases} \tag{3-67}$$

可使得随机误差降到原来的一半。一般气象和干扰条件下，定向精度能满足技战术指标要求。但式（3-66）的定距随机误差为

$$\sigma_r = \frac{\sqrt{3}}{\cos^2\theta |\sin 2\varphi|}\left(\frac{r}{l}\right)^2 \sigma_d \tag{3-68}$$

虽然式（3-68）比式（3-58）的①式的值要小，通过卡尔曼滤波等后置数值处理方法还可提高定距精度，但也难以满足技战术要求。

3.4.3　圆阵定位算法

$n+1$ 元圆阵是由半径为 a 的圆周上均布的 n 个传声器 M_i（$i=0$，1，$\cdots$，$n-1$）和圆心 O 上的传声器 M 组成。目标位于 $S(x,y,z)$，方位角为 φ，仰角为 θ，且 $OS=r$，$SM_i=r_i$，声程差

$$d_i = r_i - r \approx a\cos\theta\cos(\varphi - \varphi_i) \tag{3-69}$$

根据余弦定理，有

$$r_i^2 = (r+d_i)^2 = r^2 + a^2 - 2ar\cos\theta\cos(\varphi - \varphi_i) \tag{3-70}$$

其中，$\varphi_i = \dfrac{2\pi}{n}i(i=0,1,\cdots,n-1)$。展开后，有

$$2d_i r + d_i^2 = a^2 - 2ar\cos\theta\cos(\varphi - \varphi_i)$$

对 n 个传声器的结果相加，有

$$2r\sum_{i=0}^{n-1} d_i + \sum_{i=0}^{n-1} d_i^2 = na^2$$

由此可得定距公式

$$r = \frac{na^2 - \displaystyle\sum_{i=0}^{n-1} d_i^2}{2\displaystyle\sum_{i=0}^{n-1} d_i} \tag{3-71}$$

而

$$\sum_{i=0}^{n-1} d_i \approx 0$$

$$\sum_{i=0}^{n-1} d_i^2 = \frac{n}{2}$$

$$\begin{aligned}
\frac{\partial r}{\partial d_i} &= \frac{-2d_i\left(2\sum d_i\right) - 2\left(na^2 - \sum d_i^2\right)}{\left(2\sum d_i\right)^2} \\
&= \frac{r^2}{\left(na^2 - \sum d_i^2\right)^2}\left[-2d_i\left(2\sum d_i\right) - 2\left(na^2 - \sum d_i^2\right)\right] \\
&\approx \frac{2r^2}{na^2\left(1 - \dfrac{1}{2}\cos^2\theta\right)}
\end{aligned}$$

由此可得

$$\sigma_r = \frac{2}{\sqrt{n}\left(1 - \dfrac{1}{2}\cos^2\theta\right)}\left(\frac{r}{a}\right)^2 \sigma_d \tag{3-72}$$

圆阵的定距误差与方位角无关，五元圆阵的精度优于四元方阵的，但对于阵元不多、口

径不大的圆阵，也难以满足定距的精度要求。

采用空间阵列，可以对全空域进行定位，其小仰角时仰角的估计精度比平面阵高得多，有的阵型计算也较简单。

3.5　自然风对声探测的影响及其修正

对于不同的传声器阵列，风的影响是不同的，但对风影响进行修正的思路和方法是相同的，下面以正四元方阵为例进行推导。

3.5.1　风对二传声器声程差的影响

风对二传声器声程差的影响定位修正图如图 3 – 9 所示。

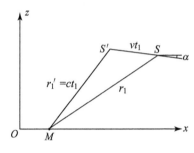

图 3 – 9　定位修正图

设声源为 S 点，但由于受到风的影响，传声器 M 实际测得的等效无风时的声源为 S' 点，而不是 S 点。$SM = r_1$，$S'M = r_1'$，$OS = r$，设声音传到传声器所需时间为 t_1，则 $r_1' = ct_1$，可得

$$SS' = vt_1 = v\frac{r_1'}{c}$$

在直角坐标系中

$$(r_1')^2 = (x')^2 + (y')^2 + (z')^2 \tag{3-73}$$

其中 x'、y'、z' 为 S' 点的坐标，又知

$$x' = x - SS' \cdot \cos \alpha = r\cos \theta \cos \varphi - \frac{v}{c}r_1'\cos \alpha$$

$$y' = y - SS' \cdot \sin \alpha = r\cos \theta \sin \varphi - \frac{v}{c}r_1'\sin \alpha$$

$$z' = r\sin \theta$$

而 θ 为真实仰角，φ 为真实方位角，α 为风的方向角。

将 x'、y'、z' 代入式（3 – 73），可得

$$(r_1')^2 = \left(r\cos \theta \cos \varphi - \frac{v}{c}r_1'\cos \alpha - \frac{l}{2}\right)^2 + \left(r\cos \theta \sin \varphi - \frac{v}{c}r_1'\sin \alpha\right)^2 + r^2\sin^2 \theta$$

化简后，得

$$a(r_1')^2 + 2b_1r_1' + c_1 = 0 \tag{3-74}$$

其中

$$
\begin{cases}
a = 1 - \dfrac{v^2}{c^2} \\[2mm]
b_1 = -\dfrac{1}{2}\dfrac{v}{c}\big[2r\cos\theta\cos(\varphi - \alpha) - l\cos\alpha\big] \\[2mm]
c_1 = -\Big(r^2 - rl\cos\theta\cos\varphi + \dfrac{l^2}{4}\Big)
\end{cases}
\tag{3-75}
$$

解方程 (3-74)，得

$$
r_1' = \frac{-b_1 + \sqrt{{b_1}^2 - ac_1}}{a}
\tag{3-76}
$$

同理解出 r_2'，忽略 $\left(\dfrac{v}{c}\right)^2$、$\dfrac{l}{r}$ 及其高次项后化简可得

$$
r_2' - r_1' = l\cos\theta\cos\varphi\Big(1 - \frac{v}{c}\frac{\cos\alpha}{\cos\theta\cos\varphi}\Big)
\tag{3-77}
$$

同理可得

$$
r_4' - r_3' = l\cos\theta\sin\varphi\Big(1 - \frac{v}{c}\frac{\sin\alpha}{\cos\theta\sin\varphi}\Big)
\tag{3-78}
$$

3.5.2　风对方位角和仰角的影响

由式 (3-77)、式 (3-78) 可得，风影响下计算的方位角 φ' 与实际方位角 φ 的关系为

$$
\begin{aligned}
\tan\varphi' &= \frac{r_3' - r_4'}{r_2' - r_1'} = \frac{\sin\varphi\Big(1 - \dfrac{v}{c}\dfrac{\sin\alpha}{\cos\theta\sin\varphi}\Big)}{\cos\varphi\Big(1 - \dfrac{v}{c}\dfrac{\cos\alpha}{\cos\theta\cos\varphi}\Big)} \\[3mm]
&= \tan\varphi \cdot \frac{1 - \dfrac{v}{c}\dfrac{\sin\alpha}{\cos\theta\sin\varphi}}{1 - \dfrac{v}{c}\dfrac{\cos\alpha}{\cos\theta\cos\varphi}}
\end{aligned}
\tag{3-79}
$$

同理可得

$$
\sqrt{(r_2' - r_1')^2 + (r_4' - r_3')^2} = \cos\theta\Big[1 - \frac{v}{c}\frac{\cos(\varphi - \alpha)}{\cos\theta}\Big]
\tag{3-80}
$$

由此可得在风影响下计算的仰角 θ' 与实际仰角 θ 的关系：

$$
\cos\theta' = \cos\theta\Big[1 - \frac{v}{c}\frac{\cos(\varphi - \alpha)}{\cos\theta}\Big]
\tag{3-81}
$$

3.5.3　风对方位角和仰角的修正公式

由于 $v \ll c$，为了计算简单，忽略二次项 $\left(\dfrac{v}{c}\right)^2$ 的影响，此时有

$$
\tan\varphi = \tan\varphi' \cdot \frac{1 + \dfrac{v}{c}\dfrac{\sin\alpha}{\cos\theta'\sin\varphi'}}{1 + \dfrac{v}{c}\dfrac{\cos\alpha}{\cos\theta'\cos\varphi'}}
\tag{3-82}
$$

和

$$\cos\theta = \cos\theta'\left[1 + \frac{v}{c}\frac{\cos(\varphi' - \alpha)}{\cos\theta'}\right] \quad\quad (3-83)$$

3.6 双子阵定位理论

3.6.1 定位原理

双子阵定位是利用两个子阵各自算出目标的方位（θ_1，φ_1）、（θ_2，φ_2），若两条射线 L_1、L_2 在空间相交，则交点 $T(x,y,z)$ 为目标的位置；如两条射线在空间不相交，则求出两射线的公垂线，则公垂线 P_1P_2 的中心 $T(x,y,z)$ 即为所求的目标位置。双子阵定位示意图如图 3-10 所示。

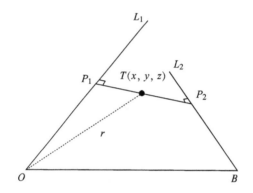

图 3 – 10　双子阵定位示意图

取两子阵的连线为 x 轴且方向一致，子阵 1 中心在原点，子阵 2 中心在点 $(B,0,0)$，则 L_1、L_2 的方向余弦分别为

$$l_1 = \cos\theta_1\cos\varphi_1 \text{、} m_1 = \cos\theta_1\sin\varphi_1 \text{、} n_1 = \sin\theta_1$$

和

$$l_2 = \cos\theta_2\cos\varphi_2 \text{、} m_2 = \cos\theta_2\sin\varphi_2 \text{、} n_2 = \sin\theta_2$$

射线 L_1、L_2 的参数方程分别为

$$\begin{cases} x = l_1t_1 \\ y = m_1t_1 \\ z = n_1t_1 \end{cases} \text{ 和 } \begin{cases} x = l_2t_2 + B \\ y = m_2t_2 \\ z = n_2t_2 \end{cases} \quad\quad (3-84)$$

式中，t_1、t_2 为参数，则公垂线长度 d 满足

$$d^2 = (l_1t_1 - l_2t_2 - B)^2 + (m_1t_1 - m_2t_2)^2 + (n_1t_1 - n_2t_2)^2$$

分别对 t_1、t_2 求偏导，有

$$\frac{\partial d^2}{\partial t_1} = 2\left[(l_1^2 + m_1^2 + n_1^2)t_1 - (l_1l_2 + m_1m_2 + n_1n_2)t_2 - l_1B\right]$$
$$= 2\left[t_1 - (l_1l_2 + m_1m_2 + n_1n_2)t_2 - l_1B\right]$$

$$\frac{\partial d^2}{\partial t_1} = 2\big[-(l_1 l_2 + m_1 m_2 + n_1 n_2)t_1 + (l_1^2 + m_1^2 + n_1^2)t_2 + l_2 B\big]$$
$$= 2\big[-(l_1 l_2 + m_1 m_2 + n_1 n_2)t_1 + t_2 + l_2 B\big]$$

为了使 d 最小，则有

$$\frac{\partial d^2}{\partial t_1} = 0 \qquad 且 \qquad \frac{\partial d^2}{\partial t_2} = 0$$

又因为两射线夹角余弦为

$$\cos \alpha = l_1 l_2 + m_1 m_2 + n_1 n_2 \tag{3-85}$$

所以

$$\begin{cases} t_1 - t_2 \cos \alpha = l_1 B \\ -t_1 \cos \alpha + t_2 = l_2 B \end{cases}$$

解上述方程组可得

$$t_1 = \frac{l_1 - l_2 \cos \alpha}{\sin^2 \alpha} B \tag{3-86}$$

$$t_2 = \frac{l_1 \cos \alpha - l_2}{\sin^2 \alpha} B \tag{3-87}$$

上述 t_1、t_2 也就是各自阵心到公垂线的距离。于是可得声源坐标 (x,y,z)

$$\begin{cases} x = \dfrac{1}{2}(l_1 t_1 + l_2 t_2 + B) \\ y = \dfrac{1}{2}(m_1 t_1 + m_2 t_2) \\ z = \dfrac{1}{2}(n_1 t_1 + n_2 t_2) \end{cases} \tag{3-88}$$

目标距离 r 为

$$r = \sqrt{x^2 + y^2 + z^2}$$
$$\approx \frac{B}{2} \cdot \frac{\sqrt{(l_1^2 - l_2^2)^2 + (l_1 m_1 - l_2 m_2)^2 + (l_1 n_1 - l_2 n_2)^2}}{\sin^2 \alpha} \tag{3-89}$$

3.6.2 定距误差

上面给出的定距公式，影响精度的主要因素还是时延估计误差，其随机误差的均方差为

$$\sigma_r = \frac{\sqrt{2}}{1 - \cos^2 \theta \cos^2 \varphi} \cdot \frac{r^2}{Bl} \sigma_d \tag{3-90}$$

从式（3-90）可以看出，当目标位于两子阵连线附近时，定距误差较大，但目标与子阵连线垂直时，定距精度较高。同时，随着仰角增大，定距精度也随之提高。因此，为了提高定距精度，应把子阵布设成其连线与目标的夹角尽可能大。当目标方位不确定时，可以采用 3 个或 3 个以上子阵组成系统，并根据两两子阵的定距精度进行加权，以提高定距精度。

3.7 声探测数据的后置处理

由于基线短、背景噪声干扰以及信号的多途性，而且在实际应用中算法可能出现不稳

定，得到的时延估计误值不可能完全准确，预测方向和攻击时间会产生较大的误差，以至难以满足精度要求。除了对时延估计算法进行研究，后置智能化处理是提高测量精度的有效途径，它利用目标运动的变化规律，将多次测量结果相关联进行跟踪，可以有效地提高精度。后置处理的最典型方法是卡尔曼滤波，它是一种简要递推算法的滤波器，可方便地在计算机上加以实现并满足实时性要求。

3.7.1　卡尔曼滤波器

卡尔曼滤波器是理想的最小平方递归估计器，其利用递推算法，即后一次的估计计算利用前一次的计算结果。与其他估计算法相比较，卡尔曼滤波器具有算法简单及存储量小的优点，所以广泛用于近代数据处理系统中。卡尔曼滤波器的工作原理图如图 3 – 11 所示。

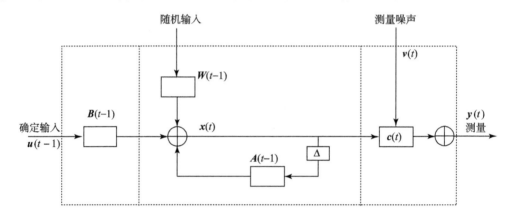

图 3 – 11　卡尔曼滤波器工作原理图

由图 3 – 11，卡尔曼滤波器的状态方程及其测量方程分别为

$$\boldsymbol{x}(t) = \boldsymbol{A}(t-1)\boldsymbol{x}(t-1) + \boldsymbol{B}(t-1)\boldsymbol{u}(t-1) + \boldsymbol{W}(t-1)\boldsymbol{\omega}(t-1) \qquad (3-91)$$

$$\boldsymbol{y}(t) = \boldsymbol{c}(t)\boldsymbol{x}(t) + \boldsymbol{v}(t) \qquad (3-92)$$

其中，$\boldsymbol{A}(t-1)$、$\boldsymbol{B}(t-1)$、$\boldsymbol{W}(t-1)$、$\boldsymbol{c}(t)$ 分别是实数矩阵，$\boldsymbol{\omega}(t^{-1})$ 和 $\boldsymbol{v}(t)$ 是随机向量。

3.7.2　数学模型

目标的数学模型是机动目标跟踪的基本要素之一，也是一个关键而棘手的问题，模型的准确与否直接影响跟踪效果。在建立模型时，既要使所建立的模型符合实际，又要便于数学处理。这种数学模型应将某一时刻的状态变量表示为前一时刻状态变量的函数，所定义的状态变量应是全面反映系统动态特性的一组维数最少的变量。

在被动声定位中，确定目标的变量可以采用直角坐标系的 (x,y,z)，也可以采用球坐标系的 (r,θ,φ)。由于定距精度远低于定角精度，所以，在直角坐标系中，x、y、z 间存在着很大的相关性和耦合，直接求解不仅维数较高，而且关系复杂，难以求解；若强行解耦，则它们间的相关性和耦合被忽略了，虽然维数和复杂性都降低了，但模型精度也降低了，必然导致滤波效果的降低甚至发散。当采用球坐标时，r、θ、φ 间的相关性就很小，可以独立进行卡尔曼滤波。

机动目标运动的数学模型主要有 CV（常速度模型）和 CA（常加速度模型）。当目标以直线或大曲率半径飞行时，除了近处外，r、θ、φ 的变化率较为匀速，因此采用 CV 模型是一个合理的选择。

假设被跟踪测量值为 x，它的变化是匀速的，变化速度为 x'，x' 的波动用随机速度扰动 V_x 表示，则 CA 运动方程为

$$\begin{bmatrix} x_{(k+1)} \\ x'_{(k+1)} \end{bmatrix} = \begin{bmatrix} 1 & T \\ 0 & 1 \end{bmatrix} \begin{bmatrix} x_{(k)} \\ x'_{(k)} \end{bmatrix} + \begin{bmatrix} 0 \\ V_x(k) \end{bmatrix} \qquad (3-93)$$

测量方程为

$$x_{(k+1)} = \begin{bmatrix} 1 & 0 \end{bmatrix} \begin{bmatrix} x_{(k+1)} \\ x'_{(k+1)} \end{bmatrix} + S_x(k+1) \qquad (3-94)$$

式中　T——探测时间间隔；

　　　S_x——测量误差。

运动方程和测量方程也可简写成向量形式：

$$\boldsymbol{X}(k+1) = \boldsymbol{A}\boldsymbol{X}(k) + \boldsymbol{V}(k) \qquad (3-95)$$

$$\boldsymbol{Z}(k+1) = \boldsymbol{H}\boldsymbol{X}(k+1) + \boldsymbol{S}(k+1) \qquad (3-96)$$

3.7.3　递推算法

假设系统的随机速度扰动和测量噪声相互独立，并且都为零均值、协方差分别为 $\boldsymbol{Q}(k)$ 和 $\boldsymbol{N}(k)$ 的高斯随机噪声。对应于模型表达式的卡尔曼滤波器递推过程如下：

一步预测值

$$\boldsymbol{X}(k+1 \mid k) = \boldsymbol{A}\boldsymbol{X}(k) \qquad (3-97)$$

一步预测误差协方差

$$\boldsymbol{P}(k+1 \mid k) = \boldsymbol{A}\boldsymbol{P}(k)\boldsymbol{A}^{\mathrm{T}} + \boldsymbol{Q}(k) \qquad (3-98)$$

最佳增益矩阵

$$\boldsymbol{K}(k+1) = \boldsymbol{P}(k+1 \mid k)\boldsymbol{H}^{\mathrm{T}}\left[\boldsymbol{H}\boldsymbol{P}(k+1 \mid k)\boldsymbol{H}^{\mathrm{T}} + \boldsymbol{N}(k)\right]^{-1} \qquad (3-99)$$

滤波估计

$$\boldsymbol{X}(k+1) = \boldsymbol{X}(k+1 \mid k) + \boldsymbol{K}(k+1)\left[\boldsymbol{Z}(k+1) - \boldsymbol{H}\boldsymbol{X}(k+1 \mid k)\right] \qquad (3-100)$$

滤波误差协方差

$$\boldsymbol{P}(k+1) = \left[\boldsymbol{I} - \boldsymbol{K}(k+1)\boldsymbol{H}\right]\boldsymbol{P}(k+1 \mid k) \qquad (3-101)$$

对于式（3-95）、式（3-96）给出的运动方程，启动条件为

$$\boldsymbol{X}(0) = \begin{bmatrix} x_0 \\ \dfrac{x_0 - x_{-1}}{T} \end{bmatrix} \qquad (3-102)$$

$$\boldsymbol{P}(0) = \begin{bmatrix} \sigma_x^2 & \dfrac{\sigma_x^2}{T} \\ \dfrac{\sigma_x^2}{T} & \dfrac{\sigma_x^2}{T^2} \end{bmatrix} \qquad (3-103)$$

式中　σ_x^2——x 的测量方差。

当目标位于近处时，r、θ、φ 不满足 CV 模型，同时，r、θ、φ 的测量精度也不断提高。

为了也能适用该递推公式，当目标仰角大于某一特定值时，目标接近时，逐步乘以大于 1 的系数放大模型误差 V_x，远离时再缩小；同时，随着测量精度的提高和降低，乘以系数缩小或放大测量方差 S_x，也能达到很好的滤波效果。

3.8　声探测技术在军事中的应用

在军事上，声探测的应用可以追溯到第一次世界大战以前，由于受到当时电子技术、信号处理技术的限制，难以满足战术技术要求，应用受到很大限制。声探测在军事中的第一个成功应用是声呐系统。声呐利用声波在水中衰减小、速度较快的特点，设计出了大量的主动、被动的声呐系统和海底预警系统，在潜艇探测目标、导航和反潜作战中发挥了巨大的作用。

由于雷达的优秀性能，空气声探测在军事中的应用一直发展缓慢。随着微电子技术、计算机技术、信号处理理论的飞速发展，声测系统、信号处理技术等方面的难题得到解决，重新激发了人们对地面声探测技术的兴趣。目前地面声探测技术的应用主要有两个方面：一是警戒与侦察，主要有对轻型飞机和直升机的远距离警戒、炮位侦察、战场侦察；二是攻击型武器系统，主要有反坦克智能雷弹、反直升机智能雷弹、反狙击武器系统等。

3.8.1　声呐技术在军事上的应用和发展

1. 先进信号处理技术

早期的声呐接收机功能比较简单，人们对水声环境与无线电波环境的差异认识不深，简单地把应用于雷达和无线电通信的信号处理技术移植到声呐系统中，因此并没有发挥其应有的作用，而且当时的模拟电路技术也很难实现信号处理。近年来，随着高性能微处理器和各种专用通用高速数字信号处理器的出现，以及各种先进信号处理算法的开发，声呐的效能发生了巨大的变化。声呐系统的更新在很大程度上是随着计算机系统和信号处理系统的升级而进行的，声呐基阵的改动不大。美国海军在声呐技术的发展上，首先把大量资金用于改进信号处理能力，其次是购买新型声基阵（如甚低频主动声呐基阵），同时重新设计了潜艇的作战指挥系统。以前，各种非声学传感器（如雷达）只是作为声呐的补充或辅助设备，现在把这些非声学传感器数据和声呐数据结合起来，通过光纤送到潜艇的作战指挥系统进行集中处理，构成战术指挥图，供作战时参考。

2. 水声通信和声呐组网技术

先进的信号处理技术显著提高了声呐系统的性能，使声呐除了完成潜艇探测的任务外，还可以进行远距离水声通信。西方国家推测，苏联在冷战时期就实现了水声通信，但数据传输量很小，只是几个简单命令。现在的水声通信技术已经可以实现图像传输，通过编码技术可以进行大约 $100\ \mathrm{b \cdot s^{-1}}$ 的低速数据传输，今后可能提高到 $1\ 000\ \mathrm{b \cdot s^{-1}}$。水声通信技术使各种水下平台的数据交换成为可能，如通过潜艇和无人潜航器的数据交换就可以构成水下战场的声图像。各种水下平台之间共享声呐数据已成为声呐技术的一个主要发展方向。

美国海军对声呐组网技术进行了大量的研究工作。目前规模最大的水声网络是由美国海军研究局和空海战系统中心主持的"海网"（Seaweb）。北约已开始使用反潜武器网络系统，如用声呐监听系统（SOSUS）的被动声呐阵列来探测潜艇，由反潜巡逻机接收声呐阵列的信号来扩大反潜的海域。使用组网技术的好处是能够远程探测，大大提高预警能力。潜艇指挥官可以更早发现潜在威胁来规避攻击，而不仅仅是简单地搜索攻击目标。但是远程探测也有缺憾，即声呐监听系统在监听潜艇时虚警率较高，探测误差也会逐渐累加。冷战后，欧美国家对是否采用远程探测作为反潜的主要手段有很大分歧，一些欧洲国家主张采用护卫舰在战时为船队护航，而美国和英国海军则倾向于使用 SOSUS、远程反潜巡逻机和攻击型核潜艇。

3. 被动声呐技术

冷战时期，西方海军的主要威胁是苏联的核潜艇。核潜艇的核反应堆在运行时噪声较大，因此那时北约主要发展用于监听噪声的被动声呐站，对窄带信号的检测成为声呐信号处理的关键技术。在冷战后期，北约依靠新的信号处理技术削弱了苏联降低潜艇噪声所获得的优势。这个时期反潜的特点就是大力发展被动声呐，包括拖曳阵和被动声呐浮标。现在西方海军多在第三世界国家周围的海域活动，威胁主要来自常规潜艇。常规潜艇可以关闭发动机潜伏在海里不发出一点声响，采用新型不依赖空气动力装置（AIP）的潜艇甚至可以潜伏几个星期。此时，被动声呐就无法对潜艇实施有效探测。此外，第三世界国家周围水域多为比大西洋或挪威海浅得多的浅海，常规潜艇可以静卧在海底，让复杂的海底地貌帮助它躲避追踪；在一些表面声道很窄的地方，声波会被海底多次反射；在滨海水域探测潜艇，还可能遇到一些特殊情况（如河流的入海口）。上述问题都可能会影响声呐探测，英国舰队 1982 年在马尔维纳斯群岛作战时就遇到过这类问题。鉴于上述情况，美英海军对被动拖曳声呐的兴趣大大降低。美国阿里伯克级驱逐舰不再装备 SQR-19 拖曳声呐。英国海军 23 型护卫舰的 2031 型被动声呐也被 2087 型低频主动声呐所取代。尽管被动声呐技术发展趋缓，但还远未到被淘汰的地步。只要水面舰艇依然产生噪声、核潜艇依然会发出规则的声信号，就会有被动声呐存在。目前几乎所有的潜艇都装备被动声呐，但是，在搜索柴电潜艇时，主动声呐仍必不可少。

4. 低频主动声呐技术

安静型柴电潜艇的广泛装备，使声呐技术的研究热点重新转移到主动声呐上。但主动声呐有两个缺点：一是声呐发射的声波会被反潜设备接收到，使潜艇暴露目标并遭到攻击；二是主动声呐在浅海的作用距离受海床的影响。声呐脉冲会在海底和水面之间反射，沿不同路径返回（即多途效应）。此时会有微小的时延，在接收机上形成混响干扰，掩盖目标的回波。声呐使用的脉冲序列越长，探测距离越远，声呐受混响的影响就越严重。选择短脉冲固然会减小混响的影响，但同时也减小了声呐的探测距离。解决这个矛盾的方法之一是使用脉冲编码技术。一个长脉冲序列可以被压缩成一个短脉冲序列，但频率和相位也会发生一些变化，这就是脉冲压缩理论，它是抗多途效应的有效手段。在声呐信号处理中经常使用频率调制技术，信号在频域的带宽越宽，在时域的脉冲就越窄。现在一些新型主动舰壳声呐（如美国海军的 DE 1160 和 SQS-53）以及甚低频拖曳声呐（如美国海军侦察舰使用的低频声呐和北约使用长直线阵的大型低频主动声呐），都使用了脉冲压缩技术。声呐所用声波的频率越低，作用距离就越远，产生低频信号的换能器体积也就越大。当使用声波的频率低于 3.5 kHz 时，声呐就会由于换能器体积过大而不能安装在舰艇上，只能采取拖曳的方式。低频声呐使用的频率一般为 100～500 Hz，仅略高于冷战时期被动声呐探测的频率范围。此外，舰壳主动声呐还可以通过控制波束仰角采用自适应技术来减小混响的影响。出于战术上的考虑，很多国家的海军仍在研究或购买低频主动拖曳声呐。因为这种声呐的远程探测性能如同 SQS－53 舰壳声呐，却没低频声呐那么大的体积和质量。小型水面舰艇的船首导流罩容不下大型声呐基阵，所以通常使用拖曳声呐。使用拖曳声呐的另一个好处是可以减少本舰噪声对声呐的影响。这类拖曳声呐包括英国海军 2087 型、新加坡护卫舰采用的 EDO 980 型以及巴基斯坦和中国台湾海军采用的泰利斯公司 ATAS 型等。美海军准备购买新型船首声呐和低频宽带拖曳声呐，参与竞标的有 L3 公司"海啸"（TSUNAM）声呐，它使用了新型结构，中央是一个全方位发射换能器，周围是接收换能器。这种收发隔离的结构有利于改善发射性能，并使声呐的作用距离更远。只要海水的深度不是太浅，低频信号就可以传播很远的距离。关键是要控制声呐波束的仰角，减少声波在垂直方向上损失的能量。为此，英国 2087 型声呐等拖曳声呐的换能器基阵采用垂直阵，这种布阵方式也适用于直升机吊放声呐。目前最先进的两型直升机吊放声呐是泰利斯公司的 Flash 型（美、法、英等国采用）和 L3 公司的 HELRAS 型（德、荷、希、意、土等国采用）。这两种声呐可以控制声波不在垂直方向上扩散，而将能量集中在水平方向上。以 Flash 型为例，如果波束的初始发射角使波束在海底发生了反射，声呐就会自动把发射角度调整为水平。

5. 爆炸声回波定位技术

针对安静型柴油机潜艇给声呐浮标系统带来的威胁，美国海军于 20 世纪 50 年代中期构想了"朱莉"计划。基本思路是，潜艇噪声的降低将会使 SOSUS 声呐系统失效，但可以通过增加一个信号——深水炸弹爆炸声来解决问题。爆炸声将在寂静潜伏的潜艇上产生回波，SOSUS 系统的被动声呐阵接收回波并进行定位。但"朱莉"系统只能在深度超过 3 500 m 的深海使用，否则海底反射波将淹没潜艇的回波，因此对一些沿海海域并不适用。在 20 世纪七八十年代，苏联还开发了一种改进的"朱莉"系统，使用一组爆炸声来克服海底回波的影响。受当时条件的限制，"朱莉"系统没有复杂的信号处理功能，只是通过直达声和潜艇回波的时延差来定位。到 90 年代，随着计算机的飞速发展，区分潜艇回波和海底反射波的问题得到了解决。"朱莉"系统的最大优势是可以探测到潜艇而不会暴露反潜舰艇的位置，并可以决定是否需要以及何时对潜艇发动攻击。

美国国防先期研究计划局发起了一项"远方雷鸣"（Distant Thunder）工程，使用舰载声呐或声呐浮标接收爆炸引发的信号，由计算机处理接收到的信号推演海底声图像绘制出潜艇的运动轨迹。上述工作当时花费 20 min 时间，现在的 64 位处理器当然要快得多。美国海军认为，韩国附近海域为浅海，并且周边各国的潜艇多为柴电潜艇，所以部署在那里的驱逐舰都装备了"远方雷鸣"系统。该系统是 SQQ－89 水下战斗指挥系统的一部分，这是一种有别于传统平台中心作战的网络中心近海反潜战系统，代表着未来近海反潜作战的发展方向。作为爆炸声回波定位技术的扩展，还有人提出用无人潜航器发出爆炸声"照亮"整个海底的方案。这个方案的优势在于利用了无人潜航器上安装的系列传感器，以及大型潜艇拥有的强大信号处理能力。然而，因为爆炸声使探测艇自身也产生了回波，一旦敌方潜艇也装备了类似设备，在搜索敌方潜艇的同时也暴露了本艇的位置。而且西方攻击型核潜艇的体积要比第三世界国家的柴电潜艇大得多，对爆炸声的回波也强得多，所以这种方案对自己无利。

3.8.2 反直升机智能雷弹

武装直升机以其特有的机动性、灵活性和超低空飞行性能，成为现代战争中的"空中坦克"，有着很强的生存能力和攻击能力。这首先是因为它的超低空飞行性能，使它能够有效地利用地形地物进行掩护，躲过雷达的搜索和防空导弹的袭击；其次，它有一定的装甲防护能力，可阻挡 12.7 mm 枪弹的射击；最后，它较少受气象条件的制约，能够迅速完成诸如地面侦察、输送武器装备和兵力、攻击敌方重要目标和防御设施等任务。

面对武装直升机的严峻挑战，世界各国都在研制对抗武装直升机的新技术。反直升机智能雷弹（AHM）作为一种有效的反直升机武器，成为世界各国竞相发展的一种武器系统。

智能雷弹是一种布设后自主完成警戒、目标识别、定位，并对目标实施远距离（较普通地雷）攻击的武器系统。

反直升机智能雷弹可人工布设，也可车辆抛撒或飞机空投。布设后自动进行姿态调整。反直升机雷弹用被动声探测进行远距离预警，预警距离设在 1 000 m 左右。当目标进入预警区域后，智能雷弹自动对目标进行定位和跟踪计算，估计目标的飞行轨迹和雷弹的攻击方位角，适时控制随动系统工作，使雷弹战斗部处于拦截位置上。随着目标的接近，预测精度随之提高，随动系统随之微调。智能雷弹既可以采用发射型，也可以采用直爆型。前者先发射带红外探测的末敏子弹，捕捉到目标后起爆自锻破片弹，用其金属射流束攻击目标；后者当与战斗部固连的红外探测器捕捉到目标时，雷弹进行复合定距，当目标位于射程之内时，直接起爆自锻破片弹，用其金属射流束攻击目标。此外，随动系统可以是一维的，也可以是二维的，后者具有很大的防御区域。

为了便于己方直升机通过，可通过无线电通信遥控关闭雷弹，等直升机通过雷区后再遥控激活雷弹的预警系统。

根据反直升机智能雷弹的武器概念，直爆型智能雷弹声红外复合引信的原理框如图 3 – 12 所示。

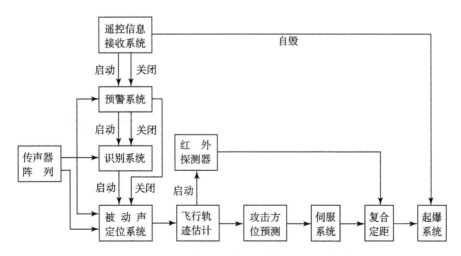

图 3 – 12 直爆型智能雷弹声红外复合引信的原理框

由于智能雷弹的能源是有限的，为了提高其工作时间，采用了一系列节能措施。雷弹布设后，平时处于微功耗的预警状态。当雷弹预警系统输出达到阈值时，控制系统首先启动处于"休眠"状态的识别系统，对目标进行识别。若为需攻击的武装直升机目标，再启动处于"休眠"状态的被动声定位系统，当目标可能进入攻击区域时，才启动耗能最大的随动系统。

反坦克智能雷弹的原理和组成与反直升机智能雷弹的相似，但前者只需平面定位，并采用发射型，用末敏子弹攻击坦克的顶甲。

3.8.3　反狙击武器系统

狙击行动往往能够在战场上给敌方造成巨大的伤亡和恐慌，因此各国不仅加强了在反狙击战术上的研究，而且推出了包括声、激光和红外探测等型号多样、原理各异的反狙击探测系统，提高了反狙击能力，给狙击行动带来了很大的威胁。

美国BBN系统和技术公司开发的"枪弹定位器"声测系统、美国PALS被动声探测定位系统等声探测系统是目前广泛应用的反狙击探测系统。它们大多是通过接收并测量狙击步枪的枪口激波和弹丸飞行产生的冲击波来确定狙击手的位置。如图3-13所示，狙击枪在击发弹丸后，形成以声速向外传播的枪口冲击波；弹丸在飞行过程中与空气摩擦产生的涡流、激波和飞行噪声也在空中传播。通过布置一系列立体阵声传感器精确测定冲击波到达各个声传感器的时间差，再采用广义相关时延估计方法和多元定位算法就可以精确计算出狙击手的射击位置，以及弹丸飞行弹道、飞行速度和枪械口径等信息。声探测系统采用的是被动探测方式，其价格低廉，测定精确（1 m以内），探测概率高（一般在90%以上），反应时间相对较短（一般在10 s以内），具有很好的抗电磁干扰能力，是目前世界上使用最广泛的狙击手探测系统。图3-14为安装在加拿大陆军LAV Ⅲ步兵战车上的"雪貂"反狙击系统。

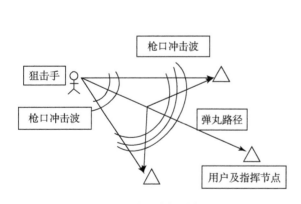

图3-13　狙击手声探测定位原理

图3-14　"雪貂"反狙击系统

但是，所谓的"狙击手无所遁形"的情况在将来出现的可能性却并不大，因为有"矛"必有"盾"，反狙击探测系统给狙击行动带来的困难，在一定程度上可以由改善狙击战术和提高狙击技能来应对。声探测系统是通过探测子弹出膛产生的声波来定位狙击手的，故其在响应时间上具有很大的滞后性，必须在狙击手击发后才能够发现狙击手。即使这些探测系统都成功发现了目标，但是对目标进行确认，再调动火力系统实施攻击，又存在很大的攻击响应延时。

思考题

1. 声波是何种波？在均匀的静止空气中，点声源如何传播？

2. 确定声源的方向有哪些方法？

3. 声定位在军事和日常生活中有哪些应用？

4. 推导正三角阵的平面定向公式。

5. 对于边长为 1 m 的四元阵，若目标位于方位角 30°，仰角 20°，计算距离为 50 m、100 m、500 m、1 000 m 时的 d_{21}、d_{31} 和 d_{41}，从中可得出什么结论？

6. 对于边长为 1 m 的平面四元阵，目标位于高 100 m，方位角 30°，仰角 20°，传声器 1 的位置偏右 1 cm，即其坐标为（51，50），对定位有何影响？

第4章

地震动探测技术

4.1 概述

在陆、海、空、天四维空间侦察中，地面侦察是不可缺少的一维空间。因为地面侦察在复杂的地形地物条件甚至是严密伪装的情况下仍能充分发挥其作用，而这正是光学侦察、无线电侦察和雷达侦察等现代侦察技术的盲区。人员、装备等在地面上运动时，必然会发出声响、引起地面震动或使红外辐射发生变化，携带武器的人员或装备还会引起电场、磁场的变化。地面传感器即可通过探测这些物理量的变化来发现目标，并可通过采用一定的目标识别技术识别目标。本章将针对地震动探测与识别技术展开讨论。

4.2 目标运动引起的地震动信号

4.2.1 地震波传播理论概述

在地球半空间介质中，震源处的振动（扰动）引起介质质点在其平衡位置附近运动并以地震波的形式向远处传播。按照介质质点运动的特点和波的传播规律，地震波可分为两大类，即体波和面波。体波又分为纵波（P波）和横波（S波）两种。纵波是体积形变，它的传播方向与质点振动方向一致；横波是剪切形变，它的传播方向与质点振动方向垂直。纵波和横波在地球介质内独立传播，波前面为半球形面，遇到界面时会发生反射和透射。面波是体波在一定的条件下形成相长干涉并叠加产生出的频率较低、能量较强的次生波，主要沿着介质的分界面传播，其能量随着深度的增加呈指数函数急剧衰减，故得名为"面波"。面波有瑞雷波和乐夫波两种类型。瑞雷波沿自由表面传播时，介质质点的合成运动轨迹呈逆进椭圆，波速比横波略小。乐夫波只有当表层介质的横波传播速度小于下层介质的横波传播速度时才能传播，介质质点的运动方向垂直于波的传播方向且平行于界面。乐夫波与横波速度相差不大，通常很难从地震波记录上看出。

从上述各类波在地球介质中的传播速度来看，在离震源较远的观测点处应接收到一个地震波列，先后到达的是纵波、横波、乐夫波和瑞雷波，如图4-1所示。

在地震勘探、工程物探中，常选用纵波、横波或瑞雷波作为有效波。这三种地震弹性波中，纵波传播速度最快，频率较高；横波速度较低，能量较弱，以至来自同一界面的横波总

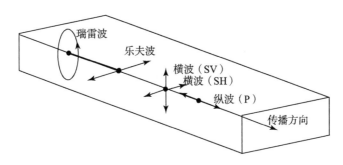

图 4 - 1　弹性波的类型

是比纵波到达得晚而以续至波的形式出现，但它的分辨率较高；沿自由表面传播的瑞雷波频率较低，能量最强。自然界中各种波的频率谱和视速度如图 4 - 2 所示。

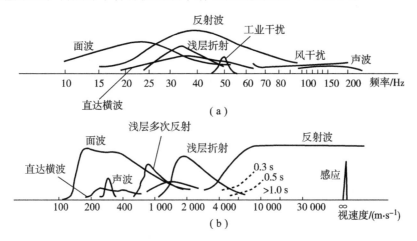

图 4 - 2　各种波的频率谱与视速度

（a）各种波的频率谱；（b）各种波的视速度

　　人工地震勘探利用各种特性已知的震源在地球介质中的传播特性变化来研究地层地质构造问题，而我们所研究的地震目标探测问题是它的反问题，地震目标探测是在浅层地质地貌构造认为已知的情况下，通过对人员、车辆等地面运动目标所产生的地震弹性波的研究来分析震源的特性，从而确定引起地震动的目标的性质，进而识别目标。所以，从理论上讲，在地震目标探测研究中完全可以借鉴地震勘探中的技术和方法，既可以探测纵波、横波为分析对象，也可以探测瑞雷波为分析对象，或三者兼而有之。

4.2.2　地震波传播理论在地震目标探测中的应用

1. 弹性波波动方程

　　震源区附近的介质受到不同方式的激振力时都会产生形变。介质的受力（应力）和形变（应变）由震源以波动的形式向外传播。在直角坐标系中，波动可以表示为

$$\frac{\partial^2 f}{\partial t^2} = v^2 \nabla^2 f \qquad (4-1)$$

式中　f ——空间位置和时间的函数；

　　　　v ——波的传播速度；

∇^2——直角坐标系的拉普拉斯算式，$\nabla^2 = \dfrac{\partial^2}{\partial x^2} + \dfrac{\partial^2}{\partial y^2} + \dfrac{\partial^2}{\partial z^2}$。

设 λ 为介质的拉梅（Lame）常数，μ 为剪切模量，ρ 为介质密度，则由弹性力学理论可推导得到纵波的波动方程为

$$\frac{\partial^2 \varphi}{\partial t^2} = \frac{\lambda + 2\mu}{\rho} \nabla^2 \varphi \tag{4-2}$$

横波的波动方程为

$$\frac{\partial^2 \psi}{\partial t^2} = \frac{\mu}{\rho} \nabla^2 \psi \tag{4-3}$$

其中，φ、ψ 均为空间位置和时间的函数；φ 为标量位函数，反映弹性介质微元的体膨胀；ψ 为矢量位函数，反映介质微元的扭转或剪切。

由式（4-1）和式（4-2）可得，纵波的波速

$$v_P = \sqrt{\frac{\lambda + 2\mu}{\rho}} \tag{4-4}$$

由式（4-1）和（4-3）可得，横波的波速

$$v_S = \sqrt{\frac{\mu}{\rho}} \tag{4-5}$$

式（4-4）、式（4-5）表明在各向同性的弹性固体介质中存在以不同速度独立传播的纵波和横波。

2. 瑞雷波

瑞雷波是由英国学者 Rayleigh 于 1887 年提出的，它是一种在介质的自由界面附近传播的震动波。在各向同性的无限弹性介质中传播的波，只有纵波和横波两种。但在半无限弹性介质表面，还会产生一种弹性表面波——瑞雷波，瑞雷波的形成可以用波动理论严密地推导出来。

（1）自由表面瑞雷波的特征

在半无限弹性介质表面传播的瑞雷波，具有如下性质。

①瑞雷波是由纵波和横波叠加而成的，它沿着介质表面传播，并随着深度的增加而呈指数衰减。

②在瑞雷波的传播过程中，弹性介质的质点运动轨迹为椭圆形，其长轴垂直于地面，地表处质点位移的水平分量与垂直分量的幅值之比约为 2/3，水平分量的相位滞后 90°，因而质点的运动轨迹为绕其平衡位置的椭圆，质点在平衡位置正上方时，其运动方向与波的传播方向相反，因此，概括地称其运动轨迹为逆进椭圆。瑞雷波传播质点运动轨迹如图 4-3 所示。

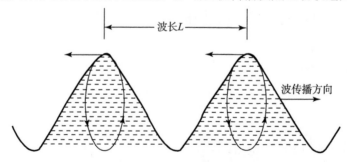

图 4-3 瑞雷波传播质点运动轨迹

③瑞雷波的传播速度略小于同一介质中横波的传播速度。在土层 $\left(\text{泊松比 } \sigma = \dfrac{1}{2}\right)$ 中，$v_R = 0.919\ 4v_S$。

④瑞雷波在地表处的垂直位移分量大于水平位移分量，当 $\sigma = \dfrac{1}{2}$ 时，约为 1.82 倍。

（2）瑞雷波的衰减

由于地球半空间介质不是理想的弹性介质，根据黏弹性理论及弹性后效理论，在波的传播过程中，随着距离的增加，其位移分量按指数因子项衰减，即 $\mathrm{e}^{-f(\omega)kr}$，其中 $f(\omega)$ 为震源频率的函数，k 与介质常数及阻尼常数有关。因此，振动在地层中的传播形式可以表示成两个因子的乘积，即 $R(r)\mathrm{e}^{-f(\omega)kr}$，其中第一个因子是距离 r 的函数，它表示理想弹性介质中的传播规律，且与波形有关；第二个因子表示介质阻尼的影响。

当有外力作用在地球半空间介质表面时，弹性波的传播问题就变成干扰振动问题。地面上目标运动震源类似于工程实践中的爆破、工业震源等，由此产生的波的传播都属于干扰振动的问题。在地面上进行竖向激振时，一般来说会产生纵波、横波和瑞雷波。纵波和横波的波前为半球形面，其面积正比于半径 r 的平方，所以其能量按 $1/r^2$ 的规律衰减（r 为震源到波前面的距离）。瑞雷波的波前面约为一高度为 λ_R 的圆柱体，其波前面面积与 r 成正比，即瑞雷波的能量按 $1/r$ 的规律衰减。可见，体波振幅衰减与 $1/r$ 成正比，面波振幅衰减与 $1/\sqrt{r}$ 成正比。因此，瑞雷波的衰减要比体波慢得多。

当点震源作用在半无限弹性介质表面时，在震源附近，纵波、横波以 $1/r^2$ 的形式传播；距震源较远处，瑞雷波以 $1/\sqrt{r}$ 的形式传播。

由以上分析可知，瑞雷波具有能量较强、衰减较慢、频率较低、容易分辨，在自由表面传播且传播距离较远等特性，因而相比于纵波和横波，瑞雷波更适合于远距离目标震源的探测与识别。

（3）瑞雷波的频率特性

①一般来讲，瑞雷波频率较低，其主要频率成分集中在 $0 \sim 150$ Hz。

②在均匀介质条件下，瑞雷波的频率与其传播速度无关，即瑞雷波的传播速度没有频散性。而在非均匀介质条件下，瑞雷波速度随频率变化而变化，即非均匀介质将导致瑞雷波的频散。

4.3　地震动信号检测系统

地面目标激励下产生的地震动信号，主要取决于目标的运动状态、目标的距离和地质条件。车辆运动产生的地震波是连续式地震波，主要取决于车架悬挂系统的自振、发动机和传动系统的振动，以及车辆行驶时对起伏地面的激励等。对于履带车辆，除上述震源以外，一个很重要的因素是履带对地面的周期性激励，其频率与车速和履带结构尺寸等有关。根据震源激发方式，常用的瑞雷波检测方法有稳态检测和瞬态检测两种。使用稳态（或谐振）震源检测的方法称为稳态瑞雷波法。用瞬态冲击力做震源激发瑞雷波检测的方法称为瞬态瑞雷波法。

通常，如图 4 - 2 所示，在一定远处的传感器接收到的地震弹性波除瑞雷波外，还有纵波和横波的反射波、折射波、多次反射波以及声波、自然界的常时微动和测点附近的工业交通等人文干扰。因此，在设计数据采集方案时要尽量抑制这些干扰波。

下面以某入侵预警系统的地震动探测为例介绍其地震动探测部分的系统组成和工作原理。

人员走动时脚步施加于地面的激励为脉冲激励。地表在脉冲载荷作用下，在离震源较远处，传感器记录的基本上是瑞雷波的垂直分量。车辆行进时车轮或履带施加的激励是多频稳态激励，而且震源与传感器之间的距离随时间而变化。因此，传感器测得的是各次激振各频率谐波的叠加。

在地面上沿波的传播方向，以一定的间距 Δx 设置 $N+1$ 个传感器，就可以检测到瑞雷波在 $N\Delta x$ 长度范围内的传播过程。若要使两传感器接收的信号有一定的相位差，传感器间距应满足：

$$\frac{\lambda_R}{3} < \Delta x < \lambda_R \qquad (4-6)$$

式中　　λ_R ——波长。

若要求两传感器接收的信号相位尽可能一致，则两传感器间距应是波长的整数倍。但由于不同的震源激振频率产生不同频率的瑞雷波，因此，传感器检测得到的是不同频率的瑞雷波的叠加。由于波长与频率成反比，所以，在确定波长时，以震源的主频范围为参考。根据相关文献和设计经验，各传感器的间距一般取用 4~6 m。

4.3.1　地震动信号检测系统的组成

为了获取目标运动时在较长距离范围内的有效信号，地震动信号的采集应采用多通道信号采集系统，如地震记录仪 R24，该系统能同时记录 24 个传感器采集的信号，其系统构成和处理流程如图 4-4 所示。

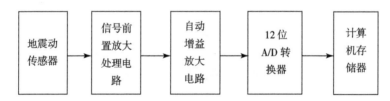

图 4-4　地震动信号采集系统构成和处理流程

4.3.2　地震动传感器

目前在人工地震勘探中应用的传感器主要有速度传感器和加速度传感器两种。考虑到系统的实际使用要求，如传感器随弹丸抛撒后下落的姿态、系统成本及产品来源等，最常用的是以动圈磁电式速度传感器为系统的地震动传感器。也可以应用压电式加速度传感器、变容式 MEMS 加速度传感器等新型传感器。动圈磁电式传感器是地震勘探中广泛使用的一种成熟传感器，其作用可靠、价格低廉，而且输出信号对后续电路要求不高，还可以简化系统电路设计。

1. 磁电式速度传感器结构与工作原理

磁电式传感器是一种能把非电量（如机械能）的变化转换为感应电动势的传感器，又

称为感应式传感器。根据电磁感应定律，w 匝线圈中的感应电动势 e 取决于穿过线圈的磁通的变化率，即

$$e = -w\frac{\mathrm{d}\Phi}{\mathrm{d}t} \tag{4-7}$$

图 4-5 是恒定磁阻磁电式传感器的结构原理图。

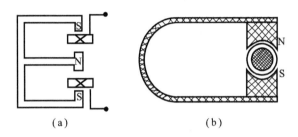

图 4-5　恒定磁阻磁电式传感器的结构原理图

(a) 直线运动；(b) 旋转运动

如图 4-5 (a) 所示，当线圈做直线运动时，所产生的感应电动势 e 为

$$e = w_dB_dl_0\frac{\mathrm{d}x}{\mathrm{d}t}\sin\theta = w_dB_dl_0v\sin\theta \tag{4-8}$$

式中　B_d——气隙磁场的磁感应强度，T；

　　　l_0——单匝线圈的有效长度，m；

　　　w_d——工作气隙中线圈绕组的有效匝数；

　　　v——线圈与磁场的相对运动速度，m/s；

　　　θ——线圈运动方向与磁场方向的夹角，rad。

当 $\theta = 90°$ 时，式 (4-8) 可写成

$$e = w_dB_dl_0v \tag{4-9}$$

图 4-5 (b) 为线圈做旋转运动的磁电式传感器。线圈在磁场中旋转时产生的感应电动势 e 为

$$e = w_dB_dA\frac{\mathrm{d}\theta}{\mathrm{d}t}\sin\theta = w_dB_dA\omega\sin\theta \tag{4-10}$$

式中　ω——角频率，rad/s，$\omega = \dfrac{\mathrm{d}\theta}{\mathrm{d}t}$；

　　　A——单匝线圈的截面积，m²；

　　　θ——线圈法线方向与磁场之间的夹角，rad。

当 $\theta = 90°$ 时，式 (4-10) 可写成

$$e = w_dB_dA\omega \tag{4-11}$$

由式 (4-10)、式 (4-11) 可知，当传感器结构一定时，B_d、A、w_d、l_0 均为常数，因此感应电动势 e 与线圈对磁场的相对运动速度 $\mathrm{d}x/\mathrm{d}t$（或 $\mathrm{d}\theta/\mathrm{d}t$）成正比，所以这种传感器的基型是一种速度传感器，能直接测量出线速度或角速度。但由于速度与位移之间存在积分关系、与加速度之间存在微分关系，只要在感应电动势的测量电路中加上积分或微分环节，就可以用磁电式传感器来测量运动的位移或加速度。

图 4-5 中的两种磁电式均属于恒定磁阻式结构。从图 4-5 可见，磁路系统的空气气隙

不变，故气隙磁阻也固定不变。图4-6为二极式变磁通磁电式传感器。它的线圈和永久磁铁均不动，当椭圆形铁芯做等速旋转时，空气气隙时而变小，时而变大，使磁路系统的磁阻产生周期性变化，引起磁通相应变化，达到产生感应电动势的目的。

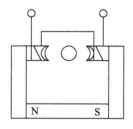

图4-6 二极式变磁通磁电式传感器

恒定磁阻磁电式传感器的基本部件有二：一是磁路系统，由它产生恒定的直流磁场，为了减小传感器的体积，一般都采用永久磁铁；二是线圈，由它与磁场中的磁通铰链产生感应电势。根据前述可知，感应电动势 e 与线圈对磁场的相对运动速度成正比，故二者之间必存在相对运动。其运动部件，可以是线圈，也可以是永久磁铁。前者称为动圈式，后者称为动铁式。它们同属于线圈磁铁活动型。

线圈磁铁活动型磁电式传感器具体结构可分成相对式和惯性式两大类。

图4-7为相对式磁电式速度传感器的结构原理图。传感器的钢制圆筒形外壳1和与其紧密配合的空心圆柱形高磁能磁钢3组成磁路。信号线圈2位于磁路的环形空隙中。线圈骨架由非导磁材料或非金属材料制成。为了减小骨架中产生的涡流影响，若采用金属骨架，其上常开有纵向槽。线圈骨架与连杆4的一端相连，连杆穿过磁钢，另一端与测杆6相连。连杆4的两端由一对拱形簧片5支撑和导向，保证线圈在运动时与气隙始终同心。测杆6也由拱形簧片支撑，其一端伸出壳体外，感受被测振动。测杆中装有限位块，以免被测振幅过大时损坏测杆。测量时，传感器外壳固定在参考静止点上，测杆压在被测振动对象上。若测杆始终与被测振动对象保持接触，则线圈与被测振动做相同的运动，由线圈切割磁力线所产生的感应电动势 e 为

$$e = -w_d B_d l_0 v \tag{4-12}$$

对于确定结构，B_d、w_d、l_0 均为常数，因此 e 与线圈对磁场的相对运动速度 v 成正比，传感器的灵敏度 K 为

$$K = \frac{e}{v} = w_d B_d l_0 \tag{4-13}$$

其中，K 的单位为（V·s）/m。

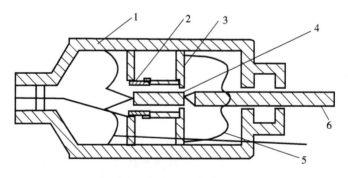

图4-7 相对式磁电式速度传感器的结构原理图

1—外壳；2—线圈；3—磁钢；4—连杆；5—簧片；6—测杆

2. 磁电式速度传感器的振动特性

按惯性式测量原理构成的磁电式传感器是一种测量机械振动的拾震器。它可以直接安装在震动体上进行测量，而不需要一个静止的参考基准（如大地）。因此，在运动体（如飞

机、车厢等）的振动测量中，有其特殊地位。下面着重讨论这种磁电式传感器。

惯性磁电式传感器由永久磁铁（磁钢）、线圈、弹簧、液体阻尼器和壳体等组成，其结构示意图如图 4 - 8 所示。

它是一个典型的二阶系统传感器。因此，可以用一个由集中质量 m、集中弹簧 K 和集中阻尼 C 组成的机械系统来表示该二阶系统，如图 4 - 9 所示。对照图 4 - 8 和图 4 - 9，永久磁铁相当于二阶系统中的质量块 m；而二阶系统中的阻尼 C，大多由金属线圈骨架在磁场中运动产生的电磁阻尼提供，当然，也有的传感器还兼有空气阻尼器。

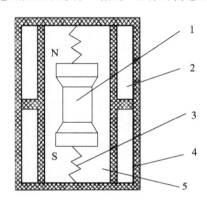

图 4 - 8　惯性磁电式传感器的结构示意图

1—永久磁铁；2—线圈；3—弹簧；4—壳体；5—液体阻尼器

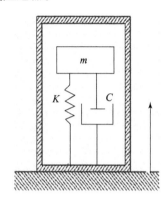

图 4 - 9　二阶系统

在测量振动体的机械振动时，传感器壳体刚性固定在振动体上，传感器壳体跟随振动体一起振动。假如传感器的质量 m 较大，而弹簧较软（弹簧常数 K 较小），当振动体的振动频率足够高时，可以看作质量块的振动很大，来不及跟随振动体一起振动，以至接近静止不动。这种情况下，振动能量几乎全被弹簧吸收，而弹簧的伸缩量接近等于振动体的振幅。

为了求得惯性磁电式传感器性能的定量指标，我们来分析图 4 - 9 所示的二阶系统。

设 x_0 为振动体的绝对位移，x_m 为质量块的绝对位移，则质量块与振动体（或传感器壳体）之间的相对位移 x_i 为

$$x_i = x_m - x_0 \tag{4-14}$$

由牛顿第二定律可得到

$$m \frac{\mathrm{d}^2 x_m}{\mathrm{d}t^2} = -c \frac{\mathrm{d}x_i}{\mathrm{d}t} - kx_i \tag{4-15}$$

即

$$m \frac{\mathrm{d}^2 x_m}{\mathrm{d}t^2} = -c \frac{\mathrm{d}}{\mathrm{d}t}(x_m - x_0) - k(x_m - x_0) \tag{4-16}$$

应用微分算符 $D = \dfrac{\mathrm{d}}{\mathrm{d}t}$，则式（4 - 16）可改写为

$$(mD^2 + cD + k)x_m = (cD + k)x_0 \tag{4-17}$$

由式（4 - 17）可以求出相对输入 x_0 的输出 x_m，若求其传递函数，则有

$$\frac{x_m - x_0}{x_0}(D) = \frac{-mD^2}{mD^2 + cD + k} = \frac{-D^2}{D^2 + 2\xi\omega_0 D + \omega_0^2} \tag{4-18}$$

式中　ξ——相对阻尼系数（或称阻尼比），$\xi = \dfrac{c}{2\sqrt{mk}}$；

　　ω_0——固有角频率，$\omega_0 = \sqrt{\dfrac{k}{m}}$。

由于测量的是动态物理量（如机械振动），因此，传感器的频率响应特性是我们较为关心的。若振动体做简谐振动，亦即当输入信号 x_0 为正弦波时，只要以 $D = \mathrm{j}\omega$ 代入式（4 – 18），于是就得到频率传递函数的形式为

$$\frac{x_m - x_0}{x_0}(\mathrm{j}\omega) = \frac{\left(\dfrac{\omega}{\omega_0}\right)^2}{1 - \left(\dfrac{\omega}{\omega_0}\right)^2 + 2\xi\left(\dfrac{\omega}{\omega_0}\right)\mathrm{j}} \tag{4 – 19}$$

其振幅比为

$$\left|\frac{x_m - x_0}{x_0}\right| = \frac{\left(\dfrac{\omega}{\omega_0}\right)^2}{\sqrt{\left[1 - \left(\dfrac{\omega}{\omega_0}\right)^2\right]^2 + \left[2\xi\left(\dfrac{\omega}{\omega_0}\right)\right]^2}} \tag{4 – 20}$$

相位为

$$\varphi = -\arctan\frac{2\xi\left(\dfrac{\omega}{\omega_0}\right)}{1 - \left(\dfrac{\omega}{\omega_0}\right)^2} \tag{4 – 21}$$

如将式（4 – 20）、式（4 – 21）用图表示，可得图 4 – 10 所示的频率响应特性。

由图 4 – 10 可见，当 ω 远大于 ω_0 时，则振幅比就接近 1，且相位滞后 180°，也就是说，若振动体的频率比传感器的固有频率高得多时，质量块与振动体之间的相对位移 x_i 就接近于振动体的绝对位移 x_0。因此，在这种情况下，传感器的质量块 m 可以看作是静止的，即相当于一个静止的基准。磁电式传感器就是基于上述原理测量振动的。

仍以图 4 – 8 所示的惯性磁电式传感器为例。由于线圈与传感器的壳体固定在一起，而永久磁铁通过柔软的弹簧与壳体相连，因此，当振动体的频率远高于传感器的固有频率时，永久磁铁就接近静止不动，而线圈则跟随振动体一起振动。这样，永久磁铁与线圈之间的相对位移十分接近振动体的绝对位移，其相对运动速度就接近振动体的绝对速度。由式（4 – 9）可知，线圈绕组中的感应电动势 e 为

$$e = B_d l_0 w_d v \tag{4 – 22}$$

对于结构已经确定的传感器，灵敏度 $k = B_d l_0 w_d$ 可看作是一个常数，因此，在理想情况下，传感器的输出电势正比于振动速度（见图 4 – 11 中虚线），但传感器的实际输出特性并非完全线性，而是一条偏离理想直线的曲线（见图 4 – 11 中实线）。偏离的主要原因是，当振动速度很小（小于 v_A）时，振动频率一定的情况下，振动加速度就很小，以致所产生惯性力还不足以克服传感器活动部件的静摩擦力。因此，线圈与永久磁铁之间不存在相对运动，当然，传感器也将不会有电压信号输出。随着振动速度的增大（超过 v_A 至接近 v_B），这时由于惯性力增大，克服了静摩擦力，线圈与永久磁铁之间已有相对运动，传感器也就有了输出，但由于摩擦阻尼的作用，使输出特性呈非线性，随着振动速度继续增大（超过 v_B

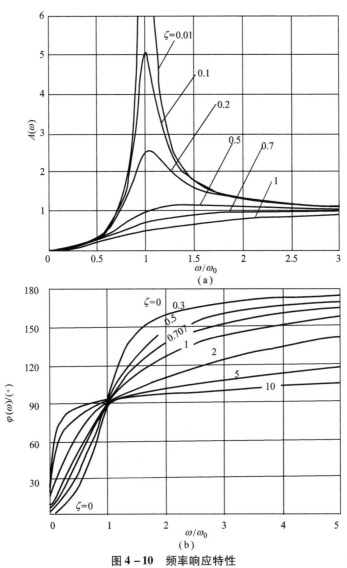

图 4 - 10　频率响应特性

（a）幅频特性；（b）相频特性

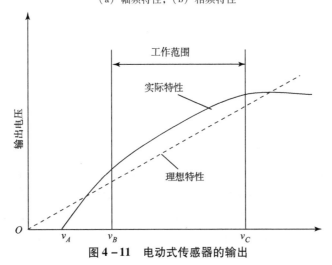

图 4 - 11　电动式传感器的输出

至接近 v_C ），这时与速度成正比的黏性阻尼大于摩擦阻尼，其结果使输出特性的线性度达到最佳。当振动速度超过 v_C 以后，由于惯性力太大，以致使传感器的弹簧超过了它的弹性范围，这时作用在弹簧上的力与弹簧变形量不再呈线性关系，因此使输出电压出现饱和现象。

由上述分析可知，传感器的输出特性在小速度和大速度范围之内是非线性的，而在实际工作范围内，其线性度是令人满意的。

动圈磁电式速度传感器在火炮发射的高强度冲击和高速旋转下能否有效地工作，取决于簧片和活动部件线圈架的力学性能。DX20 动圈磁电式速度传感器具有抗旋转结构，能够适应火炮发射条件下的高速旋转运动；活动部件线圈架的最大直线位移不大于 2 mm，处于弹簧簧片的弹性范围内，能够经受火炮发射的高强度冲击（10 000g）。但是该传感器的物理尺寸较大，不符合系统的小型化要求。在 DX20 的基础上进行小型化设计，有关工厂合作研制生产了抗高强度冲击和高速旋转的、满足弹体结构尺寸要求的小型化地震动传感器，如图 4 – 12 所示。

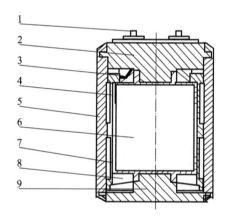

图 4 – 12   小型化地震动传感器

1—外接电阻线；2—上盖；3—上弹簧；4—线圈与线圈架；

5—外壳；6—永磁体；7—导磁片；8—下弹簧；9—下盖

经小型化设计的地震动传感器的技术参数如下。

外形尺寸：总高：31.4 mm；直径：$\phi21$ mm；

输出电阻：（344 ±4）Ω；

并联电阻后的阻尼：（0.68 ±0.04）Ω；

灵敏度：在传感器总阻尼值为临界阻尼的 70% 时为 18 V/（m·s⁻¹）；

灵敏度：在传感器总阻尼值为临界阻尼的 70% 时为 18 V/$(m \cdot s^{-1})$；

自然频率：（10 ±0.3）Hz；

频率范围：4 ~ 200 Hz。

4.3.3   传感器信号调理与放大电路

根据某预警系统地震动探测的需要，地震传感器应能探测到 300 m 以内的运动车辆及 24 m 以内人员脚步的信号。如此远距离条件下，由传感器探测到的这种目标信号很微弱，通常只有几微伏至几十微伏。如此小的信号必须先经过前置放大和预处理后才能进行采集处理。另外，由于地震动传感器具有较强的抗电磁干扰能力，且能够全天候工作，所以，地震动传感器作为整个地面传感器系统的一级警戒部分，一旦地震动传感器探测到有目标出现，就会给其他传感器系统如声、磁、红外等传感器系统发出启动信号。因此，在电池供电条件下地震动传感器的信号放大处理电路功耗应尽量小，从而保证全系统长时间有效工作。设计一种低功耗、低噪声、高增益放大电路，是预警类地震动探测与识别的一项关键技术。

微弱地震动信号的探测是采用动圈磁电式速度传感器，其标称灵敏度为 18 V/（m·s^{-1}），输出阻抗约 344 Ω。由于原始信号极其微弱，很容易被噪声所淹没，所以，为了能有效抑制干扰，测量电路应满足以下基本要求：

①高输入阻抗，以减轻信号源的负载效应和抑制传输网络电阻不对称引入的误差；

②高共模抑制比，以抑制各种共模干扰引入的误差；

③零点的时间稳定性和温度稳定性要高，零位可调，或者能自动校零；

④具有优良的动态特性。

根据以上要求，应选用高性能低功耗的放大器，如直接选用仪表放大器或选用具有相关性能的放大器搭建而成。

采用 CMOS 工艺制造的动态斩波稳零集成运放 ICL7640 具有极低的输入失调电压，在整个工作温度范围内只有 ±1 μV；其温度漂移和长时间漂移也极低，分别达到 0.01 μV/℃ 和 100 nV/月；同时具有很低（只有 10 pA）的输入偏流和极高的开环增益（CMRR 和 PSRR 均大于等于 120 dB），其单位增益带宽可达 3 MHz。经试验表明，应用 ICL7640 组成的放大器可以较好地解决失调和漂移的问题。但由于 ICL7640 需要外接元件，且其功耗较大，体积也大，不能充分满足系统设计要求。

通过对集成运放的进一步选型，设计了由多运放组合的放大电路。运放采用美国 MAXIM 公司的 MAX479 芯片。该型芯片为单电源低功耗集成运放，单片 MAX479 内部包含 4 个放大器，每个放大器的最大工作电流为 17 μA，是目前低功耗运放中最好的型号之一。其最大失调电压为 70 μV，温漂为 0.4 μV/℃，最大失调电流为 240 pA。由一片 MAX479 即可组成由多个运算放大器组成的仪用放大器。

应用 MAX479 设计的放大电路采用三运放同相并联式结构。它由两级组成：两个对称的同相放大器构成第一级，第二级为差动放大器，如图 4-13 所示。

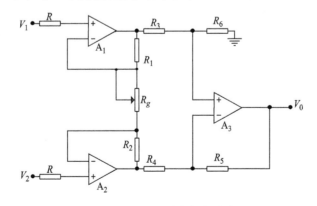

图 4-13　同相并联式测量放大器

为了提高电路的抗共模干扰能力和抑制漂移的影响，在电路设计过程中严格根据上下对称的原则选择电阻，保证 $R_1 = R_2$，$R_3 = R_4$，$R_5 = R_6$，这样整个放大器的闭环放大倍数为

$$A_f = -\left(1 + \frac{2R_1}{R_g}\right)\frac{R_5}{R_4} \qquad (4-23)$$

试验证明：由于运放 A_1 和 A_2 的参数匹配，所以放大电路的输入失调误差大为减小。运放 A_3 的失调参数折算到放大器输入端的等效失调参数更小，所以对运放 A_3 的要求可适当降低。由于单片 MAX479 提供 4 个独立的放大器，因而在设计中采用三级放大，既满足电路稳定性要求，又可提供 10 000 倍的增益。由一片 MAX479 组成多运放同相并联式放大器满足了系统体积小、低功耗的要求，并且功能可靠，增益达到了系统期望的要求。

4.3.4 典型运动目标的震源模型

当人员在地面上行走、跑动时，脚步垂直作用在地面上，对于在 24 ~ 30 m 处的观测点，脚步对地面的作用面相对于观测范围可以看作一个点，因而可以将脚步震源简化为点震源；当车辆在地面上行驶时，对于 240 ~ 300 m 处的观测点，车辆轮胎或履带与地面的接触面相对于观测范围也可以看作一个点，因而车辆轮胎或履带对于地面的激励震源也可以简化为点震源。但这两类近似点震源对地面的激励又与人工地震勘探中的单次激励点震源不同，人员脚步是随空间位置变化的多次脉冲激励，运动车辆是随空间位置变化的连续激励。所以，布设在远处的传感器接收到的信号是多次激励震源引起的瑞雷波的叠加，如图 4 - 14、图 4 - 15 所示。图 4 - 14 中 1，2，…表示单个脚步脉冲激励。

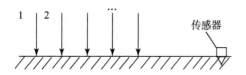

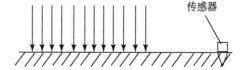

图 4 - 14　人员脚步的等效震源模型　　　　图 4 - 15　车辆运动的等效震源模型

4.4　地震动信号的目标特征分析与识别

对地震动信号进行变换处理，从中提取出反映目标本质属性的特征信息，可为实现最终侦察目的，即分类识别目标提供充分的依据。特征提取从数学上讲就是对原始数据进行变换，通过变换，把维数较高的测量空间中表示的模式映射到维数较低的特征空间中，最终得到能有效反映目标本质属性的特征，提取的特征应具有高度的代表性、典型性及稳定性。在信号处理中，目标信号特征分析可以在时域、频域或时－频域等多方面进行。

4.4.1 信号的时域特征分析与识别

有的文献资料将信号的过零数分析简称为过零分析。过零数分析就是对确定时间段内的时域信号的幅值与设定阈值进行比较，计算信号正向越过或负向越过阈值的次数。

信号的过零数与信号的采样率有一定关系。在一定的采样率下，信号过零数与信号频谱具有密切关系。若信号是频率为 f 的正弦信号，则其过零数为

$$N = kf \qquad (4-24)$$

式中　k——比例系数，即过零数与信号的频率成正比。

对于频率范围从 f_1 到 f_2 的平稳高斯随机信号，单位时间内的过零点数与功率谱 $G(f)$

的关系为

$$N = 2 \sqrt{\frac{\int_{f_1}^{f_2} f^2 G(f) \, \mathrm{d}f}{\int_{f_1}^{f_2} G(f) \, \mathrm{d}f}} \qquad\qquad (4-25)$$

式（4-25）反映出，若信号的主频段频率较高，则单位时间的信号过零点数就较多。

4.4.2　信号的频域特征分析与识别

通过时域过零分析法可以将目标以较高的识别率分为人和车辆两大类。为了对两大类目标进一步分类，如将车辆进一步区分为履带式车还是轮式车，需要寻求信号其他方面的有效特征。由于频域特征更能反映目标本质特性，因此，对信号进一步处理过程中，可用 Fourier 变换将采集的时域信号变换为频域中的等效形式。在频域分析中，主要研究信号频率组成、能量或功率随频率变化的规律。

用 Fourier 变换来完成信号频率特征的提取，是信号处理的一个最基本、最传统的方法，也是最重要的方法。Fourier 变换将时域采集的时间序列变换到频域中的谱，告诉我们信号的各个组成部分。该方法目前已发展得相当成熟，一维快速 Fourier 变换和二维快速 Fourier 变换在信号处理中占据着重要的地位。各种资料表明，目标运动产生的地震动信号的频率范围小于 140 Hz。

研究表明，目标运动引起的地震动信号的频谱结构与目标与传感器之间的距离密切相关。在相同距离情况下，信号的幅频与目标的质量和速度有一定关系，目标质量越大，幅值越大；速度越大，相应幅值也越大。在近距离时，轮式车主频带集中在 28 Hz 左右的较宽频带内；在远距离时，信号谱峰突出表现为 20 Hz 以下的低频瑞雷波、36 Hz 附近的窄带纵波和 74 Hz 附近的发动机振动频率。履带式车在近距离时主要频谱成分是 38 Hz 附近的频带，这主要是履带拍打地面的频率成分和地震波纵波成分。当目标与传感器之间的距离超过 200 m 时，信号中瑞雷波相对应的 18 Hz 左右的低频成分相对越来越强，谱峰越来越多。当目标与传感器之间的距离为 300 m 时，谱峰分化更多，但此时低频瑞雷波成分最强，且主要频率成分向更低方向移动，这主要是由地层介质对地震波的影响引起的。另外，对比不同质量的 49 式坦克（36 t）和 62 式坦克（24 t），在近距离时，62 式坦克的频带更趋向于低频。

轮式车和履带式车混合目标运动引起的地震动信号的频谱比较分散，而两辆履带式车混合行进的地震动信号的频谱在 18 Hz 和 38 Hz 频率附近有明显的谱峰，且随着距离越远，谱峰越明显。

对于平稳随机信号，信号的功率谱分析也是频域分析中常用的方法之一。目标在一定的距离范围内运动引起的地震动信号，可以近似认为是广义平稳随机信号。因此，在本节中将分析地震动信号的功率谱，以期找到有效的目标分类特征。

自相关函数是随机信号的一个重要统计量，它描述的是信号 $X(n)$ 在 n_1、n_2 两个时刻的相互关系。对于广义平稳随机信号 $X(n)$，自相关函数定义为

$$r_X(m) = E\{X^*(n)X(n+m)\} \qquad\qquad (4-26)$$

如果信号是各态历经的，则式（4-26）的集总平均可以由单一样本的时间平均来实现，即

$$r_X(m) = \lim_{N \to +\infty} \frac{1}{2N+1} \sum_{-N}^{N} x^*(n) x(n+m) \qquad (4-27)$$

功率谱定义为自相关函数的 Fourier 变换，即

$$P_x(e^{j\omega}) = \sum_{-\infty}^{+\infty} r_X(m) e^{-j\omega m} \qquad (4-28)$$

在随机信号是各态历经的假设下，功率谱为

$$P_x(e^{j\omega}) = \lim_{M \to +\infty} E\left\{ \frac{1}{2M+1} \left| \sum_{-M}^{M} x(n) e^{-j\omega m} \right|^2 \right\} \qquad (4-29)$$

由 Wiener – Khintchine 定理可知，基于自相关函数 $r_X(m)$ 的两种定义的功率谱是等效的。

注意式（4-26）中的求均值运算是不能省略的，因为若省去后，由单个样本 $x(n)$ 求得的功率谱不能保证得到集总意义上的功率谱，这就会带来一系列的估计质量问题。

可以证明，功率谱有如下重要性质：

①不论 $x(n)$ 是实数还是复数，$P_x(e^{j\omega})$ 都是 ω 的实函数，因此功率谱失去了相位信息；

②$P_x(e^{j\omega})$ 对所有的 ω 都是非负的；

③若 $x(n)$ 是实的，由于 $r_x(m)$ 是偶对称的，那么 $P_x(e^{j\omega})$ 还是 ω 的偶函数；

④功率谱曲线在 $(-\pi, \pi)$ 内的面积等于信号的均方值。

地面目标运动引起的地震动信号是实际物理信号，实际探测到的只是 $x(n)$ 的 N 个观察值 $x_N(0), x_N(1), \cdots, x_N(N-1)$，对 $n > N$ 时的值只能假设为零。因此，求 $r(m)$ 估计值的一种方法是

$$\hat{r}(m) = \frac{1}{N} \sum_{n=0}^{N-1} x_N(n) x_N(n+m) \qquad (4-30)$$

由于 $x(n)$ 只有 N 个观察值，因此，对于每一个固定的延迟 m，可以利用的数据只有 $N-1-|m|$ 个，且在 $0 \sim N-1$ 的范围内，所以，实际计算 $\hat{r}(m)$ 时，式（4-30）变为

$$\hat{r}(m) = \frac{1}{N} \sum_{n=0}^{N-1-|m|} x(n) x(n+m) \qquad (4-31)$$

可以推导得到，$\hat{r}(m)$ 对 $r(m)$ 的估计是一致估计。

功率谱估计方法有很多种，大致可分为两大类：经典谱估计和现代谱估计。经典功率谱估计有两种基本方法，即周期图法和自相关法。现代谱估计又可分为参数模型谱估计和非参数模型谱估计两类，前者有 AR 模型、MA 模型、ARMA 模型、PRONY 指数模型等，后者有最小方差方法、多分量 MUSIC 方法等。谱估计中所用的统计量大都建立在二阶矩如相关函数、方差、谱密度的基础上。目前建立在高阶矩基础上的谱估计方法也有较大发展。

4.4.3 信号的时 – 频域特征分析与识别

1. 短时 Fourier 变换

短时 Fourier 变换为

$$F(\omega, \tau) = \int_R f(t) g(t-\tau) e^{-it\omega} dt \qquad (4-32)$$

式中的 $e^{-it\omega}$ 起频限作用；$g(t)$ 起时限作用，随着 τ 的变化，g 所确定的"时间窗"在 t 轴上移动，使 $f(t)$ 逐步进入被分析状态。$F(\omega,\tau)$ 大致反映了在时刻 τ 时，频率为 ω 的"信号成分"的相对含量，也就是说，$f(t)$ 乘以一个相当短的时间窗 $g(t-\tau)$ 等价于取出信号 $f(t)$ 在点 $t=\tau$ 附近的一个切片，所以，短时 Fourier 变换是信号 $f(t)$ 在"分析时间"τ 附近的局部谱。这样，短时 Fourier 变换同时反映了信号频域和时域的信息。因此，短时 Fourier 变换比一般 Fourier 变换能提供更多的信号信息，且比一般 Fourier 变换具有更好的可分性，更适于在目标识别中表征目标的特征。

短时 Fourier 变换的输出是一个矩阵形式。由于矩阵奇异值是矩阵所固有的特征，且矩阵奇异值具有很好的稳定性，因此，可选择矩阵的奇异值作为目标信号识别的特征。下面详细讨论矩阵奇异值及其性质。

定义：矩阵奇异值分解（SVD）

如果 $\boldsymbol{A} \in \mathbf{R}^{m \times n}$，且 $m \geq n$，则存在正交矩阵 $\boldsymbol{U} \in \mathbf{R}^{m \times m}$ 和 $\boldsymbol{V} \in \mathbf{R}^{n \times n}$，使

$$\boldsymbol{U}^{\mathrm{T}} \boldsymbol{A} \boldsymbol{V} = \mathrm{diag}(\sigma_1, \sigma_2, \ldots, \sigma_p) \tag{4-33}$$

其中，$p = \min(m,n)$，$\sigma_1 \geq \sigma_2 \geq \cdots \geq \sigma_p \geq 0$。$\sigma_i$（$i = 1, 2, \cdots, p$）即为矩阵 A 的奇异值，是 $\boldsymbol{A}\boldsymbol{A}^H$ 的特征值 λ_i 的算术根，即 $\sigma_i = \sqrt{\lambda_i}$。

定理 1：奇异值的稳定性

设 $\boldsymbol{A}^{m \times n}$、$\boldsymbol{B}^{m \times n} \in \mathbf{R}^{m \times n}$（$m \geq n$），它们的奇异值分别为 $\sigma_1 \geq \sigma_2 \geq \cdots \geq \sigma_n$，$\tau_1 \geq \tau_2 \geq \cdots \geq \tau_n$，则

$$|\sigma_i - \tau_i| \leq |\boldsymbol{A} - \boldsymbol{B}|_2 \tag{4-34}$$

此定理表明：当矩阵 A 有微小振动时，它的奇异值的改变不会大于振动矩阵的 2 - 范数。

定理 2：奇异值的比例不变性

设 $\boldsymbol{A}^{m \times n}$ 的奇异值为 $\sigma_1, \sigma_2, \cdots, \sigma_n$，$\boldsymbol{\alpha} \times \boldsymbol{A}^{m \times n}$ 的奇异值为 $\sigma_1^*, \sigma_2^*, \cdots, \sigma_n^*$，则

$$|(-\boldsymbol{\alpha} \times \boldsymbol{A})(\boldsymbol{\alpha} \times \boldsymbol{A})^H - \boldsymbol{\sigma}^{*2}\boldsymbol{I}| = 0 \tag{4-35}$$

即

$$|\boldsymbol{A}\boldsymbol{A}^H - \sigma^{*2}\boldsymbol{I}/\alpha^2| = 0 \tag{4-36}$$

式中　I——单位矩阵。

此定理表明：经过归一化处理，可实现奇异值的比例不变性。

定理 3：奇异值的旋转不变性

矩阵 A 做旋转变换，相当于 A 左乘一个酉矩阵 P，旋转后 A 变为 PA，PA 与 A 具有相同的奇异值。

从以上的定理可以看出，矩阵奇异值能有效地反映矩阵的特征。

由传感器采集的数据长度为 8 192 点，采样频率 400 Hz，根据所用传感器的灵敏度曲线及前面对数据的频谱分析，对数据进行短时 Fourier 变换，时窗 0.4 s，时窗折叠 40%。将短时 Fourier 变换谱图的结果矩阵做奇异值提取，可得每个目标的 62 维特征。轮式车和履带式车的奇异值分布如图 4-16 和图 4-17 所示。

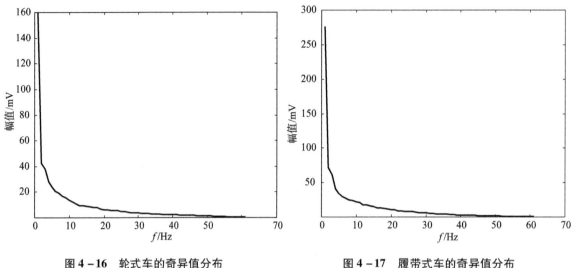

图 4－16　轮式车的奇异值分布　　　　图 4－17　履带式车的奇异值分布

从图 4－16 和图 4－17 可以看出，尽管轮式车和履带式车的奇异值分布曲线在形状上没有多大区分，但它们在时域幅值相同的情况下奇异值数值上有很大差别。将提取的奇异值特征矢量进行归一化后输入 BP 神经网络，网络拓扑结构分别为 $62 \times 14 \times 1$，识别结果见表 4－1。

表 4－1　短时 Fourier 变换及奇异值特征提取的识别结果

目标样本	轮式车		履带式车	
距离	近距离	远距离	近距离	远距离
训练样本数	10	10	20	20
识别样本数	17	38	66	77
识别结果	16	26	34	49
正确识别率/%	94.1	68.4	41.4	76.6

与前面介绍的采用快速 Fourier 变换的频谱特征的目标识别相比，采用短时 Fourier 变换后归一化奇异值特征进行目标识别速度较快，但它的识别率比单纯用 Fourier 变换的频谱特征的识别率低，这说明短时 Fourier 变换后再提取奇异值的方法对地震动信号来说并不是很好的方法。

2. 小波分析

小波变换继承并发展了 Gabor 的加窗 Fourier 变换的局部化思想，弥补了其窗口不可调的缺点。小波变换的本质是多分辨率或多尺度分析。

（1）小波变换及二进小波变换

设函数 $\psi(t) \in L^2$，且其 Fourier 变换 $\psi(\omega)$ 满足式（4－37）：

$$\int_{-\infty}^{+\infty} \frac{|\psi(\omega)|^2}{|\omega|} \mathrm{d}\omega < \infty \qquad (4-37)$$

定义小波函数为

$$\psi_{a,b}(t) = \frac{1}{\sqrt{|a|}}\psi\left(\frac{t-b}{a}\right) \tag{4-38}$$

式中，a 和 b 分别为尺度因子和平移因子。变化 a、b 即可衍生出不同的小波函数。式（4-37）是小波变换的允许条件，表明 $\psi(t)$ 应具有足够的衰减性，并且均值为 0。

使用式（4-38）的小波函数对 $f(t)$ 做小波变换，其表达式为

$$Wf(a,b) = (f,\psi) = \frac{1}{\sqrt{|a|}}\int_{-\infty}^{+\infty}f(t)\,\overline{\psi_{a,b}(t)}\,\mathrm{d}t \tag{4-39}$$

对 $\psi_{a,b}(t)$、a 的变动使函数伸缩，形成不同"级"的小波，b 的变动使函数移位，形成不同"位"的小波。如果不断变动 a、b，形成一族小波函数，然后将 $f(t)$ 按这族函数分解，那么根据展开的系数就可以知道 $f(t)$ 在某一局部时间内位于某局部频段的信号成分有多少，从而实现了可调窗口的信号时、频局部分析。

连续小波变换具有以下性质：

①连续小波变换是线性变换，信号被分解成不同尺度的分量，在变换中满足能量守恒定律。

②连续小波变换具有冗余性。由于 a、b 连续变化，相邻窗口绝大部分内容重叠。

③小波基不唯一。

④具有良好的局域性和非正则的过零性。

对数字信号分析来说，最常用且方便有效的离散方法就是二进制离散变换。取 $a = 2^j$，$b = k$，则信号 $f(t)$ 的离散二进小波变换可表示为

$$W_{2^j}f(t) = \frac{1}{2^j}\int f(t)\psi\left(\frac{t-k}{2^j}\right)\mathrm{d}t \tag{4-40}$$

$W_{2^j}f(t)$ 的 Fourier 变换为

$$\hat{W}_{2^j}f(\omega) = \hat{f}(\omega)\psi(2^j\omega) \tag{4-41}$$

理论证明，二进小波变换具有完备性和离散性。

（2）多尺度分析

多尺度分析的思想是：从 $L^2(R)$ 的某个子空间出发，先建立这个子空间的基底，再利用某种简单的变换，将它扩充到 L^2 中去，也就是将函数 f 描述为一系列近似函数的极限，每一个近似都是函数 f 的平滑版本。所以多尺度分析是指满足下述性质的一系列闭子空间 $\{V_j\}_{j\in\mathbf{Z}}$：

一致单调性：$\cdots \subset V_2 \subset V_1 \subset V_0 \subset V_{-1} \subset \cdots$

渐近完全性：$\bigcap_{j\in\mathbf{Z}}V_j = \{0\}$；$\bigcup_{j\in\mathbf{Z}}V_j = L^2(R)$

伸缩规则性：$f(x) = V_j \Leftrightarrow f(2^jx) \in V_0, j\in\mathbf{Z}$

平移不变性：$f(x) \in V_0 \Rightarrow f(t-n) \in V_0, n\in\mathbf{Z}$

Riesz 基存在性：存在函数 $\varphi \in V_0$，使得 $\{\varphi(x-k)\}_{k\in\mathbf{Z}}$ 是 V_0 的正交基，即

$$V_0 = \underset{n}{\mathrm{span}}\{\varphi(x-n)\}, \qquad \int_{\mathbf{R}}\varphi(t-n)\varphi(t-m)\mathrm{d}x = \delta_{m,n}$$

由 Rieze 基可以构造出一组正交基，因此正交基存在性的条件可放宽为 Rieze 基存在性。

有界性：存在 $0 < A \leq B < +\infty$，对所有的 $c(n)_{n\in\mathbf{Z}} \in L^2(\mathbf{Z})$，满足

$$A \sum_n |c_n|^2 \leqslant \| \sum c_n \varphi_n \|^2 \leqslant B \sum |c_n|^2$$

由此可知，多尺度分析的一系列尺度空间是由同一尺度函数在不同尺度下张成的。

定义尺度空间 $\{V_j\}_{j \in \mathbf{Z}}$ 的补空间 $\{W_j\}_{j \in \mathbf{Z}}$ 如下：

设 W_m 为 V_m 在 V_{m-1} 中的补空间，即

$$V_{m-1} = V_m \oplus W_m, \ W_m \perp V_m$$

则有

$$L^2(R) = \bigoplus_{j \in \mathbf{Z}} W_j$$

即 $\{W_j\}_{j \in \mathbf{Z}}$ 构成了 $L^2(R)$ 的一系列正交子空间。且有

$$f(x) \in W_0 \Leftrightarrow f(2^{-j}x) \in W_j$$

若存在 $\{h_k\}_{k \in \mathbf{Z}} \in L^2$，使得

$$\varphi(x) = \sum_{k \in \mathbf{Z}} h_k \varphi(2x - k)$$

令

$$\psi(x) = \sum_{k \in \mathbf{Z}} (-1)^k \bar{h}_{1-k} \varphi(2x - k)$$

则 $\psi(x-k)$ 构成 W_0 的 Rieze 基，$\psi_{j,k} = 2^{-j/2} \psi(2^{-j}x - k), k \in \mathbf{Z}$ 膨胀成 W_j 的 Rieze 基。$\varphi(x)$、$\psi(x)$ 分别称为尺度函数和小波函数，它们具有以下性质：

$$\langle \varphi_{j,k}, \varphi_{j,l} \rangle = \delta_{k,l}$$
$$\langle \varphi_{j,k}, \psi_{l,m} \rangle = 0$$
$$\langle \psi_{j,k}, \psi_{l,m} \rangle = \delta_{j,l} \times \delta_{k,m}$$

其中，$j,k,m,l \in \mathbf{Z}$，$\delta_{j,k} = \begin{cases} 1, j = k \\ 0, j \neq k \end{cases}$。

（3）多尺度分析与正交小波变换

据多尺度分析的思想：

$$V_0 = V_1 \oplus W_1 = V_2 \oplus W_2 \oplus W_1 = V_3 \oplus W_3 \oplus W_2 \oplus W_1 = \cdots$$

对于任意函数 $f(t) \in V_0$，总可以将它分解为平滑部分 V_1 和细节部分 W_1。

设 $\{V_j\}$ 为给定的多尺度分析，φ、ψ 分别为相应的尺度函数和小波函数，由于信号总是在一定分辨率下得到的，即 $f(t) \in V_j$（j 为任意整数），为了描述方便，设 $f(t) \in V_0$，则 $f(t)$ 可分解为

$$f(t) = \sum_k c_k^0 \varphi_{0,k} = \sum_m c_m^1 \varphi_{1,m} + \sum_m d_m^1 \psi_{1,m} = \cdots = \sum_m c_m^j \varphi_{j,m} + \sum_{j=1}^j \sum_m d_m^j \psi_{j,m}$$

$$(4-42)$$

其中

$$c_m^j = \sum_k h(k - 2m) c_m^{j-1} \tag{4-43}$$

$$d_m^j = \sum_k g(k - 2m) c_m^{j-1} \tag{4-44}$$

若令 $A_j f(x) = \sum_m c_m^j \varphi_{j,m}$，$D_j f(x) = \sum_m d_m^j \psi_{j,m}$，则 $A_j f(x)$、$D_j f(x)$ 分别是信号在 2^j 分辨率下的连续逼近和细节信号。

这样，经过一系列变换后，信号就被分解成一族离散化的正交小波函数的叠加，可表示为

$$f(t) = a_0\psi(t) + a_1w(t) + a_2w(2t) + \cdots + a_{2^j+k}w(w^jt - k) + \cdots \quad (4-45)$$

式中，$a_0\psi(t)$ 为常数项，j 级小波 $w(2^jt - k)$ 由 2^j 个小波叠加而成，每级小波实际代表着不同倍频程频段内的信号成分，所有频段正好不相交地布满整个频率轴。

信号重建时，有

$$c_m^{j-1} = \sum_k c_k^j \langle \varphi_{j-1,m}, \varphi m_{j,k} \rangle + \sum_k d_k^j \langle \varphi_{j-1,m}, \psi_{j,k} \rangle \quad (4-46)$$

进一步推导，有

$$c_m^{j-1} = \sum_k h(m - 2k)c_k^j + \sum_k g(m - 2k)d_k^j \quad (4-47)$$

上述信号的分解与重建过程就是著名的 Mallat 塔式算法。

（4）小波变换与滤波器组

从数字滤波器的角度来看，小波分析实质上就是一个滤波器组。式（4-43）和式（4-44）所描述的系数分解过程如图 4-18 所示。其中 $h(-k)$ 和 $g(-k)$ 为滤波器系数。

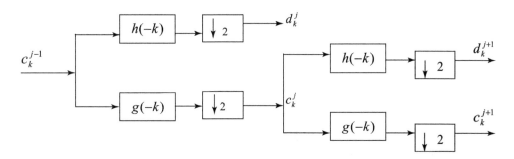

图 4-18　离散序列的小波分解

若初始输入为离散序列，每一次小波分解的过程就是对输入离散序列进行双通道滤波的过程。$h(-k)$ 和 $g(-k)$ 称为双通道滤波器组，$h(-k)$ 具有低通性质，$g(-k)$ 具有高通性质，每一次分解把输入离散信号分解成一个低频的粗略逼近和一个高频的细节部分。由带限信号的采样定理知，可以将采样率降低一半而不丢失任何信息，因此进行二抽取是允许的，图中符号 2 即表示二抽取。每次输出采样率减半，从而使总的输出序列长度与输入长度保持一致。由于滤波器设计是根据归一频率进行的。前一级输出被二抽取后，虽然其归一频带不变，但其实际频带减半。

因此，对离散序列进行小波分解后，所有尺度下的小波加最大尺度上的尺度系数后的总长等于原函数序列的长度，所不同的是，将序列投影到小波域，其各分量按频率的不同重新组合排序，而且新的序列具有集中系数的能力，便于特征提取、数据压缩及去噪等。

（5）小波包

由前面内容可知，正交小波变换的多分辨率分解只是将 V（尺度）空间进行了分解，而没有对 W（小波）空间进行进一步的分解，表现在其相平面上，随着尺度的增大，相应小波基函数的时域窗口变宽而其频域窗口变窄。这样的时频分布特性在许多情况下是非常有用的，但不能较好地满足在时频域局部有较高分辨率的要求。而通过小波包将 W_j 进一步分解，

可使正交小波变换中随 j 的减小而变宽的频谱窗口进一步分割变细。

令正交小波基的滤波器系数分别为 h_n 和 g_n ，并将尺度函数 $\varphi(t)$ 改记为 $u_0(t)$ ，小波函数 $\psi(t)$ 改记为 $u_1(t)$ ，于是原来关于 $\varphi(t)$ 和 $\psi(t)$ 的二尺度方程变为

$$\begin{cases} u_0(t) = \sqrt{2} \sum_{k \in \mathbf{Z}} h_k u_0(2t - k) \\ u_1(t) = \sqrt{2} \sum_{k \in \mathbf{Z}} g_k u_0(2t - k) \end{cases} \tag{4-48}$$

小波包是包括尺度函数 $u_0(t)$ 和小波母函数 $u_1(t)$ 在内的一个具有一定联系的函数集合，即由式

$$\begin{cases} u_{2n}(t) = \sqrt{2} \sum_{k \in \mathbf{Z}} h_k u_n(2t - k) \\ u_{2n+1}(t) = \sqrt{2} \sum_{k \in \mathbf{Z}} g_k u_n(2t - k) \end{cases} \tag{4-49}$$

定义的函数的集合 $\{u_n(t)\}_{n \in \mathbf{Z}}$ 。

小波包分解过程中，随着尺度的增加，所有频率窗口进一步分割细化。滤波器组每作用一次，数据减少为原来的一半。如果原始信号长度为 2^N ，采样频率为 f_S ，那么第 L 尺度的小波包分解将频率轴划分为 $n = 2^L$ 个序列，每个序列的带宽为 $f_S/2^L$ ，第 n 个序列的起始频率为 $f_n = (n - 1)f_S/2^L$ 。

由前面的分析和参考文献可知，目标运动产生的地震动信号的频率不超过 140 Hz。因此，对以采样率 $f_S = 500$ Hz 采集得到的信号，进行 1 级小波分解，然后将第二级分解的平滑信号再进行 4 级小波包分解，得到每个频段为 8 Hz 的信号能量分布图。研究表明，轮式车近处信号在第 3~4 频段和第 7~8 频段能量最强，而履带式车近处信号在第 4~5 频段能量明显比其他频段能量强很多。而远处轮式车和履带式车信号的低频段能量都相对增强，轮式车信号在第 3~4 频段能量最强，而履带式车信号在第 3~4 频段和第 6~7 频段能量相当，而其他频段能量很弱。

4.5　地震动探测与识别技术在战场侦察中的应用

地震动探测与识别技术在现代战争中有很多应用实例。20 世纪 60 年代的越南战争期间，美军使用当时被称为"热带树"的无人值守传感器系统来对付越南的"胡志明小道"。"热带树"实际上是一个由地震动传感器和声传感器组成的系统，它由飞机投放，落地后插入泥土中，仅露出伪装成树枝的无线电天线，因而被称为"热带树"。当人员、车辆等目标在其附近行进时，"热带树"便探测到目标产生的地震动信息和声信息，并立即将信息通过无线电通信发送给指挥中心。指挥中心对信息进行处理后得到行进人员或车辆的地点、规模和行进方向等信息，然后进行指挥决策。"热带树"在越战中的成功应用，促使许多国家在战后纷纷研制、装备各种无人值守地面传感器系统。美国在越战中尝到"甜头"，在地面战场传感监视技术上更是先行一步，在 70 年代，其陆、海、空三军都投入巨大的资金进行研制，其中最著名的是 REMBASS（Remotely Monitored Battlefield Sensor System）系统。该系统在监视区域内没有目标时，能自动处于所谓的"休眠状态"，当有目标进入监视区域时，它

能根据传感器探测的信号对目标进行判定，并通过具有精确数字频率合成的内插式发射机将原始信号和分类信号直接或通过中继站传送到终端处理站。这种系统能提供全天候的昼夜预警，提高了对目标进行监视和侦察的能力，以致许多国家对 REMBASS 系统表示出了极大的兴趣。REMBASS 系统于 80 年代装备部队、90 年代改进为 IREMBASS 系统。为了配合军方需要，美国于 1995 年研制出了更先进的入侵探测与早期预警系统 IDEWS（Intrusion Detection and Early Warning System），IDEWS 的 Seismic/Acoustic 及 IR 传感器如图 4 – 19 所示。

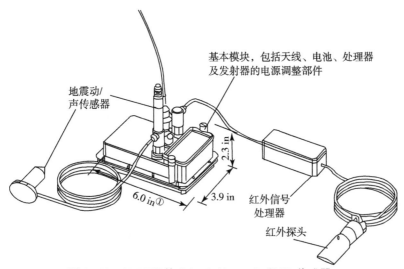

图 4 – 19　IDEWS 的 Seismic/Acoustic 及 IR 传感器

　　该系统对传感器部分进行了较大改进，采用由地震动/声传感器并可附加红外、磁、压电、微波等多种传感器构成的多节点传感器，通信系统采用模块化结构，无须改变基本的软硬件部分即可添加传感器。这种模块化传感器系统体积小，质量轻（不到 2 lb[②]），成本低，不仅能够提供全天候高可靠性探测并识别人员、轮式车和履带式车，而且能识别出运动目标的数量和运动方向。美国的两个国家试验室 Sandia National Laboratories、Lawrence livermore National Laboratories 现在仍然对 UGS（Unattended Ground Sensor）系统进行研究。美国最新研制的人工布设 UGS 系统称作"远方哨兵"，它采用的传感器有地震动传感器、声传感器、非制冷热像仪、微光电视摄像机和激光测距机，还装有全球定位系统接收机、处理器、控制器、无线电发射机等。一个"远方哨兵"可自主地监视半径 3 km 的区域，也可通过无线电系统与其他"远方哨兵"、IREMBASS 系统相连，从而扩大监视区域。

　　在 2001 年"9·11"事件后，第一批进入阿富汗的美国特种部队装设了一种可根据环境进行"变色龙般改头换面"的监测仪。这种监测仪不但外表可以与当地环境混为一色，连传送天线也造得与一般枯树枝一样，普通人难以发现这种仪器的存在。这种装备分为 A、B 两种，其中 A 型就是以地震动信息作为信息反馈，主要是根据地震动信号的频率来分析人、车、动物等目标类型和数量。

---

① 1 in = 2.54 cm。

② 1 lb = 0.453 6 kg。

英国在地面传感和侦察系统的研制与开发方面发展相当迅速，较有代表性的有 TOBIAS 系统、CLASSIC 系统等。另外，苏联、法国、德国、瑞典等国家也分别对地面战场传感器系统进行了深入研究。

纵观国外地面侦察装备，具有如下发展趋势：

①地面侦察装备将向指挥、控制、通信、计算机、情报、监视、侦察（C^4ISR）一体化方向发展。

②地面侦察装备可直接向射击平台提供高精度的目标信息，以满足未来作战探测、打击一体化的需求，提高打击目标的实时性和准确性。

③地面侦察装备将广泛采用信息融合技术，可同时融合多种侦察平台的探测信息，大大提高对战场态势的了解、捕获目标的范围及准确程度。

我国的地面侦察技术和装备发展也比较快。20 世纪 80 年代我国开展了人工布设的地面侦察传感器系统的研究。90 年代北京理工大学、南京理工大学、西安 212 所、华北工学院①等多家单位共同合作，开展了"多传感器与控制网络系统技术"预研课题的研究，研究出了利用火炮发射的传感器系统，它主要包括地震动传感器、声传感器、磁传感器、红外探测器以及相应的分类识别系统，能够全天候地应用于周边和区域监视，探测并识别行进的车辆和人员。

另外，地震动探测与识别技术在民用方面也有很广阔的应用前景，可用于工业过程控制和地面交通管制，也可用于对公安部门、银行、博物馆、机场、核电站、油田、桥梁、宾馆、企事业单位等重要设施的安全保卫，还可用于环境噪声检测，有效地控制建筑工地等地方的噪声污染。

思考题

1. 瑞雷波的传播有哪些特点？
2. 地震动信号的检测系统一般由哪几部分组成？
3. 目标运动产生的地震动信号的特性一般可以从哪些方面进行分析？
4. 在小波变换中，多尺度分析的思想是什么？
5. 根据地震动信号进行目标识别的依据是什么？
6. IDEWS 系统的组成及其特点有哪些？

---

① 华北工学院：今为中北大学。

第5章

磁探测技术

5.1 概述

5.1.1 磁探测的发展

磁探测是研究与磁现象有关的物理过程的重要手段，其内容涉及许多技术领域，如地球物理、天体物理、高能物理以及生物科学等方面。早在两千多年前我国发明的指南针就是最早的磁场测量仪器。

16 世纪末期，人们开始用磁针来研究磁现象和测定地磁场。1758 年，库仑根据力学原理提出了利用磁针在磁场中的自由振荡周期来测定地磁场的方法。后来，高斯又发展了这种方法，并制成了研究地磁变动的第一个标准磁针仪器。

1831 年，英国科学家法拉第发现了电磁感应定律，把磁现象和电现象联系起来，为磁测量奠定了理论基础。

20 世纪 30 年代初，出现了利用磁性材料自身磁饱和特性的磁通门磁强计，广泛运用在地球物理、机械工业、军事工程等领域。

20 世纪 50 年代以来，由于电子技术、半导体等的发展，为磁探测的发展提供了条件。近年来，激光和光导纤维技术的发展提高了利用磁光效应测量磁场的水平。

目前，磁场测量技术的应用已经深入到工业、农业、国防和科学技术的各个领域，从而对磁场测量的发展提出了日益迫切的任务。它包括提高测量的准确度、增加被测参量、扩大测量范围以及扩展使用条件等问题。其现代发展趋势是：广泛应用量子现象、电磁现象、光电子现象、超导现象以及相应的传感器。与此同时，必须改进传统的磁场测量仪器，使磁场测量技术迅速向电子化、数字化、自动化的方向过渡。随着磁场测量技术的发展，还必须扩展其应用领域，研制一批特殊的磁场测量仪器和系统，增添"非测量的磁测法"的内容，满足工业、农业、医学、国防等各方面的需要。

5.1.2 磁探测的对象和参量

在国际单位制中，把磁场强度 H 在真空（空气）中引起的磁感应强度记为 B_0，并有简单关系：

$$B_0 = \mu_0 H \tag{5-1}$$

式中，$\mu_0 = 4\pi \times 10^{-7}\ \mathrm{H/m}$，是常数，表示真空磁导率。但是，$B_0$ 在数值和量纲上都与磁场

强度 H 不一致。在国际单位制中，H 的单位是 A/m，而 B_0 单位是 T（特斯拉）。在磁介质中，总磁感应度 B 是磁感应强度 B_0 和磁化强度 M（表征磁介质在磁场 H 中极化的磁感应强度）之和，即

$$B = B_0 + \mu_0 M \qquad (5-2)$$

由此可见，磁感应强度可同时用来描述介质和真空中的磁场，它比磁场强度有更广泛的概念。

在磁介质中，由于矢量 B 和 B_0 的关系很复杂，通常是采用测量磁感应强度的积分，即测量磁通

$$\Phi = \int_S B \mathrm{d}s \qquad (5-3)$$

磁通的单位是 $T \cdot m^2$，或称韦伯（Wb）。

磁场参量是表征磁场性质的物理量。它们包括磁感应强度 B、磁通 Φ、磁场非均匀性量（磁场梯度）等，以及这些矢量的分量和模量。

5.1.3 磁探测的种类

磁探测涉及的范围很广，其方法根据测量所依据的不同的基本物理现象，大体可分如下几种。

（1）磁力法

磁力法是利用在被测磁场中的磁化物体或通电流的线圈与被测磁场之间相互作用的机械力（或力矩）来测量磁场的一种经典方法。精密地磁探测法（PCM）是根据这一原理设计的，在地磁场测量、磁法勘探、古地磁研究等方面仍占有一定的地位。

（2）电磁感应法

电磁感应法是以电磁感应定律为基础测量磁场的一种经典方法。可通过探测线圈的移动、转动和振动来产生磁通变化。其中冲击法主要用于测量恒定磁场；伏特法主要用于测量高频磁场；电子磁通法用于测量恒定磁场、交变磁场或脉冲磁场（或磁通）；旋转线圈法和振动线圈法是电磁感应法的直接应用，主要用于测量恒定磁场。

（3）电磁效应法

电磁效应法是利用金属或半导体中流过的电流和在外磁场同时作用下所产生的电磁效应来测量磁场的一种方法。其中霍尔效应法应用最广，可以测量 $10^{-7} \sim 10$ T 范围内的恒定磁场。磁阻效应法主要用于测量 $10^{-2} \sim 10$ T 的较强磁场。磁敏晶体管法可以测量 $10^{-5} \sim 10^{-2}$ T 范围内的恒定磁场和交变磁场，但因元器件的稳定性限制，目前很少用于工业测量。

（4）磁共振法

磁共振法是利用物质量子状态变化而精密测量磁场的一种方法，其测量的对象一般是均匀的恒定磁场。其中，核磁共振法主要用于测量 $10^{-2} \sim 10$ T 范围的中强磁场。流水式核磁共振可测量 $10^{-5} \sim 25$ T 范围的磁场，它还可以测量不均匀的磁场。电子顺磁共振法主要用于测量 $10^{-4} \sim 10^{-3}$ T 范围的较弱磁场。光泵法用于测量小于 10^{-3} T 以下的弱磁场。

（5）超导效应法

超导效应法是利用弱耦合超导体中的约瑟夫森效应的原理测量磁场的一种方法，它可以测量 0.1 T 以下的恒定磁场或交变磁场。超导量子干涉器件（SQUID）具有从直流到 10^{12} Hz

的良好频率特性。此法在地质勘探、大地测量、计量技术、生物磁学等方面有重要的应用。

（6）磁通门法

磁通门法也称为磁饱和法，是利用被测磁场中，磁芯在交变磁场的饱和激励下其磁感应强度与磁场强度的非线性关系来测量磁场的一种方法。这种方法主要用于测量恒定的或缓慢变化的弱磁场，在测量电路稍加变化后也可以测量交变磁场。磁通门法大量用于地质勘探、材料探伤、宇航工程、军事探测等方面。

（7）磁光效应法

磁光效应法是利用磁场对光和介质的相互作用而产生的磁光效应来测量磁场的一种方法，它可用于测量恒定磁场、交变磁场和脉冲磁场。其中，利用法拉第效应可测量 $0.1 \sim 10$ T 范围内的磁场。利用克尔（Kerr）效应法可测量高达 100 T 的强磁场。磁光效应法主要用于低温下的超导强磁场的测量。

（8）巨磁阻效应法

传导电子的自旋相关散射是巨磁阻（GMR）效应的主要原因。巨磁阻传感器具有体积小、灵敏度高、相应频率宽、成本低等优点，是多种传统的磁传感器的换代产品。

5.2　磁力法

根据探头的磁针偏转时是否存在反作用力矩，探头结构可分为两种类型，如图 5 - 1 所示。

第一种类型采用磁力式探头，磁针处于自由转动状态，它在被测磁场的作用下，磁针的轴向将趋于磁感应强度的方向。

磁针 1 由顶针 2 支撑，它可在水平面内自由转动，构成探测地磁场方位的磁罗盘，如图 5 - 1（a）所示。

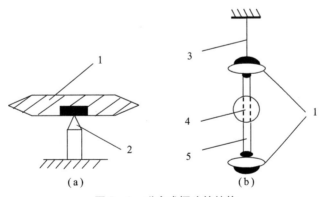

图 5 - 1　磁力式探头的结构

（a）无反作用力矩；（b）有反作用力矩

1—磁针；2—顶针；3—吊丝；4—反光镜；5—硬质杆

第二种类型也采用磁力式探头，磁针在被测磁场的作用下，转矩将由磁针的重力、线的扭力或相对偏转磁针而配备的其他阻尼装置等产生的反作用力矩所平衡。图 5 - 1（b）所示的无定向磁强计探头由两个互相平行而极性相反排列的小磁针 1 组成，这两个磁针用一硬质杆 5 牢固地结合在一定的距离上。把这一对磁针的连接杆和一个小反光镜 4 固定在一起，并用一有反作用力矩的吊丝 3 悬挂起来，使整个系统可以沿线轴做扭动。由于两个磁针按相反的极性放置，因此，在均匀磁场中其总的转矩相互平衡，磁针并不偏转。但是，这种结构的探头对于不均匀的磁场非常灵敏。

5.3 电磁感应法

当把绕有匝数为 N、截面积为 S 的圆柱形探测线圈放在磁感应强度为 B_0 的被测磁场中时，如果采用某种办法使线圈中所耦合的磁通 Φ 发生变化，那么根据电磁感应定律，就会在线圈中产生感应电动势

$$e = -N\frac{\mathrm{d}\Phi}{\mathrm{d}t} = -NS\frac{\mathrm{d}B_0}{\mathrm{d}t} \tag{5-4}$$

由于探测线圈与面积的乘积是一常数（称线圈常数），只要测量出感应电动势对时间的积分值，便可求出磁感应强度的改变量

$$\Delta B_0 = \frac{\int e\mathrm{d}t}{NS} \tag{5-5}$$

由式（5-5）可以看出电磁感应法测量的磁感应强度不是某一点的值，而是探测线圈界定范围内的磁感应强度的平均值。如果被测磁场是非均匀的，探测线圈界定范围内的磁场有显著的变化，这时探测线圈所铰链的磁通量就不能准确地反映某点的磁场。所以，在测量不均匀磁场时，探测线圈一般要做得尽可能小，测量的结果就可以近似看作点磁场值。但是，探测线圈也不能太小，否则相应的感应电势就很小，使测量灵敏度受到影响。

圆柱形点线圈截面图如图 5-2 所示。

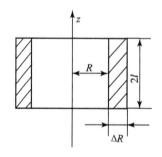

图 5-2 圆柱形点线圈截面图

线圈半径为 R，长度为 $2l$，面积为 S，轴向线匝密度为 n，其轴向沿 z 轴方向，并假定为薄壁线圈。将探测线圈置于非均匀磁场中，假定探测线圈中心的磁感应强度为 $B_z(0)$，在该点上磁场的方向平行于线圈轴线。那么，整个圆柱形线圈所铰链的磁通量为

$$\psi = n\int_V B_z(x,y,z)\mathrm{d}V \tag{5-6}$$

式中　V——圆柱形线圈所包围的体积。

式（5-6）可简化为

$$\frac{\psi}{n} \approx B_z(0)V \tag{5-7}$$

式（5-7）说明，在上述条件下，探测线圈所测得的平均磁感应强度近似等于线圈中心点的磁感应强度。

根据积分的方式和测量线圈运动方式的不同，感应法测量磁场可分为冲击法、磁通计法、电子积分器法、数字磁通计法、转动线圈法和振动线圈法等。

5.4　电磁效应法

电磁效应是电流磁效应的简称，是利用金属或半导体中流过的电流和在外磁场同时作用下所产生的电场效应来测量磁场的一种方法。常用的电磁效应有霍尔效应和磁阻效应。

5.4.1　霍尔效应法

1. 工作原理

霍尔型传感器是一种利用磁场对电流的作用为基础的测量仪器。将通有电流 I 的一块导体（长为 l，宽为 b，厚为 d）放在磁感应强度为 B 的磁场中，如图 5-3 所示。B 的方向垂直于 I，则在既垂直于电流又垂直于磁场的两侧方向上，由于运动电荷受洛仑兹力的作用，产生一正比于电流和磁感应强度的电势 U_H，这一现象就是霍尔效应。U_H 称为霍尔电动势。

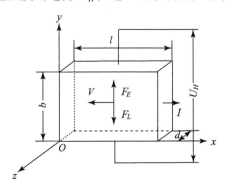

图 5-3　霍尔传感器工作原理

运动着的电子在受到洛仑兹力 F_L 作用的同时，还受到与此相反的电场力 F_E 的作用。当两力相等时，电子积累达到动平衡。设运动着的电子受到的洛仑兹力为

$$F_L = -e(v \times B) \tag{5-8}$$

式中　e——电子电荷；

　　　v——电子运动速度。

电子受到的电场作用力为

$$F_E = eU_H$$

则霍尔电动势 U_H 的值可由式（5-9）决定：

$$U_H = \frac{R_H}{d} \cdot I_X \cdot B \tag{5-9}$$

式中　R_H——霍尔系数；

　　　I_X——样品中的电流；

　　　d——样品的厚度；

B——样品中的磁感应强度。

霍尔效应的响应时间取决于电子在洛仑兹力作用下形成表面电荷的时间，此时间为 10 ~ 12 s，所以这种效应基本上是无惰性的，可以选用直流稳流源，也可以选用交流稳流源。霍尔电动势 U_H 只取决于磁场 B_x 的分量，而 B_x 和 B_y 分量实际上并不影响 U_H 的数值。

只要知道了某种材料的霍尔系数，式（5-9）就可以改写成

$$B = \frac{d}{R_H \cdot I} U \tag{5-10}$$

在 C. G. S 单位制中，

$$B = \frac{d}{R_H \cdot I} U \times 10^4 \tag{5-11}$$

若在霍尔传感器中通过的电流为常数，则根据所测出的电压 U，就可以得到磁感应强度 B，这时

$$B = KU \tag{5-12}$$

式中 K——对某固定器件是一个常数。

2. 霍尔元件的使用

（1）元件的选择

元件的选择主要决定于被测对象的条件和要求。测量弱磁场时，霍尔器件输出电压较小，应选择灵敏度高、噪声低的元件，如锗、锑化铟、砷化铟等元件；测量强磁场时，对元件的灵敏度要求不高，应选用磁场线性度较好的霍尔元件，如硅、锗等元件。

（2）霍尔元件的应用

霍尔元件可应用于以下方面。

1）测量磁场

由式（5-9）可知，当控制电流 I 恒定时，霍尔电压正比于被测磁感应强度 B，因此，霍尔元件能够方便地用于测量磁场。

2）测量弱磁场

测量弱磁场的原理与上述基本相同，所不同的是必须借助磁集束器 A 集中磁力线，以便测量。磁集束器 A 是由高磁导率材料制成的。

图 5-4 所示为磁集束器测量弱磁场示意图，图中磁集束器 A 由两根同轴安装的细长直棒组成，中间留一气隙，以安放霍尔元件。磁棒长度与直径之比越大，气隙越小，在气隙中的磁感应强度越强。

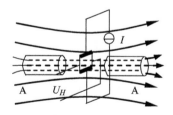

图 5-4　磁集束器测量弱磁场示意图

霍尔元件还可以用于制作磁罗盘及霍尔乘法器等。

5.4.2　磁阻效应法

磁阻效应是指某些金属或半导体材料在磁场中电阻随磁场的增加而升高的现象。利用这一效应可以很方便地通过测量电阻的变化来间接测量磁场。

1. 半导体磁阻元件

（1）物理磁阻效应

在讨论半导体的霍尔效应时，认为载流子都按同一的平均速度运动，形成与外电场方向一致的电流，忽略了磁阻效应。实际上，半导体中还存在着运动速度比平均速度快及慢的载流子。比平均速度快的载流子受到的洛仑兹力大于霍尔电场力，载流子向洛仑兹力作用的方向偏转。比平均速度慢的载流子受到的霍尔电场力大于洛仑兹力，载流子向霍尔电场力作用的方向偏转，如图 5-5 所示。由此可见，向两侧偏转的载流子的漂移路程增加，引起电阻率增加，显示出磁阻效应。

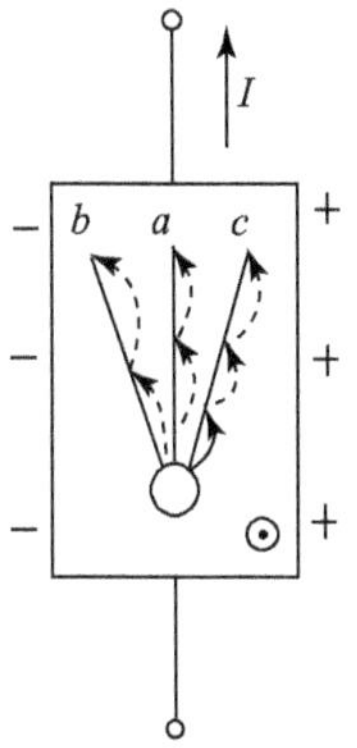

利用磁阻效应测量磁场的优点是测量方便，有较好的重复性。但因受温度的影响和非线性的限制，需要采取恒温和逐点校准措施，所以磁阻效应最适合在低温和强磁场中使用。

图 5-5　载流子偏转示意图

（2）几何磁阻效应

因电流控制极的短路作用，磁阻效应还与元件的尺寸和形状有关，这种效应称为几何磁阻效应。

2. 强磁性金属薄膜磁阻元件

在磁场中强磁性金属电阻率发生变化的现象称为强磁性金属磁阻效应。强磁性金属薄膜磁阻元件是用坡莫合金制成的，这种元件完全不同于半导体磁阻元件，它的温度系数小，使用温度高，频率特性好，而且材料的物理、化学特性都非常稳定。

在强磁场中，强磁性金属的电阻率随磁场增强而减小，具有负的磁阻效应。在弱磁场中，当磁场大于某一值时，强磁性金属的电阻率只与磁场方向和电流方向的夹角有关，而与磁场强度无关。当磁场方向与电流方向垂直时，其电阻率最小，用 $\rho_\perp$ 表示垂直电阻率；当磁场方向与电流方向平行时，其电阻率最大，用 $\rho_{/\!/}$ 表示平行电阻率。因此，当磁场方向和电流方向的夹角为 θ 时，其电阻率为

$$\rho(\theta) = \rho_\perp \sin^2\theta + \rho_{/\!/}\cos^2\theta \tag{5-13}$$

图 5-6 所示为桥式四端磁阻元件。

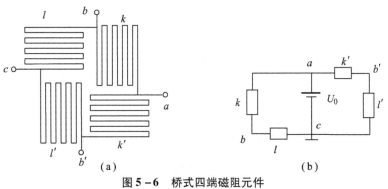

图 5-6　桥式四端磁阻元件

（a）结构图；（b）电路原理图

图 5 - 6（a）所示为一种适用的桥式四端磁阻元件结构图，它是由两个三端磁阻元件 k、l 和 k'、l' 组成。其电路原理图如图 5 - 6（b）所示。在 ac 端加偏置电压 U_0，输出由 bb' 引出。当磁场方向与 k 折线的电流 I 的夹角为 θ 时，输出电压为

$$U_{bb'} = \frac{\Delta\rho U_0}{2\rho_0}\cos^2\theta \qquad (5-14)$$

式中，$\Delta\rho = \rho_{//} - \rho_\perp$，$\rho_0 = (\rho_{//} + \rho_\perp)/2$。

若在与 I 呈 45°方向上加一偏置磁场 H_s，使元件磁化到饱和，此时 $U_{bb'} = 0$。当与 I 垂直的方向上加一被测磁场 H_x 时，则 H_s 和 H_x 的合成磁场为 H_θ，如图 5 - 7 所示。当被测磁场 H_x 的大小变化时，合成磁场 H_θ 与电流 I 的夹角就发生变化，因而元件的输出电压也变化，测得元件的输出电压即可求得被测磁场值。

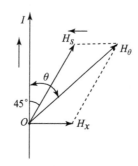

图 5 - 7　H_x 对 H_θ 的影响

5.4.3　磁阻传感器的应用

利用强磁性金属磁阻效应制作的磁阻（Magneto - Resistive，MR）传感器有以下非常突出的优点：

①单位面积的灵敏度高；

②体积小；

③可靠性高，制作简单，成本低；

④工作频带宽，包括可测直流磁场；

⑤输出信号与 H 值成正比；

⑥可测磁场范围为 1 ~ 1 000 μT。

单位面积的灵敏度很高意味着设计出的传感器可以极小，且其灵敏度仍能够很高。该优点非常适合应用于数据的存取，如读头、存储器等。由于这种传感器尺寸小，还可以用来绘制磁场图，且分辨率很高。绘制研究表面的磁场分布也比较方便，因为薄膜磁电阻传感器能够探测膜面内的磁场分量，可以把传感器安放在距被测区域很近的地方。霍尔传感器只能探测与其传感面垂直的磁场分量。

MR 传感器的测量范围与地磁场范围相当。虽然常常用核进动质子磁强计测地磁场，但是，由于 MR 传感器简单，更重要的是能够进行矢量探测，把它和 GPS 系统集成在一起，非常适合用于汽车、飞机和潜艇导航、指示方位的电子罗盘上。如 Honeywell 公司生产的 HRC3000 磁电阻罗盘，可达 1°的航向精度，分辨率 0.1°，适用于严格定向的场合。

当探测不均匀的磁场时，如铁磁性物体引起的磁场扰动，梯度传感器比磁场传感器更有用。由于 MR 器件尺寸很小，用它来设计梯度传感器非常容易。

磁异常可以是静态物体引起的，如矿藏、桥梁；也可以是运动物体引起的，如车辆、轮船以及潜水艇。传统的方法，如雷达，是无法在水中探测潜水艇的。潜水艇的磁性由多种因素产生，其中之一是它的钢材料被磁化，使整个物体像一个磁棒。该效应可以通过消磁过程减小。还有一种效应就是磁体对地球周围磁场的扰动。整个磁场是均匀的地磁场和感应偶极子扰动的矢量和。为了尽量不产生磁异常而被探测到，舰船用非磁性材料建造，并且在甲板上装备消磁线圈。尽管如此，发动机交流磁场还是会产生可探测到的磁信号。

被探测铁磁物体引起的磁异常随着与物体的距离增加衰减很快。图 5 - 8 所示为铁磁物体磁异常与距离关系。各种磁异常信号，当距离较远时，这些信号非常微弱，低于 1 nT，只能用极为灵敏的测量仪器，如 SQUID、光泵磁强计或光纤磁强计来探测。但是距离较近时，如几十米，可以采用 MR 传感器来探测，MR 传感器的优点是价格低、操作简单。

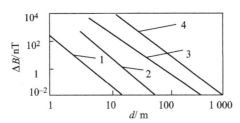

图 5 - 8 铁磁物体磁异常与距离关系

1—1 kg 铁块；2—吉普车；3—坦克；4—潜艇

5.5 磁共振法

5.5.1 磁共振法原理

许多微观粒子，如原子、电子、质子等具有磁矩，这些具有磁矩的微观粒子若处于某一磁场中，便会选择性地吸收或辐射一定频率的电磁波，从而引起它们之间的能量交换，这一现象称为磁共振。

磁共振分为核磁共振、电子顺磁共振、光泵共振等，其中以核磁共振应用最为广泛。以下重点介绍核磁共振。

我们知道，所有的原子核都具有本征磁矩和本征动量矩。如果将抗磁性物质的原子核放在强度为 B_0 的恒定磁场中，则原子核磁矩就会沿着外磁场方向做自由进动。进动的频率由拉莫公式确定

$$\omega_0 = rB_0 \tag{5-15}$$

式中　ω_0 ——自由进动的角频率；

　　r ——旋磁比，即磁矩和动量矩的比值。

若在垂直于恒定磁场 B_0 方向的平面内加一个交变磁场 h，调节其频率，当交变磁场的频率 ω 与自由进动频率 ω_0 一致时，原子核将从交变磁场中吸收能量，出现核磁共振吸收现象。

为了利用核磁共振现象测量磁场强度，常常利用氢核（质子）和锂核，它们的旋磁比分别是

$$r(^1\text{H}) = 2.675\,2 \times 10^8\ \text{T}^{-1} \cdot \text{s}^{-1}$$
$$r(^7\text{Li}) = 1.039 \times 10^8\ \text{T}^{-1} \cdot \text{s}^{-1}$$

如果能够准确地确定共振状态并测量发生共振时的频率（$\omega = \omega_0$），便可根据上式计算磁场强度。

5.5.2　核磁共振磁强计

根据核磁共振原理，目前已制成各种形式的磁强计，而且正朝着自动搜索、快速跟踪的方向发展。下面举两个实际例子。

1. 固定介质核磁共振测量仪

图 5-9 所示为固定介质核磁共振测量仪原理框图，主要包括测量探头、射频振荡器、低频振荡器、数字频率计和示波器。

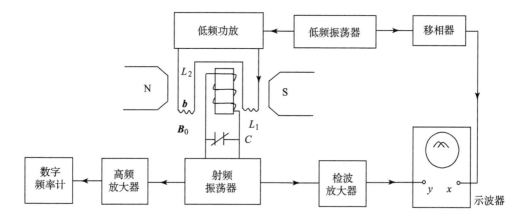

图 5-9　固定介质核磁共振测量仪原理框图

（1）测量探头

测量探头由核样品、射频振荡线圈 L_1 和调制线圈 L_2 组成。射频线圈绕在装有核样品的玻璃管上，在其垂直的方向装有调制线圈。测量时，将探头插入被测磁场 B_0 中，并使射频线圈与 B_0 垂直，调制线圈轴线与 B_0 平行。

由于制造从几兆赫到几百兆赫的可调振荡器在技术上比较复杂，为了制造简单，使用方便，又能扩大测量范围，可采用多种共振物质做样品。这样，测场仪振荡器的频率范围只要设计在 100 MHz 以下，便可测量较宽范围的磁场。

（2）射频振荡器

射频振荡器是仪器的核心部分，关键在于制作一个灵敏度高、性能比较稳定的边缘振荡器。边缘振荡器实际上就是处在刚刚起振的弱振荡状态。在这种状态下，振荡器对能量损失敏感，微小的能量损失能使其振荡幅度大大降低，具有明显的共振吸收现象。此外，边缘振荡时振幅较小，可避免样品饱和。

（3）调制磁场

如图 5-9 所示，低频振荡器的输出，一路送调制线圈 L_2，产生一低频调制磁场 b，并

叠加在被测磁场 B_0 方向上；另一路经移相后送示波器 x 轴，以实现与合成场（$B_0 + b$）同步扫描，便于在示波器上观察共振信号。若没有调制场，在实际中是无法观察到吸收共振峰的。经调制场调制后的合成场，所对应的共振频率是一个频带，射频振荡器的频率在（$\omega_0 - \Delta\omega$）~（$\omega_0 + \Delta\omega$）范围内，样品都可从射频场中吸收能量。当吸收能量时，射频线圈幅值下降。由于调制场是低频周期性的，因此，射频信号幅度下降是周期性的，经高频检波和低频窄带放大后，成为一系列的共振信号。由于送到示波器 x 轴的电压与调制场同频同相，为外同步扫描，因此，在示波器上就能观察到一个明显的吸收共振峰。

核磁共振信号是非常微弱的，只有微伏数量级，为了显示和记录这个信号，必须经过多次放大。但在放大信号的同时，由于各种原因，如输出不稳、温度变化、本机振荡等引起的噪声也同时被放大，而且每一级放大器中还会产生更多的噪声，这样信号可能淹没在噪声之中而观察不到。因此，提高信噪比成为提高本方法测量精度的关键。

（4）自由进动磁强计

当被测磁场很弱时，用上述方法观察不到共振信号，此种情况可以采用预极化的方式。

自由进动磁强计是一种测量弱磁场的仪器，为了能观察到共振信号，在被测磁场垂直的方向上，加一强的预极化场，使样品磁化，因而得到大的平衡磁化强度 M_0，然后去掉预极化场，用感应检测 M_0 做衰减运动的频率，便可计算出被测弱磁场值。

自由进动磁强计原理如图 5-10 所示。

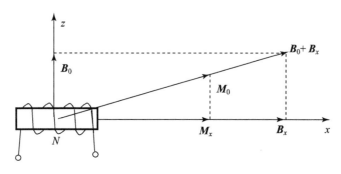

图 5-10　自由进动磁强计原理图

设 B_0 为被测弱磁场，将样品放在轴线与 B_0 垂直的线圈 N 中，对线圈加一个很大的电流，以产生很强的预极化场 B_x，而且使 $B_x \gg B_0$。在 B_x 和 B_0 的共同作用下，建立一个很强的磁化强度 M_0，M_0 的方向接近于 B_x 方向，然后突然切断预磁化电流，即去掉 B_x，使 M_0 的大小和方向均来不及发生变化，这时 M_0 仅受到 B_0 的作用，就要围绕 B_0 进动，进动的角频率 $\omega_0 = \gamma B_0$，因为 M_0 在 x 方向分量很大，进动时会在线圈 N 中感应较强的信号。另外，由于弛豫作用，信号的幅度是逐步衰减的。图 5-11 所示是自由进动信号示意图，测出这个信号的频率，就可计算出被测磁场值 B_0。

由于 M_0 的自由进动是衰减的，因此可供测量的时间由自由进动衰减时间常数 T 决定，而 T 与核的横向弛豫时间常数 T_2、样品所在空间磁场的均匀性、接收线圈内感应电流引起的阻尼辐射等因素有关。T 越大，可供测量时间越长，测量精度越高，能测量越弱的磁场。例如，氦气（^{3}He）的弛豫时间为 1~24 h，因此它可用于测量很弱的磁场。

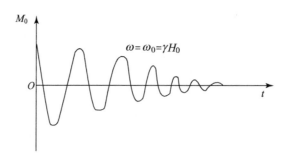

图 5 – 11　自由进动信号示意图

2. 铯质子磁力仪

铯质子磁力仪 PCM（Portable Cesium Magnetometer）可用于地面或地表以下磁场的探测，其测试系统原理如图 5 – 12 所示。

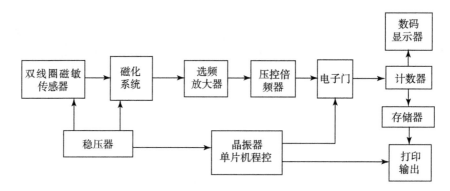

图 5 – 12　铯质子磁力仪测试系统原理图

采用 PCM 探测地下异形物对地下空穴和强磁性材料特别有效，对深度的判断目前还不能定量到小于 1 m。根据磁场强度变化的大小可以大致估计空穴、弹丸或战斗部的大小、可能的深度，一般误差可控制在 2 m 左右。

PCM 的工作原理是利用铯（Cs）质子在磁场中的旋进现象来测量地磁场的，Cs 电子数为 55，最外层电子数为 1，当含 Cs 的液体处于地磁场时，经过一段时间，质子磁矩的方向将趋于地磁场 T 的方向。当一个垂直于地磁场方向 T 的人工"磁化"磁场 H 远远大于地磁场时，H 将迫使质子磁矩向 H 的方向取向。突然去掉 H 时质子磁矩因受到 T 的作用，将逐渐回到 T 方向去。此时自旋着的铯质子将绕 T 做自由旋进运动。质子旋进形成的磁场变化切割线圈感应出"旋进信号"。它是随时间按指数衰减的，其幅度仅为数微伏，由核磁共振原理可得

$$T = 23.487 f_p \quad (\text{nT}) \tag{5 – 16}$$

式（5 – 16）说明地磁场与质子旋进频率成正比关系。

图 5 – 12 中的双线圈磁敏传感器用来测定被测的地磁引起的旋进频率信号。磁化系统是由铯溶解液构成的，双线圈浸入其中，双线圈的目的是抵消外部电磁信号的干扰，旋进频率信号经选频放大器放大后，输入压控倍频器按 23.487 进行倍频，然后把信号送入电子门，每次的测点是预先等间距布好的，由单片机程控，逐点打开电子门送入计数器，记录测点信号。可现场观看记录，也可由存储器存储，而后经计算机处理后打印出曲线。

5.6 超导效应法

5.6.1 基本原理

当两块超导体之间的绝缘层减小到一定程度，为 $1.0 \sim 3.0$ nm 时，能让很小的超导电流从一个超导体流向另一个超导体，这种现象称为约瑟夫森效应。约瑟夫森效应发生在两个超导体的弱连接处，这种弱连接称为约瑟夫森结，或超导结。

若在超导结平面上加一均匀磁场 B，结的临界电流 I_c 将发生周期性衰减，所加磁场越强，I_c 起伏次数越多，其关系式为

$$I_c = I_{c0} \left| \frac{\sin(\pi \Phi_J / \Phi_0)}{\pi \Phi_J / \Phi_0} \right| \tag{5-17}$$

式中 I_{c0}——无外磁场时结的临界电流；

Φ_J——通过结的磁通；

Φ_0——磁通量子。

由式（5-17）可知，超导结的临界电流是投入结的磁通的周期函数，周期是磁通量子 Φ_0。当 $\Phi_J = n\Phi_0$ 时，$I_c = 0$。当 $\Phi_J = \left(n + \dfrac{1}{2}\right)\Phi_0$ 时，I_c 为最大值，其中 n 为正整数，随着 n 的增加，I_c 下降。绝对温度为 1.2 K 时，超导结的 $I_c - B$ 关系曲线如图 5-13 所示。该曲线和光学中的干涉现象相似，所以把磁场对超导结电流的影响称为超导量子干涉现象。

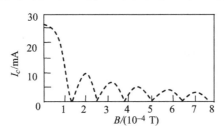

图 5-13 超导结的 $I_c - B$ 关系曲线

5.6.2 超导量子磁强计

利用超导量子干涉现象制成的测量磁场的装置称为超导量子磁强计。这种磁强计按结构可分为两种类型：一种为双结磁强计，它由直流偏置或低频调制，所以又称为直流超导量子干涉仪（DC - SQUID）；一种为单结磁强计，它由射频调制，所以又称为射频超导量子干涉仪（RF - SQUID）。

1. 直流超导量子干涉仪

图 5-14 所示为双结超导环示意图。设并联双节的性能完全相同，环的电感很小，可忽略。当待测磁场垂直加于环的平面上时，流过环的临界电流为

$$I_c = 2I_{c0} \left| \frac{\sin(\pi \Phi_J / \Phi_0)}{\pi \Phi_J / \Phi_0} \right| \left| \cos \frac{\pi \Phi_c}{\Phi_0} \right| \tag{5-18}$$

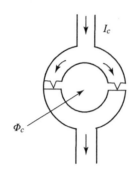

图 5 - 14 双结超导环示意图

式中 Φ_c——穿过超导环的磁通量。

式（5 - 18）表明，外磁场使双结超导环的临界电流成为调制波，它既是每个结透入的磁通量的周期函数，又是环所包围的磁通量的周期函数，周期都是磁通量子。由于环的面积远大于结，Φ_J 的影响可以忽略，所以双结超导环的临界电流 I_c 可以看作幅值恒定的随 Φ_c 做余弦变化的量。

根据上述分析，将被测定的磁场从零增值到待定值 Φ_e，或者从 Φ_e 减至零，在这个过程中，测出超导干涉器两端电压变化的周期数 n，便可求出磁通量的变化 $\Phi_e = n\Phi_0$。这种磁强计称为数字式磁强计，其鉴别能力为一个磁通量子。

对于小于一个磁通量子的磁通变化用锁定式磁强计测量，所采取的措施是对超导干涉器两端电压进行低频调制，依靠一次谐波来进行自动补偿。锁定式磁强计灵敏度高，能分辨小至 7×10^{-15} T 的磁场变化。

2. 射频超导量子干涉仪

单结磁强计与双结磁强计一样具有超导量子干涉现象，也分为数字式和锁定式两种。图5 - 15 为锁定式射频超导量子干涉仪原理框图。

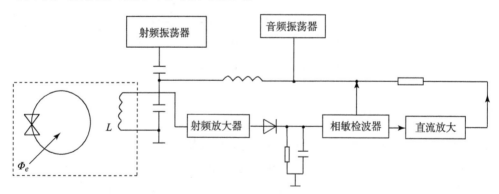

图 5 - 15 锁定式射频超导量子干涉仪原理框图

5.7 磁通门法

5.7.1 磁通门法原理

磁通门法是利用铁磁材料磁芯传感器在交变磁场的饱和激励小，由于被测磁场的作用而使感应输出的电压发生非对称变化来测量弱磁场的一种方法。也称为磁饱和法、二次谐波法等。

图 5 - 16 所示为常用的双磁芯磁通门探头。磁芯 1 和磁芯 2 彼此平行，处于同一磁场强度为 H_0 的被测磁场中，激励磁场在两磁芯的方向相反。图 5 - 17 （a）、图 5 - 17 （b）分别为磁芯的简化磁化曲线和激励磁场波形。当被测磁场 $B_0 = 0$ 时，磁芯的磁感应强度波形上下对称，则二次线圈感应的谐波互相抵消，从而使总输出电势为零。

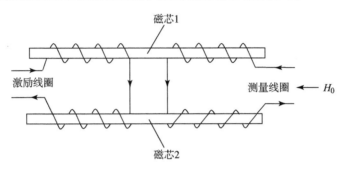

图 5 - 16　常用的双磁芯磁通门探头

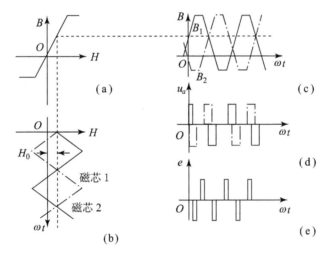

图 5 - 17　双芯磁通门探头工作原理

（a）磁芯的简化磁化曲线；（b）激励磁场波形；（c）交变磁感应强度波形；
（d）磁导率曲线；（e）合成电势输出波形

当沿磁芯的轴向有被测磁场作用时，每个磁芯所产生的交变磁感应强度在正、负半周内的饱和程度不一样，它们产生一个不对称的梯形磁感应强度 B_1、B_2，如图 5 - 17 （c）所示，其相位差为 180°。因此，当被测磁场 $B_0 \neq 0$ 时，磁芯中总的磁感应强度将有一变化：

$$\Delta B(t) = \mu_a(t) B_0 \tag{5 - 19}$$

式中，视在磁导率 μ_a 随磁芯的磁化状态而变化，即在磁芯 1 和磁芯 2 中的磁感应强度分别为

$$B_1(t) = B_e(t) + \mu_a(t) B_0$$
$$B_2(t) = - B_e(t) + \mu_a(t) B_0 \tag{5 - 20}$$

式中　$B_e(t)$——激励磁场在磁芯中产生的磁感应强度。

因此，次级测量线圈中的总感应电势为

$$e = -N_2A\left[\frac{\mathrm{d}B_1(t)}{\mathrm{d}t} + \frac{\mathrm{d}B_2(t)}{\mathrm{d}t}\right]$$

$$= -2N_2AB_0\frac{\mathrm{d}\mu_a(t)}{\mathrm{d}t} \qquad (5-21)$$

式中　N_2——测量线圈匝数；

　　　A——测量线圈面积（m^2）。

由式（5-21）可以看出，测量线圈的感应电动势来源于被测磁场中的探头磁芯的视在磁导率 μ_a 随时间变化，如图5-17（d）所示。

最后合成的输出电动势波形如图5-17（e）所示。

磁通门探头是构成磁强计的核心部分，它由铁磁材料的磁芯及在其上缠绕的激励线圈、探测线圈和补偿线圈等构成。

当采用三角波激励时，可求出输出电压的二次谐波幅值为

$$e_2 = 16fN_2AB_0\mu_a\sin(\pi H_s/H_m) \qquad (5-22)$$

由此可见，探头输出电动势的二次谐波幅值与被测磁场的磁感应强度 B_0 成正比，并且探头的灵敏度（e_2/B_0）与激励频率 f、探头的有效面积 A、次级线圈的匝数 N_2 以及铁芯的视在磁导率 $\mu_a(t)$ 成正比，同时与 H_s/H_m 值有关。

5.7.2　基本测量电路

根据不同的需要，磁通门测量电路有多种形式，在大多数应用中采用二次谐波反馈电路。其典型的测量电路如图5-18所示。

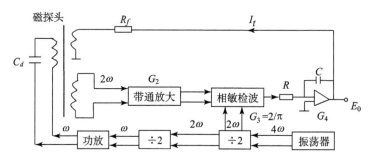

图5-18　磁通门典型的测量电路

图5-18中，2ω 的参考方波和 ω 的激励波都是由一个 4ω 的振荡器用逐次分频电路构成的。激励波形一般采用正弦波。

探头输出的二次谐波经带通放大后，通过相敏检波和积分，使输出 E_0 成为一个纯直流电压。输出经反馈电阻 R_f 而加至反馈线圈。反馈电流与被测磁场 B_0 成正比。

由上述测量电路构成的磁强计的输出电压 E_0 与被测磁场 B_0 关系为

$$E_0 = (B_0R_f/K)(1 - 1/G_{0L}) \qquad (5-23)$$

式中　K——反馈线圈常数；

　　　G_{0L}——磁强计的开环总增益。

当 $G_{0L} \gg 1$ 时, $E_0 \approx B_0 R_f/K$。

5.7.3 磁通门法的应用

磁通门磁强计广泛应用于探潜、航空以及地址研究、磁法勘探和外层空间的磁测量。由磁通门法构成的仪器具有简单、灵敏、可靠等特性,能够直接测量磁场的分量。目前,仪器的分辨率可达 0.01 nT,温漂小至 ±0.2 nT,频率响应可到 1 000 Hz,功耗低到 120 mW 以下。

磁通门法除了应用于磁场强度测量外,还可以用于测量磁方位。磁通门数字罗盘就是把反映磁方位的非电量信息转换为电信息,并用数字量直接显示磁方位。

5.8 磁光效应法

当偏振光通过有磁场作用的某些各向异性介质时,由于介质电磁特性的变化,使光的偏振面(电场振动面)发生旋转,这种现象称为磁光效应。磁光效应法即是利用磁场对光和介质的相互作用而产生的磁光效应来测量磁场的一种方法。

根据产生磁光效应时所通过的介质(样品)是透射的还是反射的性质,磁光效应可分为法拉第(Farady)磁光效应和克尔(Kerr)磁光效应。

5.8.1 法拉第磁光效应

法拉第磁光效应原理图如图 5-19 所示,把具有良好透射率的磁光材料如铅玻璃等放在磁感应强度为 B_0 的螺线管中,由光源发射的光线经平行光管变成平行光,经起偏器变成偏振光。如果偏振光的传播方向和磁场的方向一致,则偏振光在磁场的作用下,将引起偏振面的旋转,此现象即为法拉第磁光效应。

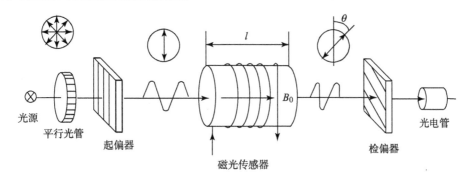

图 5-19 法拉第磁光效应原理图

偏振面旋转角度 θ 与透射介质中的光程 l 以及外加磁场的磁感应强度 B_0 成正比,即

$$\theta = \rho l B_0 \tag{5-24}$$

式中 ρ ——费尔德常数,一般小于 10 rad/mT。

5.8.2 克尔磁光效应

平面偏振光从被外磁场磁化的物质表面反射而产生椭圆偏振光,使其偏振面相对于入射光发生旋转的现象称为克尔效应。

旋转方向与磁化方向有关，旋转角度 θ 与物质的总磁化强度 M 成正比，即

$$\theta = K_K M \qquad\qquad (5-25)$$

式中　K_K——克尔常数，它取决于光的波长和温度，通常具有 2×10^{-3} 的数量级。

克尔效应的工作介质仅为铁磁体。用它来测量磁感应强度的范围比较狭窄，主要是用来测量铁磁样品的磁特性。

利用磁光效应法测磁场具有以下优点：能够实现耐高温、耐腐蚀、耐绝缘，实现一般方法不能进行的磁场测量；由于传感器的温度系数小，扩展了测量的工作温度范围（由液氦至室温和更高温度）；可测量非正弦波磁场；由于利用光传输，因而没有带电的引线引入被测磁场，提高了测量的可靠性。

其缺点是照明和光系统的焦距调整比较复杂，由于受分辨率的影响，其下限范围受到限制。

5.9　磁致伸缩磁强计

某些金属如铁、镍在磁场作用下其尺寸或形状改变的现象称为磁致伸缩。

磁致伸缩型光纤磁强计是利用紧贴在光纤上的铁磁材料如镍、金属玻璃等，在磁场中的磁致伸缩效应下测量磁场。这类铁磁材料在磁场作用下其长度发生变化，与它紧贴的光纤会产生纵向应变，使得光纤的折射率和长度发生变化，因而引起光的相位发生变化，用光学中的干涉仪测得此相位变化，从而求出被测磁场。

磁致伸缩型光纤磁强计中的传感器结构大致分为三种，即轴型、涂层型和带状型，如图 5-20 所示。

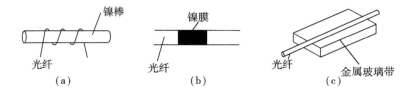

图 5-20　磁致伸缩型光纤传感器

(a) 轴型；(b) 涂层型；(c) 带状型

图 5-20（a）为轴型，将光纤紧绕在具有磁致伸缩特性的圆柱体上；

图 5-20（b）为涂层型，将磁致伸缩材料用真空蒸发或电镀在光纤上，形成很薄的薄膜；

图 5-20（c）为带状型，将光纤粘在金属玻璃薄带上。

磁致伸缩型光纤磁强计的检测系统，主要采用光学干涉仪来测量光的相位变化。图 5-21 所示为测量磁场的全光纤马赫 - 曾德尔干涉仪，由激光器发出的光经耦合器 1 分成两束光，进入由光纤构成的测量臂和参考臂，这两个臂的长度相等，测量臂上沉积有磁致伸缩材料，当放入被测磁场中时，由于磁致伸缩效应使得测量臂长度变化，从而两臂之间出现磁致光程差或相位差 $\Delta\varphi$，而 $\Delta\varphi$ 正比于 B，测出 $\Delta\varphi$ 便能求得磁场 B。然而，光的相位变化是不容易直接测量的。实用中，将光的相位变化转变为电信号以便测量。为此，将磁场作用后两臂的光耦合在一起发生干涉，经耦合器 2 又分为两束光，再分别由光电二极管 VD_1 和 VD_2 接

收，产生电压信号 U_1 和 U_2，最后处理电路得出正比于被测磁场 B 的电压 U_3。

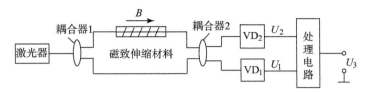

图 5 - 21 测量磁场的全光纤型马赫 - 曾德尔干涉仪

磁致伸缩型光纤磁强计用于测量微弱磁场，其灵敏度高达 5×10^{-12} T/m，仅次于超导量子磁强计。

5.10 GMR 效应及 GMR 传感器

1988 年，Baibich 及其同事首次公布了 GMR（Giant Magnetoresistive Effect）效应，他们发现最初磁化方向不平行的三明治多层结构经过强磁场磁化后，其电阻降低了 50% 以上。因为电阻的降低非常大，所以他们把这种效应称为巨磁电阻（GMR）效应，该术语一直沿用至今。

GMR 结构至少由上、下两层铁磁薄膜和中间一层非铁磁材料构成。图 5 - 22 所示为 GMR 的基本结构示意图。这种"三明治"结构的电阻取决于铁磁膜磁化方向的相对关系。当薄膜的磁场方向相互反平行时，电阻最大；当薄膜的磁场方向相互同向平行时，电阻最小。磁场方向的改变是由外加磁场引起的。试验证明，电流方向可以平行或垂直于膜内磁场方向，也就是说，GMR 效应是各向同性的。

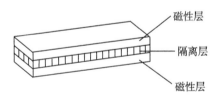

图 5 - 22 GMR 的基本结构示意图

5.10.1 GMR 效应原理

GMR 效应的理论模型——双电流模型认为铁磁材料的能带分为两个子能带：一个子能带中的电子自旋方向与磁化方向平行（自旋向上的电子），另一个子能带中的电子自旋方向与磁化方向反平行（自旋向下的电子）。自旋向上和自旋向下的 d 电子，其费米能态不同，散射率也不同。例如，在铁磁材料中自旋向上的能带是充满的，$s - d$ 散射不可能出现；而自旋向下的能带情况与此相反，$s - d$ 散射就可能出现。因此，自旋向下的电子散射比自旋向上的电子散射更为有效。对应于自旋向上和自旋向下的电子，分别有两个独立的通道，两个通道的平均自由程和电阻不同。自旋向上的电子，其自旋方向平行于磁化方向，受到的散射作用很弱；自旋向下的电子，其自旋方向反平行于磁化方向，受到的散射作用很强。自旋向上的电子其平均自由程比自旋向下的电子的平均自由程大 5 倍。

由于传导电子的自旋相关散射是巨磁电阻（GMR）效应的主要原因，所以确定散射的位置来源显得非常重要。散射的位置有两个：一是层内散射，这是大量的散射；二是界面散射。试验研究和理论计算都证明界面散射更为重要。

磁化方向平行排列时，自旋向上的电子两次穿过电阻率较小的薄膜，而自旋向下的电子两次穿过电阻率较大的薄膜。这种情况可以用图 5 – 23 （a）所示电阻网络来表示，且认为两电流独立流动。

当反平行排列时，自旋向上、向下的电子都需穿过两个电阻，该情况可以用图 5 – 23 （b）所示的电阻网络来表示。

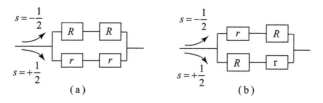

图 5 – 23　自旋相关散射结构网络模型
（a）平行排列；（b）反平行排列

平行排列时电阻率为

$$\rho_F = \frac{2\rho_{M\uparrow}\rho_{M\downarrow}}{\rho_{M\uparrow} + \rho_{M\downarrow}} \tag{5 – 26}$$

反平行排列时电阻率为

$$\rho_{AF} = \frac{\rho_{M\uparrow} + \rho_{M\downarrow}}{2} \tag{5 – 27}$$

磁电阻比为

$$\frac{\Delta\rho}{\rho} = \frac{\rho_{AF} - \rho_F}{\rho_{AF}} = \left(\frac{\alpha - 1}{\alpha + 1}\right)^2 \tag{5 – 28}$$

式中，$\alpha = \rho_{M\downarrow} / \rho_{M\uparrow}$。

例如 Co/Cu 多层结构的电阻率 $\rho_{M\uparrow}$、$\rho_{M\downarrow}$ 经计算得

$$\rho_{M\downarrow} = 80~\mu\Omega \cdot cm, \rho_{M\uparrow} = 5~\mu\Omega \cdot cm$$

则 $\Delta\rho/\rho = 78\%$，计算说明磁化方向反平行排列时的电阻比平行排列时要大许多。

5.10.2　GMR 传感器

对 GMR 传感器的研究过去主要集中在读头和存储器元件，现在对纯磁场传感器或变送器（输出信号为电压）的研究方面也取得了一定的成就。目前，国外市场上能买到的 GMR 传感器有两种：一种是 NVE（Nonvolatile Electronics）公司制作的传感器，另一种是西门子公司制作的传感器。GMR 传感器用于数据存储系统目前已实现。国内，深圳市华夏磁电子技术开发有限公司已从事 GMR 磁传感器芯片的研制与生产，产品有 HME SW301 等传感器芯片。

图 5 – 24 给出了 NVE 公司制作的 GMR 传感器工作示意图。

R_1、R_4 被置于由高磁导率制作的方形聚磁器两相对平面之间。两个磁电阻 R_2、R_3 上覆

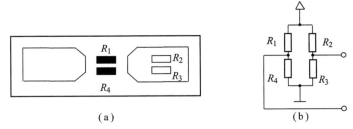

图 5 – 24　GMR 传感器工作示意图

盖上高磁导率材料，使它们被屏蔽，不受外界磁场的影响。置于桥路中的被动磁电阻起到温度补偿器的作用，来消除温漂。当加上 5 V 的供电电压时（桥阻 5 kΩ），灵敏度为 62 mV·$(kA \cdot m^{-1})^{-1}$。可用作梯度传感器，也可以通过用角度测量来探测齿轮的轮齿。

GMR 传感器可探测磁场范围较大，在同样面积和供电电压的情况下，其输出信号较磁阻传感器（MR）大得多。在灵敏度、线性度、温度和时间稳定性方面也很好，体积可以做得很小。GMR 传感器的工作频率很宽，为 0 ~ 100 MHz。

GMR 传感器直接检测的是磁场，并且对磁场的微小变化很敏感，也常与磁性材料配合精确测量位置或位移。还可以构成电流传感器或检测器，通过对载流导体周围磁场的测量来检测流经导体的电流强度。

5.11　磁探测技术的应用

5.11.1　线圈法地磁探测用于空炸引信实例

现代战争中，对弹丸炸点精度要求越来越高，而基于转数测量的引信控制炸点的方法从原理上讲是一种精度较高的方法，具有结构简单、定距精确，与弹丸初速无关等特点。

对于小口径空炸引信的计转数技术，首先要选用合适的技术手段来测量弹丸飞行过程中的转动特性。其中遥测主要是利用在弹丸上安装适当传感器，感应弹丸转速变化，经过数据处理，得到弹丸转速。国内外有多种计转数方法，主要有光电法、离心法、章动法和地磁法。其中，地磁法由于信号源（地磁）无处不在、易于处理等特点，适用于任何旋转弹引信转数测量。

如图 5 – 25 所示，地磁法采用线圈等作为地磁传感器，利用地磁场感应线圈感应地磁场方向变化，当闭合线圈平面法线与地磁线呈一角度 θ，并以 ω 绕平面轴线旋转时，在线圈内将产生感应电动势 ε，且满足关系式

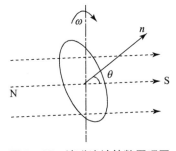

图 5 – 25　地磁法计转数原理图

$$\varepsilon = -N \frac{\mathrm{d}B \cdot S}{\mathrm{d}t} \tag{5-29}$$

式中，B 为地磁场强度，N 为线圈匝数，S 为线圈平面的面积，则

$$\varepsilon = -N \frac{\mathrm{d}B \cdot S}{\mathrm{d}t} = -NBS \frac{\mathrm{d}\cos\theta}{\mathrm{d}t} = -NBS\sin\theta \frac{\mathrm{d}\theta}{\mathrm{d}t} = NBS\omega\sin\theta \tag{5-30}$$

由此可见，当弹丸旋转一周，对应着地磁传感器输出信号正弦波的一个周期。

地磁计转数传感器通过对由于弹丸中的感应线圈切割地磁而产生的感应电动势的周期性变化来确定弹丸转数值。弹丸在弹道上飞行时，特征参量曲线中的每两个波峰或波谷间的时间间隔与弹丸转一周的时间相近，且两者间的误差为系统误差，经过修正后可用这一间隔数作为弹丸转过的转数信号，为此，只要能测出特征参量曲线中波峰或波谷的个数，即可得到弹丸转过的转数。

在弹丸发射前或发射时，可以根据定距要求对转数进行装定。对于某种弹丸来讲，在弹丸及发射火炮有关参数确定的情况下，在膛内弹丸转一圈沿弹丸速度方向飞行的距离为一个导程值，导程是一固定值。设出炮口时，弹丸每转一圈前进的导程为 l_{d0}，导程 l_{d0} 与初速的大小无关。设 S 为弹丸行程，对低伸弹道，在弹道直线段，可得理想装定转数 $N_{虚}$ 为

$$N_{虚} = \frac{S}{l_{d0}} \tag{5-31}$$

然而，在实际飞行中，弹丸的初速下降得较快，而转速下降得较慢，所以，每转一圈前进的距离有所减小，这样就造成了到达定距起爆点的转数 $N_{实}$ 与 $N_{虚}$ 的差异。在轻武器弹药中，这个误差值可达 2%，可以通过修正系数 k 来消除该误差。

给定 S，取炸点高度 $Y = 1.2 \sim 2.0$ m，在初速一定情况下，对于不同射角 θ_0，由外弹道基本方程和经修正的计算转速的斯列斯金公式，可以计算出理想气象条件下的实际转数 $N_{实}$，那么，修正系数 k 为

$$k = \frac{N_{实}}{N_{虚}} = \frac{l_{d0} \cdot f(S, \theta_0)}{S} \tag{5-32}$$

由式（5-32）可见，k 是与 S 相关的且略大于 1 的数。进一步研究已证明，θ_0 较小时，θ_0 对 k 几乎无影响。则 $N_{实}$ 为

$$N_{实} = k \cdot N_{虚} \tag{5-33}$$

同理，可以考虑气象条件下的修正。设修正系数为 k_1，k_1 是在 1 附近的一个数，根据外弹道理论计算得到。k_1 也是 S 的函数，并与地面温度 T 有关，即

$$k_1 = f_1(S, T) \tag{5-34}$$

实际应用时可以绘制射表并通过查表得到。于是

$$N_{实} = k \cdot k_1 \cdot N_{虚} \tag{5-35}$$

建立的表格也可以化为相应的回归公式，装入单片机，实现自动装定。

对传感器输出特征参量信号的检测方法有峰值检测、阈值检测及过零检测三种，而过零检测属于阈值检测的一种。由于波峰或波谷点不易测量，因此可以采用给定一个阈值，利用比较器判断曲线上过阈值点的个数，此数值作为弹丸的转数值，进而得到弹丸的转数数据。实现这一定距技术的电路框图如图 5-26 所示。

地磁计转数定距引信的电路由感应线圈、放大整形电路、过零比较器、计数电路和驱动

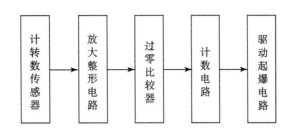

图 5 – 26　计转数定距引信电路框图

起爆电路组成。由于传感器输出的感应电动势幅值很小，必须经过放大电路进行放大整形，才能得到一定幅值的规整信号，再经过过零比较器进行比较得到方波信号，其输出就可以接计数电路。由于一个周期的波形经过过零比较器可以至少转换成一高一低两个状态，所以计数精度可以达到 1/2 转。计数电路记录弹丸飞行的转数，当达到预定的转数值时，发出脉冲驱动信号，传给驱动起爆电路，使引信工作。

由此可以看出，地磁计转数定距技术易于实现，地磁计转数传感器具有体积小、后续信号处理电路简单、转数测量稳定等优点，可以得到广泛的应用。

为了最大可能利用引信空间，增大地磁线圈有效面积而又仅仅占用很小体积，可以在电路模块的印制电路板的侧周加工一个 U 形槽，把漆包线直接绕制在印制电路板上。采取这种方法，不仅解决了传感器占用引信体体积的难题，而且结构简单、安装方便、连接可靠。通过计转数试验，证实了这一方案的可行性。

5.11.2　水下声、磁复合探测技术及应用

无论是在鱼雷防御还是鱼雷对抗系统中，探测手段至关重要。目前主要所用的探测手段是声呐探测。声呐作为水下探测工具，对水面舰艇和潜艇来说至关重要，在鱼雷防御、对抗系统中亦是如此。

声引信按工作原理分为被动声引信和主动声引信。被动声引信是以目标的辐射噪声作为动作信号的，由于目标辐射噪声声压大约随目标航速的三次方成正比变化，因此，反映目标绝对值的静声引信是难以确保其动作区域性要求的。主动声引信是利用回声来探测目标的，因而与目标的辐射噪声和噪声性质无关。

声呐探测也有其固有的不足之处，主动声呐探测易被敌方发现，被动声呐由于现代的潜艇、鱼雷通过动力、结构各方面的改进，会越来越安静，产生的声信号十分微弱，难以把信号和噪声区分开来；抗干扰能力较差，如水声对抗中所用的气幕弹，它能形成一层气泡，该气泡具有声屏蔽和声反射作用，使声探测设备的探测作用距离降低；近距离探测能力较差，海洋背景噪声持续增大，使目标识别难度提高。

舰船、潜艇和鱼雷存在于海水中，其周围空间将出现不同性质的各类场，包括声场、磁场、电磁场、水压场等。其中舰船磁场（或潜艇和鱼雷磁场）是舰船周围能测到的舰船磁性空间域，主要是因船体、机械设备和武器装备的铁磁材料在地磁场中被磁化而形成的。虽然，它们自身的磁场可以通过消磁过程得以减小，但是它们终究是铁磁材料制成的物体，会对周围地磁场产生影响。所以，用磁敏传感器探测周围地磁场状况，仍然能获得舰船、潜艇和鱼雷的位置、运动情况。

鱼雷磁引信按工作原理分为以下基本类型。

（1）发电机式磁引信

其工作原理是基于在外磁场中（包含被测磁场）旋转运动的线圈的电磁感应原理而研制成的。

（2）感应式磁引信

这种引信的磁传感器是带铁芯的感应线圈，传感器与雷体固定连接，所以它反映外磁场的时间变化率，为动磁引信。在理想情况下，这种引信对当地地磁场不发生反应。但是鱼雷纵倾、横倾等运动姿态的不稳定性，以及回旋运动等，通过感应线圈中的地磁场（分量）的磁通量将随时间而变化，产生环境干扰。

（3）差动式磁引信

反映空间两点之间磁感应强度绝对值之差的磁引信称为差动静磁引信。

这种引信需要两个参数完全相同的磁传感器，两者的连接方式使两传感器接收磁场信号之差，即

$$B(l_1) - B(l_2) = \frac{dB}{dl} \cdot \Delta l \qquad (5-36)$$

式中，$B(l_1)$、$B(l_2)$ 分别为 l_1、l_2 处传感器接收到的磁感应强度；Δl 为两个传感器之间的距离，$\Delta l = l_1 - l_2$。

在均匀外磁场作用下，应使两个传感器的合成输出为零。为提高引信灵敏度，两个传感器之间的距离应尽可能大。由于这种引信对鱼雷姿态变化在两个传感器中所引起的干扰值相同，其差动输出为零。因此，差动式磁引信有较好的抗干扰稳定性。

反映空间两点之间磁感应强度变化率之差的磁引信称为差动动磁引信。

这种磁引信需要在鱼雷头中放置两个感应线圈。为提高引信灵敏度，两个传感器之间的距离应尽可能大。其优点与差动静磁引信相同。

鉴于声呐探测在反潜艇、反鱼雷方面存在的不足以及磁探测所具有的优势，西方国家把声呐能够远距离探测、预警的长处和磁探测等其他探测方式复合形成声、磁复合探测体制，并用于水雷、鱼雷等引信中。如俄罗斯 AMⅡ-1 型水雷采用声磁复合引信，意大利的 WP-900 型水雷采用全向声、定向声、磁和水压联合引信。

思考题

1. 什么是电磁效应？常用的电磁效应有哪几种？
2. 霍尔型传感器的工作原理是什么？
3. 什么是磁阻效应？
4. 磁阻传感器有哪些特点？举例说明磁阻传感器的应用。
5. 什么是核磁共振现象？
6. 固定介质核磁共振测量仪的工作原理是什么？试述各部分作用。
7. 自由进动磁强计的工作原理是什么？
8. 磁通门法是如何进行磁场测量的？
9. 磁通门磁强计有哪些应用？
10. 什么是克尔效应？利用磁光效应法测磁场具有哪些优点？

11. 磁致伸缩型光纤磁强计是如何进行工作的？

12. 什么是巨磁电阻（GMR）效应？GMR 结构的一般形式是什么？

13. GMR 传感器具有哪些特点？有哪些应用？

14. 地磁法计转数的基本原理是什么？

15. 鱼雷磁引信的工作原理是什么？有哪几种基本类型？

第6章

激光探测技术

随着激光技术、激光器件的快速发展，激光技术在军事及民用的各个领域应用日趋广泛，特别是在军事技术中，在激光雷达、激光制导、激光测距、激光模拟、强激光武器、激光致盲武器、激光陀螺、激光引信等多个领域得到了广泛的应用。除激光模拟、强激光武器、激光陀螺之外，更多的是把激光作为一种探测手段加以应用的。特别是因为激光具有方向性好、亮度高、单色性好、相干性好，且波长处于光波频段等本质属性，使得应用激光作为探测手段的各种新型探测系统在探测精度、探测距离、角分辨率、抵抗自然和人为干扰能力等方面都比原有系统有较大幅度的提高。现代战场中，电磁环境日益恶化，特别是人为电磁干扰使无线电近炸引信的生存能力和正常作用能力受到极大的威胁。激光探测技术恰恰为无线电探测提供了必要的补充，因其自身的特性，抗干扰抵抗能力较强，所以被大量地用于现代武器系统中。本章主要对激光技术在军事方面应用的原理、技术途径以及相应的系统设计给予介绍。

6.1 激光探测技术的特点

激光技术出现于 20 世纪 60 年代。可以认为激光是包括无线电波、毫米波在内的电磁波向光频段上的扩展，因此，许多原本应用于无线电波的大量成熟技术可以以极快的速度向激光技术移植，并在许多原本使用无线电波的技术领域得到迅速的应用。由于激光本质上具有优越的特性，使得应用激光作为新探测手段的系统在性能上得到了较大的提高，或是实现了新的系统功能。

激光具有以下特点。

①方向性强。激光束的发散角很小，比普通光和微波的波束小 2 ~ 3 个数量级，因此，激光束在空间传播时能量高度集中，在相同的发射功率下，探测距离较远。

②单色性好。激光的光谱范围极窄，如国产 GJ90XXT 系列脉冲半导体激光器的峰值波长 $\lambda_P = 880 \sim 920$ nm，光谱半宽 $\Delta\lambda \leqslant 5$ nm。其他种类的激光器相比半导体激光器有更好的单色性。这一特点使得作为探测光源的激光可提供较好的抗太阳或背景等自然光干扰的特性。

③相干性好。激光是受激辐射形成的，对于各个发光中心发出的光波，其传播方向、振动方向、频率和相位均完全一致，因此，激光具有良好的时间和空间相干性。

④亮度高、峰值功率大，探测距离远。

激光近炸引信是激光探测技术与近炸引信技术相结合的产物。其中激光探测为实现引信的近炸功能提供了技术基础和有效的探测手段，并决定了它的本质特性；而近炸引信的战术、技术条件和特点则为这种新技术规定了用途、设计方法和准则，使其成为一个具有鲜明特色、有别于其他激光探测领域的系统技术。

相比于激光测距，激光近炸引信具有以下特殊要求。

①近程、超近程探测。近炸引信与测距机、雷达最明显的不同在于探测距离，后两者通常要求有较远的探测距离，一般为几千米到几十千米，甚至更远；但近炸引信的作用距离通常很近，只有几米到十几米，甚至 1 m 以下。然而大多数的激光雷达、激光测距机在小于 100 m 或几十米的距离范围内存在盲区，使得它们采用的某些探测体制在近炸引信这种要求超近距离探测的场合下并不适用。另外，当利用激光脉冲往返时间测定距离时，迫弹近炸引信要求的作用为 1~5 m，则对应的往返时间只有 6.7~33.5 ns，对这么短的时间进行精确测量，给这种作用体制的激光近炸引信的设计提出了特殊的要求，因此，在测距体制及信号处理方法上也必须采取新的对策。

②只要求单点"定距"，而不要求大空间范围的"测距"。

③体积小、功耗低。这一要求是激光引信设计中的主要约束条件。

④高过载环境。激光近炸引信目前已在导弹、航空炸弹、迫弹等多种武器系统中得到应用，在大部分的发射武器弹药中，引信都必须承受很大的过载加速度，一般为几百到上万个 g。这种特殊的工作环境使得大多数现存的激光器种类都不能正常工作，而只有半导体激光器由于其自身结构和工艺上的特点，能够适应引信的这一要求。

⑤弹目之间存在高速运动。无论弹丸的作用目标是空中目标、地面目标还是海上目标，引信与目标之间总是存在着较高速度的相对运动，或者是弹目同时运动，或者是目标静止，弹丸运动。这种相对运动是否会对定距精度造成影响，进行系统设计时应予以考虑。一般来说，这种影响总是与发射激光脉冲的重复频率联系在一起的。特别是对于多脉冲积累定距体制，弹目相对运动速度将成为一项重要的误差而影响定距精度。

6.2　激光引信探测与识别的作用体制

在目前使用的激光近炸引信中，主要有几何截断定距（又称三角定距法）和距离选通定距两种作用体制；而激光定距技术在子母弹的母弹开仓 50~100 m 远距离作用引信中的应用前景，提出了适用于远距离定距的激光脉冲测距机体制；另外，在多用途迫弹近炸引信中，要求作用高度（距离）分段可调，云爆弹近炸引信中对定距精度要求非常高，针对这些要求提出了可达到更高定距精度和作用距离可装定的脉冲鉴相定距体制。下面对五种激光近炸引信作用体制分别论述。

6.2.1　几何截断定距体制

几何截断定距体制又称三角定距法，在各种导弹特别是反坦克导弹、反武装直升机导弹和各种打击空中目标的导弹激光近炸引信中应用非常广泛。这种定距体制在原理上是激光特点与近炸引信特定要求相结合的新产物，但从系统设计角度却仍与激光测距、激光雷达技术、无线电近炸引信技术有很多的相似之处。下面主要针对几何截断体制原理、应用及系统设计中的特殊问题进行讨论。

1. 作用原理

对应用于空空、地空导弹的激光近炸引信，要求引信在弹体周向具备全向探测的能力，这通常要使用多组激光发射器和接收器来实现，即引信发射机和接收机在弹体周向均匀排列（通常使用 4~6 组），发射光学系统先对激光器发出的较大束散角的光束进行准直，然后用柱镜或反射光锥、光楔在弹体径向进行扩束，通常使用 4~6 个象限使之形成 360°发射视场角。接收光学系统用浸没透镜或抛物面反射镜使之形成 360°的接收视场角。图 6-1 所示为几何截断体制激光近炸引信作用原理框图，在垂直弹轴的方向上，很窄的发射激光束和接收机接收视场交叉而形成了一个重叠的区域，只有当目标进入这个区域，接收机才能探测到目标反射的激光回波。重叠区域的范围对应着引信最大和最小作用距离。

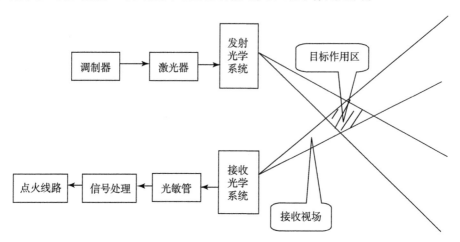

图 6-1 几何截断定距体制激光近炸引信作用原理框图

对于应用于反坦克破甲弹的激光近炸引信，只要求前向目标探测，一般只要使用一组发射接收机即可达到要求。发射机、接收机分别安装于弹体头部的圆截面直径的两端，发射光束的束散角（即发射机视场角）和接收机视场角基本相同，但由于安装方向具有一定的倾斜角度，使发射光束与接收机视场在前方某一区域重叠，发射光束轴线和接收光束轴线交会于一点，构成三角形，其底边上的高即为引信的作用距离。当目标进入重叠区，接收机探测到目标回波，经光电转换、放大、输出一系列脉冲信号，其包络曲线的最大值对应于引信的作用距离。

2. 几何截断定距体制的特点

几何截断定距体制的产生基于激光和近炸引信两个特点：

①激光工作于电磁波的光波段，波长极小，故其发射和接收视场的几何参数可以比较容易地使用光学元件精确控制；

②近炸引信一般只要求对超近程目标进行探测。

这种体制的优点如下：

①定距精度很高，对全向探测激光近炸引信一般作用半径为 3~9 m，截止距离精度可达到±0.5 m；对前向探测激光近炸引信作用距离一般在 1 m 以下，定距精度可达±0.1 m；

②全向探测激光近炸引信采用几何截断定距体制，可在提供 360°的周向探测范围与只需较简单地处理电路两方面提供较好的统一。

由几何截断体制上述的优点，可见这种体制非常适合用于对空中目标进行探测的近炸引信，如空空导弹、地空导弹等；同时，对于要求作用距离极近、精度要求相应也非常高的地面目标近炸引信，由于使用其他体制难以达到要求，几何截断体制也显示出了自身特有的优势。

这种体制也存在着以下一些局限性。

①定距精度受目标特性变化和作用距离影响较大。由上小节的原理介绍可知，引信的作用区域由发射视场和接收视场的光路交叉重叠形成，但对于要求作用距离较远的情况，难以控制发射视场和接收视场在较远处得到较小的重叠区域；对于目标反射特性差别较大的情况，脉冲包络的幅度变化较大，难以设置统一的作用门限。特别是目前坦克、战车、武装直升机等越来越多地使用各种光学特性差别很大的涂层、迷彩和外挂物等，这使得即使在作用距离较近的前向定距场合，为达到较高的定距精度，也不得不考虑采用其他对目标反射特性不敏感的定距体制。

②作用距离不能现场装定。虽然几何截断体制的作用距离可通过调整发射与接收装置的视场角度来实现，但这只限于设计阶段，而不能做到在战场情况下针对不同战术要求现场装定最佳作用距离。

因此，这种体制并不适用于要求作用距离稍远或目标反射特性变化较大以及要求作用距离可现场装定等许多激光近炸引信。

6.2.2　距离选通定距体制

1. 作用原理

距离选通式激光近炸引信作用原理框图如图 6 – 2 所示，脉冲激光电源激励脉冲半导体激光器发射峰值功率较高的光脉冲（几瓦到 100 W，主要取决于作用距离），通过发射光学系统形成一定形状的激光束，光脉冲照射到目标后，一部分光反射到接收光学系统，经接收光学系统会聚在光电探测器上，输出电脉冲信号，经放大、整形等处理后送到选通器。另外，在激光脉冲电源激励半导体激光器的同时，激励信号经延迟器适当的延迟后，控制选通器。因此，只要选择适当的延迟时间，就可以使预定距离范围内的目标反射信号通过选通器到达点火电路，但在此距离之外的目标回波信号无法通过选通器，难以实现在预定的距离范围内起爆。

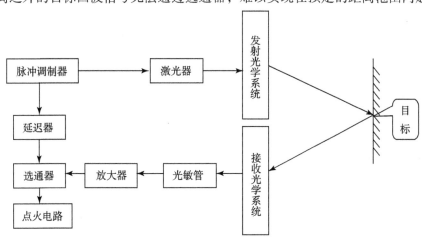

图 6 – 2　距离选通式激光近炸引信作用原理框图

2. 距离选通定距体制的特点

距离选通定距体制，可以说是脉冲激光测距技术与脉冲无线电引信技术相结合的产物。它采用测定激光脉冲从弹上发射机到目标往返飞行时间的方法确定弹目距离，原理和发射、接收技术都与脉冲式激光测距机类似，只是由于探测距离要求极近和对系统体积功耗等的限制，两者测定时间间隔的方法存在较大区别。

脉冲测距机采用选通门 + 晶体振荡器 + 计数器的方法，适于测定在较大作用范围内连续变化的距离，并且在无须重新调整的情况下，对任一未知目标距离进行探测。但在近炸引信这种要求在超近距离范围内精确定距的场合，如果使用与测距机相同的计时方法，则为达到系统精度指标，必须采用性能稳定的高频振荡器和工作速度极快的计数器。例如，在要求定距精度为 1 m 的情况下，要求晶体振荡频率和计数器工作速度为 150 MHz，通常在引信这种工作环境恶劣、对体积功耗要求较苛刻的场合，要达到这样高的系统性能代价较大，特别是高稳定度高振荡频率的晶振。

在距离选通定距体制的激光近炸引信中，实际采用的是由脉冲无线电近炸引信借鉴而来的距离选通门方法。这是由近炸引信的不同于测距机的特点决定的。

①近炸引信属超近距离探测，使用距离门定距通常不会出现距离模糊的问题。

②近炸引信通常只要求对作用目标"定距"，即只对目标是否已进入作用区感兴趣，而对目标不处于作用区时的每一个具体的距离信息不关心。因此，只要求对单一距离进行测定。而测距机则要求对目标"测距"，即要求对作用范围内的任何目标、任何时刻的距离信息都能连续测定。

与几何截断体制相比，距离选通体制具有如下优点。

①采用回波脉冲的相位信息判断距离，在激光近炸引信中，目标是否进入预定距离一般可通过两种方法判断：一是回波脉冲信号的强度，二是回波脉冲与参考脉冲的相位延迟信息。由激光近炸引信的作用距离方程可知，影响回波信号的强度的因素不仅仅是距离，还有发射激光脉冲的功率波动、目标的光学特性（包括粗糙度、反射率）和大气传输条件等，因而在各种影响因素不能得到有效控制的情况下，难以达到较高的定距精度。而目标回波脉冲与参考脉冲之间的相位差的主要决定因素是光波往返时间和光电系统内部延时，通常内部延时容易控制或补偿，因而可得到较高的定距精度。

②距离选通门就如同是一个品质因素很高的时空滤波器，从时间的角度来看，在极小占空比信号的"空"时间内，只有夹在距离门之间极短的时间段内的信号能够通过；从空间的角度来看，在由接收机灵敏度确定的最大作用距离以内，只有由距离门确定的预定距离的回波信号可以通过，从而大大降低了系统虚警率。

6.2.3 脉冲鉴相定距体制

1. 脉冲鉴相定距体制原理

脉冲鉴相定距体制是由距离选通定距体制改进和发展而来的一种系统综合性能更好的激光近炸引信定距方法。其定距原理如图 6-3 所示，激光脉冲电源激励脉冲半导体激光器发射光脉冲，经光学系统准直，照射到目标表面，一部分反射光由接收光学系统接收后，聚焦到探测器光敏面上，输出电脉冲信号，经放大、整形等处理后送到脉冲鉴相器。另外，在激光脉冲电源激励半导体激光器的同时，激励信号经延迟器适当的延迟后，送到脉冲鉴相器，作为基准脉冲与回波脉冲进行前沿相位比较，当两脉冲前沿重合，即表示目标在预定距离上时，给出起爆信号。

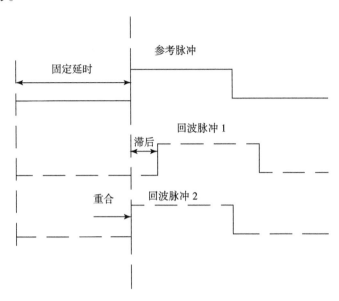

图 6 – 3　脉冲鉴相定距体制定距原理图

2. 脉冲鉴相定距体制特点

脉冲鉴相法使用脉冲前沿鉴相器代替原来的距离门，结合精密脉冲延时技术，在定距精度和灵活性上，都比距离选通体制有较大的提高。

①距离选通体制的"定距"通常是一个距离范围，只能靠减小距离门的时间间隔来逼近某一距离点，以达到更好的精度，而脉冲鉴相体制从理论上来讲探测的是一个固定的距离点，在能够精确控制光电系统内部延时的情况下，可以达到很高的定距精度。当然，由于鉴相器（建立时间）工作速度的影响，也存在一个模糊距离，即定距误差。

②脉冲鉴相法处理信息的主要对象是脉冲前沿的相位信息，表现在接收系统的设计思想上就是不失真地提取出脉冲的前沿相位信息，而把其他如幅度、脉宽、脉冲波形等信息剔除，或只作为抗干扰等辅助手段。这里的脉冲主要针对回波信号脉冲，因为它在空间传播、目标反射、光电转换、电脉冲放大过程中，前沿相位信息损失较大，需要精心处理才能得到恢复，而基准脉冲只经过电子延时器，前沿相位信息基本无损失，通常无须处理。

③由于鉴相器具有结构简单、使用灵活的特点，脉冲鉴相法结合可调节的电子脉冲延时器易于实现作用距离可现场装定的功能。另外，结合精密可调电子延时器可实现对系统延时的精确自动补偿，进一步提高系统定距精度，特别是对产品批量很大的常规武器弹药的生产和检验有较重大的现实意义。

④脉冲鉴相体制可以认为是距离选通定距体制的距离门所夹的时间或空间在减小到零时的一种极限情况，从这种意义上来说，它具有更好的时空滤波特性，即更好的抗干扰特性和更低的虚警率。

由上述脉冲鉴相定距体制的特点可见，这种方法非常适合应用于要求作用距离分档可调的迫弹激光近炸引信、对定距精度要求很高的云爆弹激光近炸引信和取代几何截断体制应用于要求精确定距的作用距离极近的反坦克弹药近炸引信中。

6.2.4 脉冲激光测距机定距体制

1. 脉冲激光测距机定距体制的原理

脉冲激光测距机定距体制的原理如图 6-4 所示，与用于雷达、火控等的脉冲激光测距机原理完全一样。激光脉冲发射器向目标发射一个激光脉冲，同时向门控电路输入一个由发射脉冲采样得到的光电脉冲，开启门控开关，由时钟晶振向计数器输出填充脉冲开始计时，当目标反射回波信号脉冲并经放大、整形，送到控制门并关闭门控开关，计数器停止计数。则由计数器所计填充脉冲数与晶振振荡周期就可得到距离信息。

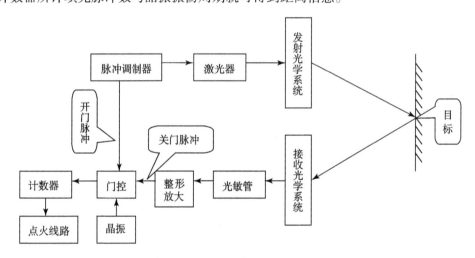

图 6-4 脉冲激光测距体制的原理图

2. 脉冲激光测距机定距体制的特点

脉冲激光测距机定距体制是专门针对激光探测技术在子母弹母弹开仓远距离作用引信中的应用前景提出的。因为母弹开仓引信要求的作用距离较远（50～100 m），而定距精度要求不高（约 10 m），所以对测距机中的关键电子部件晶体振荡频率和计数器的工作速度要求都较低，很容易满足要求。对于较远作用距离的情况，使用前面介绍的距离选通定距体制或脉冲鉴相体制，其优点并不能得到体现，但是，在这种体制中可以借用距离门的思想，采用软件或硬件的距离门提高抗干扰性能。使用脉冲激光测距机体制则较适合于远距离定距，且有较成熟的系统设计方法可以借鉴，与现有技术有良好的相容性。

6.2.5 伪随机编码定距体制

我们知道，自噪声或随机噪声一方面具有 δ 函数的自相关性，另一方面具有不同自噪声之间相关系数为零的特性。采用伪噪声编码技术就是这个原因。实际上，使用伪噪声码就是想利用它具有自噪声式的相关特性。根据伪噪声码的自相关函数把伪噪声码分为第一类伪噪声、第二类伪噪声码和狭义伪噪声码。在某些文章中经常提到的"伪随机码""伪随机序列"等术语，实际上就是这里的狭义伪噪声码和第一类广义噪声码。因此，研究伪噪声码更确切和全面。

利用伪噪声码技术，在对远距离移动的目标如飞船、卫星等进行长距离的测量时，它的原理一般是利用相关函数的峰值进行搜索。当相关函数的峰值达到最大时，回波和本地码相互完全重合，这样就能测定它的距离。假设它的码周期是 p，那么它要经过 p 次测量才能确定。如果利用伪噪声编码信号的一种快捕方法（如复合伪噪声编码法），则可以减少它的探测次数，但是它的体积和系统的复杂程度就会增加。现在是用伪噪声码激光探测技术来处理近炸引信的问题。因此，对于体积小、距离近、适时性要求高的激光引信，就采用下面的方法控制。

伪噪声编码激光引信测距的原理和一般的测距方法一样，都是利用回码和本地码重合时出现相关函数的峰值，然后根据这个时间差即可用相关的处理电路算出探测的距离。但是，激光发出的码元和一般的不同，这种码元不容易被干扰，特别是人为的有源干扰。是对于接收方，却是容易接收并且能够很容易达到相关函数的峰值。伪随机码测距原理图如图 6-5 所示，本地码和回码如图 6-5（a）所示，相关函数如图 6-5（b）所示。伪随机码探测和测距的原理框图如图 6-6 所示。

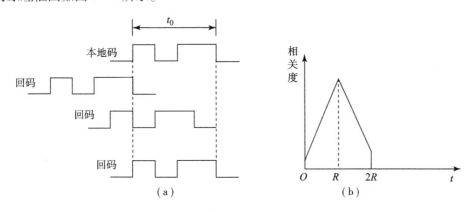

图 6-5　伪随机码测距原理图

（a）本地码和回码；（b）相关函数

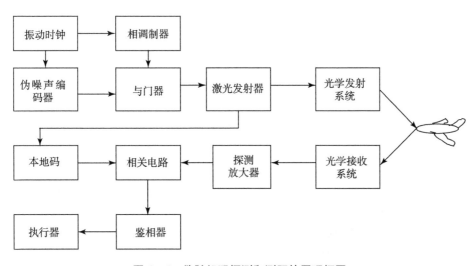

图 6-6　伪随机码探测和测距的原理框图

利用激光引信的延时系统，对于激光发出的码元，当激光的回码的前沿与它的本地码后沿重合时，是激光探测的最大距离 R_M，当回码的后沿与本地码的前沿重合时，是激光探测的最小距离 0，而激光可以探测出 $0 \sim R_M$ 的任一个距离。当回码的前沿和本地码的后沿重合时，它的相关函数的值就会增加，可以选定在相关函数的峰值的地方触发引信，这时的理想状态的测定距离为

$$R = t_0 \times c$$

式中　t_0——传播时间；

　　　c——光速。

因此，只要把激光器的时钟频率和码元的长度稍做变化，就可以改变它的最大探测距离 R_M。

6.3　激光探测的主要光学及电子器件

6.3.1　发射及接收光学系统

光学系统在激光近炸引信系统中是一个非常重要的环节，设计的参数是否合理，直接影响系统探测距离、抗干扰性等性能指标，它主要承担如下任务。

①发射光学系统通过对激光器光束的调整，使最终发射的光束具有特定的视场，以利于完成系统功能。对于周向探测激光引信，通常使发射光束为圆盘形、扇形等形状；对前向探测激光引信，一般通过准直作用使发射激光能量更加集中，从而有更远的探测距离。

②利用比光电敏感元件感光面积大的光学接收系统把大部分来自目标的反射光收集并会聚到光电探测器上，大大地提高引信的灵敏度（即探测距离）。

光学发射和接收的视场保证并限制了引信的接收"视角"，使引信的定位精度得到保证，或者说使激光引信具有非常高的"角分辨率"，同时也提高了抗干扰能力，特别是人为的光电干扰。

1. 发射光学系统设计

图 6-7 所示为发射光学系统工作原理图。

在前向探测激光近炸引信中，发射光学系统的主要作用就是对半导体激光器发出的激光进行准直。半导体激光器发出的激光束通常有较大束散角，典型值为 12°×40°，图 6-7（a）表示出了半导体激光器辐射模式立体图，图 6-7（b）为相关函数辐射量随角度变化的示意图。为使半导体激光器发射能量更加集中在探测方向，以达到更远的探测距离，通常用凸透镜或透镜组对光束进行准直。

2. 接收光学系统设计

激光引信中接收光学系统主要作用是将目标反射光能量收集并会聚到光电探测器的微小光敏面积上，因此对光学系统的成像质量要求不高。另外，由于系统体积的限制，也不允许使用复杂的光学系统，通常情况使用单个透镜即可得到较好的效果。因为目标相对较远，探测器应置于透镜焦平面上，这时系统的半视场角为

$$\omega = \frac{d}{2f'} \tag{6-1}$$

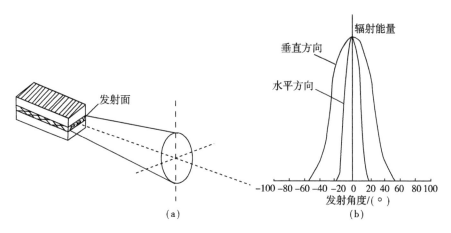

图 6-7 发射光学系统工作原理图

(a) 半导体激光器辐射模式立体图；(b) 辐射量随角度变化的示意图

或视场立体角 Ω 为

$$\Omega = \frac{A_d}{2f'} \qquad (6-2)$$

式中 d —— 探测器直径；

A_d —— 探测器光敏面积；

f' —— 焦距。

由式 (6-1)、式 (6-2) 可见，接收机视场由光学镜头的焦距和光电探测器的光敏面积决定。通常，为了得到足够大的接收视场，必须选用光敏面积大的探测器或减小光学镜头焦距，但是，这两种方法在实际的系统设计中都受到如下限制。

①光敏面积大的探测器的成本要高得多，同时，随着光敏面积增大，光电探测器的等效噪声功率（NEP）也随着增大，但是，这通常不会成为系统噪声的主要成分。

②接收光学镜头焦距的减小，必然是以增大光学镜头的径向尺寸为代价的，这对于口径受限的激光引信来说通常是不能接受的。

根据激光引信距离方程式

$$P_r = \frac{P_t \eta_t \eta_r K(R) \mathrm{e}^{-2\sigma R} \rho A_r}{\pi R^2} \qquad (6-3)$$

式中 P_r —— 接收功率；

P_t —— 激光器发射功率；

η_t —— 发射光学系统效率；

η_r —— 接收光学系统效率；

$K(R)$ —— 发射视场与接收视场部分重合造成的衰减系数；

ρ —— 目标反射率；

σ —— 大气衰减系数；

R —— 激光器到目标的距离；

A_r —— 接收机光学系统孔径面积。

可见系统探测性能受光学系统影响的参数包括发射、接收光学系统的效率 η_t、η_r 和视场

重合系数 $K(R)$ ，其中 $K(R)$ 是一个可以通过设计控制的重要参数。仔细分析 $K(R)$ ，发现接收视场角并非越大越好，优化的设计指标应满足以下要求。

①在引信作用距离内必须有重叠，理想的情况是完全重叠区在引信要求的距离附近，而在较近和较远的距离逐渐衰减，使引信只对作用距离内的目标敏感，提高引信对自然和人为干扰的抵抗能力。

②在引信作用距离要求分挡可调的情况下，较理想的状态是把完全重叠区设置在最远的作用距离，使重叠区随距离减小而逐渐减小，但必须保证在最小的作用距离也有足够的反射信号。这样的光学系统有利于减小由距离引起的回波信号幅度变化的范围。

图6-8表示出了两种视场重叠系数 $K(R)$ 的优化曲线。通常使用一般的透镜可以实现曲线 b 所给出的形式。

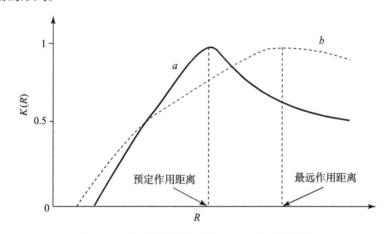

图6-8 两种视场重叠系统 $K(R)$ 的优化曲线

a—对应固定作用距离的优化曲线；b—对应作用距离可调的优化曲线

6.3.2 激光与光敏元件

1. 半导体脉冲激光器

半导体脉冲激光器是目前在激光近炸引信中得到最多实际应用的激光源。半导体脉冲激光器的主要参数包括峰值功率 P_m 、峰值波长 λ_p 、光谱范围 $\Delta\lambda$ 、阈值电流 I_{th} 、垂直方向和水平方向发散角等。表6-1、表6-2和表6-3给出了一些国内外半导体脉冲激光器的主要参数。

表6-1 电子部44所脉冲半导体激光器的主要参数

型号	峰值功率/W	阈值电流/A	正向电流/A	峰值波长/nm
GJ9031T	100	12	45	
GJ9032T	7	6.5	6	880～920
GJ9034T	15	8.5	21	

表 6 - 2　电子部 13 所半导体脉冲激光器的主要参数

种类	功率/W	驱动电流/A	典型波长/nm	发散角	脉冲宽度/ns	重复频率/kHz	特点
脉冲高峰值功率半导体激光器	20～100（峰值）	＜35	910	12°×40°	100～200	≤5	体积小（φ10 mm×12 mm），功率高，可用于制导、引信、测距等
高重复频率半导体激光器	5～15（峰值）	＜20	910	12°×40°	100～200	100	高达 100 kHz 的重复频率，可用于引信等
连续工作半导体激光器	0.5～1	＜2.5	808 910	10°×40°	100～200		连续工作

表 6 - 3　国外半导体激光器参数

型号	峰值功率/W	峰值波长/nm	生产厂家
SPLL90 - 3	70	980	德国 DSRAM 公司
SPLPL90	25	905	德国 DSRAM 公司
905D4S12X	90	905	美国 Laser Components 公司
155G4S14X	45	1 550	美国 Laser Components 公司

2. 光电探测器

光敏二极管又称为光伏探测器，从原理上讲就是一个 P - N 结二极管。它的伏 - 安特性与普通二极管的相同。在正向偏压作用下，随着电压的增加，电流很快增大。作为光电探测器，它在正向偏压下是没有意义的。

当光敏二极管未受光照时，仅有环境温度产生的微小暗电流和反向偏压产生的漏电流。在光的照射下，伏 - 安曲线就不同了，曲线近似平行下移，下移的程度取决于光照的强度。光生电流通常情况下远大于暗电流和漏电流。光伏探测器大多工作在这个区域。由于在区域内电流随光照强度的增大而增大，与光导现象类似，因而，常称工作在此区域内的光伏探测器的工作模式为光导模式。光导模式的光伏探测器需在反偏压条件下工作。

反向偏压将增加耗尽区宽度，所以时间常数减小，原因是耗尽区越宽，在其附近吸收信号光子的概率越大。这就缩短了自由载流子从吸收区向耗尽区运动的时间。

如果反向偏压足够高，在电场中运动的电子和空穴将被加速，从而获得足够的能量，以至于晶格碰撞时产生额外的自由载流子。随着反向电压的进一步提高，自由载流子倍增因子变大。

图 6 - 9 所示为 PIN 光电探测器等效电路。

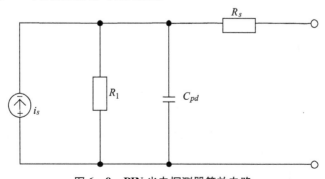

图 6 - 9　PIN 光电探测器等效电路

这种原理工作的探测器称为雪崩光电二极管。在图 6 - 9 所示的等效电路中，雪崩二极管的信号电流可以表示为

$$I_s = q\eta\frac{P_s}{h\nu}M \qquad (6-4)$$

式中　M ——雪崩电流增益因子，即产生雪崩倍增时的光电流 I_s 与无雪崩倍增时的光电流 I_{s0} 之比；

　　　P_s ——入射辐射功率。

其均方噪声电流为

$$i_n^2 = 2qIM^3\Delta f \qquad (6-5)$$

式中　Δf ——系统带宽。

由式（6 - 4）、式（6 - 5）可见，信噪比正比于 $1/\sqrt{M}$，即信号电流随 M 值增加而增加，但噪声增加更快。因此，在放大器噪声占优势的情况下，雪崩光电二极管 M 引起的噪声增加并不会显著提高系统的噪声，而是明显地增加了信号电平。

探测器噪声与偏压、调制频率和探测器面积有关。当调制频率和偏压恒定时，探测器信噪比与探测器面积的平方根成正比。

光导探测器的另一种工作模式为零偏模式，即在零偏压的条件下工作。此时，流过探测器的电流为光生电流。光照功率不同，流过探测器的电流也不同，当此电流流过负载电阻 R_L 而形成的输出电压也将不同。通常把这种工作模式称为光伏工作模式。

光伏工作模式即零偏模式省去偏置电流，也可避免偏置电源引入的热噪声。它的光谱范围较宽，低频信噪比较好，是良好的弱辐射探测器。但是由于不加偏压，故响应速度较低，不适合做高速或高频探测器。

6.3.3　窄脉冲大电流电源

1. 激光近炸引信对脉冲激光电源的要求

激光脉冲的波形质量对激光引信的影响表现在如下几个方面。

①从激光脉冲所携带信息的角度看，无论是基于强度还是基于相位的定距方法，距离信息都与脉冲的宽度无关，大脉宽信号在能量利用率上比小脉宽信号低得多。

②目前应用的脉冲激光定距定高原理中，基本上都是采用测定激光脉冲往返时间的方法确定距离，往返时间一般通过测量基准脉冲前沿与回波脉冲前沿之间的延时确定，因此，激光脉冲的波形质量，特别是脉冲前沿的上升时间，对脉冲激光引信的定距精度起着决定性的作用。

③激光脉冲的宽度直接与脉冲半导体激光器的功耗和发热有关，而受引信使用条件和体积的限制，不可能为系统提供较大功率的电源，因此，尽量减小激光脉冲的脉宽，并根据系统探测率和抗干扰（或者要求对目标进行识别的场合，如反武装直升机导弹）等指标要求确定合适的脉冲重复频率，对降低系统功耗、激光定距技术在引信中的实用化有重要的意义。

④激光引信抗后向散射干扰特性与激光脉冲宽度有关，且脉宽越小，抗后向散射干扰能力越强。激光近炸引信工作的环境条件比较复杂，如迫弹和空空导弹等经常要面对云雾、硝烟环境对激光信号的后向散射的干扰，而这种后向散射信号的一个较明显特征就是对窄脉宽光脉冲的展宽，利用这一特征鉴别后向散射干扰，一般要求发射激光脉冲 < 10 ns。因此，

纳秒脉宽脉冲激光电源为在激光引信中采用主动方法抗环境干扰提供了可能性。

由上面的分析可见，引信对激光脉冲的要求包括尽可能陡峭的上升沿、尽可能窄的脉宽和尽量大的输出峰值功率。而由半导体脉冲激光器的特性可知，激光脉冲的所有这些特性必须由驱动电源产生的电流脉冲的相应优良特性决定，归结为快上升时间、窄脉冲大电流的激光驱动电源的实现。另外，为尽可能减小回波信号幅度的波动，希望脉冲电源的电流幅度稳定度较好。

2. 脉冲激光电源电路分析

为分析放电回路各参数对电流脉冲波形的影响，需要得到放电回路的等效电路，为此，首先对半导体激光器的等效电路模型做一介绍。半导体激光器的等效电路如图 6-10 所示。其中，L_s 是从 L_D 管芯到管脚的电感，C_s 是管脚对地的电容，R_L 是管芯的等效阻抗，C_p 和 R_p 是管芯上下台面的总电容和电阻。通常 C_s 很小，可忽略，即 C_s 两端开路；C_p 的典型值为 4.1 pF。

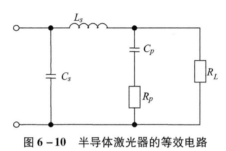

图 6-10　半导体激光器的等效电路

脉冲激光电源电路的工作原理如图 6-11 所示。直流电源 E、充电元件（电阻或电感等）与储能元件组成充电回路。通常直流电源可以是稳压电源或电池等，而在弹载条件下，只能是电池等化学电源或涡轮发电机等物理电源，它们的共同特点是可提供的能量和瞬时功率都有限，在这种情况下，必须由充电回路完成能量压缩作用，即通过充电回路与放电回路时间常数的不同，实现能量在时间坐标上的压缩。在此，充电元件可视为电源输出电阻与外接充电限流电阻的串联相加，由于充电回路中电流较小，寄生参数通常可忽略。图 6-11（a）的对应等效电路如图 6-11（b）所示，其中，L 为寄生电感（包括放电电容、开关元件、激光器所有放电回路内部寄生电感），C 为储能电容，R 为电路总电阻，包括激光器等效电阻、开关元件内阻及电路串联电阻。

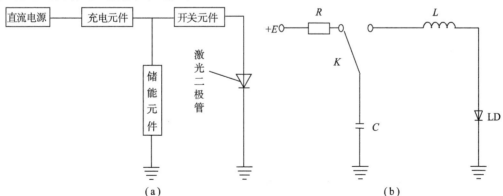

（a）　　　　　　　　　　　　　　　　　　　　（b）

图 6-11　脉冲激光电源电路的工作原理

（a）脉冲激光电源电路一般结构形式；（b）对应等效电路

当放电开关元件闭合时，充满能量的储能元件 C 与激光器 LD 瞬时接通，形成放电回路。储能元件通常可以是电容、电感、传输线等，但是由于体积原因，在激光引信中一般只使用电容作为储能元件；放电开关元件通常可选择可控硅、双极晶体管、功率 MOSFET 管、雪崩晶体管等元件。显然，放电回路的放电特性直接决定了半导体激光器的调制电流，因此，对放电回路的理论分析以及参数的选择和调整对脉冲激光电源的设计是非常重要的。

设 C 已经充电到电压 V，则放电回路可以看作零输入响应的串联 RLC 电路，电路方程为

$$L\frac{\mathrm{d}i}{\mathrm{d}t} + Ri + \frac{1}{C}\int i\mathrm{d}t = 0 \tag{6-6}$$

对式（6-6）微分，得

$$L\frac{\mathrm{d}^2i}{\mathrm{d}t^2} + R\frac{\mathrm{d}i}{\mathrm{d}t} + \frac{1}{C}i = 0 \tag{6-7}$$

式（6-7）这个线性常系数二阶齐次常微分方程，在描述激光电源放电回路的情况下，一定工作在欠阻尼状态，即

$$\left(\frac{R}{2L}\right)^2 - \frac{1}{LC} < 0 \tag{6-8}$$

因此，可得到式（6-6）的解为

$$i = A\mathrm{e}^{-\alpha t}\sin(\omega t + \theta) \tag{6-9}$$

其中

$$\begin{cases} \alpha = \dfrac{R}{2L} \\ \omega = \sqrt{\dfrac{1}{LC} - \left(\dfrac{R}{2L}\right)^2} \end{cases} \tag{6-10}$$

当开关 K 闭合即 $t=0$ 瞬间，放电回路电流为零，电感电压为 V，即

$$\begin{cases} i = 0 \\ L\dfrac{\mathrm{d}i}{\mathrm{d}t} = V \end{cases} \tag{6-11}$$

把初始条件代入式（6-9），得

$$\begin{cases} \theta = 0 \\ A = \dfrac{V}{\sqrt{\dfrac{L}{C} - \dfrac{R^2}{4}}} \end{cases} \tag{6-12}$$

由上面的分析可见，放电电流是衰减的正弦曲线，三个参数 α、A、ω 分别表示了正弦波衰减快慢、电流幅度和周期。在脉冲激光电源中，只利用第一个正弦波得到脉冲激励电流，所以，应要求 α 值较大即有较快的衰减速度，以免后续电流脉冲对激光器造成冲击损坏；A 值应较大，以得到较高的电流脉冲幅度；ω 值亦应尽量大，这意味着第一个正弦波有较快的上升时间和较窄的脉宽。

3. 激光近炸引信对脉冲激光电源的要求

根据近炸引信的要求，激光脉冲电源电路必须具有体积小、电路结构简单、功耗低的特点，使用 BJT（Bipolar Junction Transistor）、功率 MOSFET、雪崩晶体管作为开关元件，可设

计成系列激光电源电路模块。这几种脉冲电源各具特色，可适用于不同要求的激光引信中。下面仅以 BJT 脉冲激光电源电路为例简要说明。

在脉冲激光电源设计中，通常只使用大功率的 BJT 开关管作为放电回路中的开关元件，这种元件具有较大的功率、较高的耐压、非常高的开关速度等优点，但同时也存在体积较大、价格较高的缺点。但采用贴片（SMD）封装的小功率 BJT 开关管并联的方式，在较小的直流偏压下，也能得到较大的放电电流，且工作稳定可靠。

高重复频率脉冲电源电路原理框图如图 6 - 12 所示。图中的窄脉冲发生器可以采用 555 定时器。把 555 定时器接成具有极小占空比的多谐振荡器形式（555 定时器的极限工作状态），产生频率为 5 kHz（可调整到更高）、脉冲宽度为 200 ns 的激励脉冲；后面由两个 SMD 封装互补晶体管组成推动级，增加电流输出能力；推动级驱动多个并联的 SMD 封装的小功率 BJT 开关管组成放电开关。由于电路的直流偏置电压较低，储能电容的取值必须较大，以提高放电电流的幅度。这种电路有以下优点。

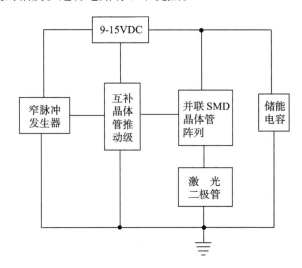

图 6 - 12　高重复频率脉冲电源电路原理框图

①体积极小，所有元件采用 SMD 封装，整个电源模块的尺寸只有 12 mm × 9 mm × 3.5 mm。

②电源电路结构非常简单，一片 555 定时器即可产生触发脉冲，无须外加触发信号。

③工作电压低，可直接采用 9 ~ 15 V 的电池供电，无须专门的电源变换电路产生直流偏压，且激励脉冲发生电路与电源充放电电路共用同一电压。

④由于省去高偏置电压产生电路部分的功率损失，因而模块的功耗很低。

⑤由于供电电压很低，容易实现较大的充电电流，因而储能元件充电时间短，可以达到很高的重复频率。

采用这种电路形式可得到脉冲电流 < 15 A，重复频率 < 100 kHz，工作电压 < 15 V（其实是受限于 555 定时器的工作电压），工作电流为 40 mA，脉冲宽度 80 ~ 200 ns，上升时间 20 ~ 30 ns。显然，这一电路形式的主要缺点在于难以得到脉宽较小、上升时间很短的脉冲电流，因此并不适合应用于要求依靠脉冲前沿精确定距的激光近炸引信。

6.3.4　低噪声光电前置放大器

激光引信接收机中，放大器（包括前置放大器和主放大器）的设计对系统的定距精度和探测距离有重要的影响。前置放大器是一种用来完成传感器与后续电路性能匹配的部件，对其主要的性能要求由传感器性质和后续处理电路的要求决定，如对于压电传感器，由于传感器输出阻抗高，要求前置放大器有很高的输入阻抗，以实现与后续处理电路的阻抗匹配。对于激光引信中的光电前置放大器，最重要的性能要求是低噪声，这是因为对目标测距（定距）的情况下，进入接收视场的回波功率非常小，在激光引信要求的探测距离范围内，放大器的噪声已经成为探测的主要限制因素，低噪声的前置放大器就意味着大的探测距离。主放大器基本是用来提供足够大的增益，以方便后续处理。但同时必须满足系统带宽的要求，保证有用信息不会丢失。另外，为保证在回波信号幅度变化很大的情况下仍有很好的定距精度，可能要求主放大级增益在较大的范围内能够自动调整。

图 6 - 13 是由低噪声 BJT 组成的互阻放大器前放电路，为减小 Miller 效应的影响，第一级采用共集电极形式，采用这种电路在互阻增益为 10 000 时，实际可达到 30 MHz 的带宽，影响带宽的一个重要因素是反馈电阻两端的寄生电容，为尽量减小此寄生电容，反馈电阻采用多个电阻串联的形式。这种电路可得到非常好的综合性能，成本较低。输出噪声峰 – 峰值 $V_{p-p} \leqslant 1$ mV。

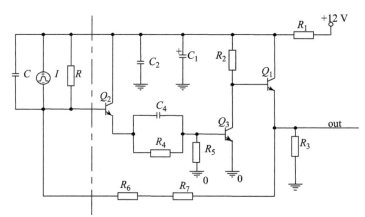

图 6 – 13　低噪声 BJT 组成的互阻放大器前放电路

图 6 - 14 为另外一种 BJT 低噪声前放电路，这种结构的前放由于直接使用共射极电路形式作为输入级，因而具有更低的噪声系数，但同时由于 Miller 电容的影响，要达到较宽的频带比较困难，必须在电路中对频率进行补偿，如电容 C_5 与 R_{13} 可构成一个高频零点对消一个高频极点，达到增加频带的作用。但是，这种电路的一个缺点是设计和调试比较困难，为尽量减小由共射输入极 Miller 电容引起的输入电容［即 PIN 探测器的负载电容，这一电容既作为前放的等效输入阻抗引起热噪声电流，又与 PIN 等效并联电容（图中为 C_3）一起与输入晶体管基极体电阻 $r_{b-b'}$ 组成低通级影响放大器频带］，必须在设计中尽量选择基极——集电极寄生电容 C_{bc} 参数尽量小的 BJT 管。

通常这一参数在电路设计中并不为设计者注意，而且高频晶体管的这一参数的分布范围很大，并不是特征频率高，这一参数就一定小。另外，由于实际制作的电路的寄生参数的影响，

完全按照设计参数制作，电路稳定性经常出现问题，必须在实际的调试过程中确定。图 6 - 14
所示为经过 SPICE 优化的电路参数，可以达到非常好的噪声性能，并且带宽也能满足要求。

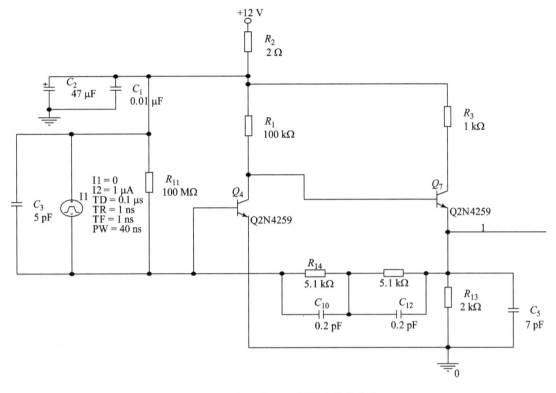

图 6 - 14　另一种 BJT 低噪声前放电路

图 6 - 15 为由 FET 输入宽带运放组成的低噪声前置放大器，FET 输入的运放具有非常小
的偏置电流和等效输入噪声电流，特别适合与光敏二极管这种等效输出阻抗很高的传感器

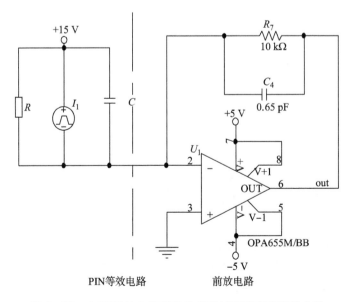

图 6 - 15　由 FET 输入宽带运放组成的低噪声前置放大器

（较理想的电流源）作噪声匹配。但是实际可供选择的集成宽带 FET 输入运放种类很少，一般 FET 运放的增益带宽难以满足激光引信接收机前放的要求。BURN‒BROWN 公司提供的 OPA655 是一种适合做光电前放的 FET 运放，它不仅具有极低的等效输入电流噪声 $I_{\text{in max}} = 4~\mu\text{A}$，而且有很大的增益带宽 $G_{\text{BW}} = 340~\text{MHz}$。当互阻增益达到 10 000 时，仍可以得到 30 MHz 的带宽。

6.3.5 高增益宽频带主放大器的设计

对接收机主放大器的要求主要包括高增益、宽频带和增益可调整。一般前置放大器可提供 80 dB 左右的增益，若接收机接收的回波功率为 1 μW，而光探测器灵敏度为 0.5 μA/μW，为把回波信号放大到伏的量级，要求主放大器还要提供约 70 dB 的增益。为保证多级串联系统的带宽达到 30 MHz，要求主放的频带大于 30 MHz。可见主放大器要求的增益带宽非常大，通常用一级放大难以达到要求，必须多级串联。为提高定距精度，需要对回波脉冲的幅度进行控制，这就要求主放级的增益可以调整，在激光引信只要求单一作用距离的情况下，增益的调整主要是针对目标反射率的变化，典型目标的反射率一般在 0.05～0.8 变化，增益调整范围只要求在 30 dB 以内即可；但是当要求引信作用距离分挡可调且可调范围较大时，增益调整范围相应增大，如在要求作用距离在 1～10 m 可调时，由于回波信号功率与距离平方成反比，由距离造成的回波幅度变化就达 40 dB，加上由目标和环境因素造成的约 30 dB 的幅度变化，可达到 60 dB。如此大的输入信号动态范围，在实际的设计中必须予以考虑，否则将给定距精度带来很大的误差，甚至使主放级深度饱和，引起输出信号波形质量恶化和器件传输延迟变化等后果。在固定作用距离情况下，由简单的几何关系可推导出触发点时间差异与脉冲上升沿和脉冲幅度动态范围之间的关系式

$$\Delta t = t_2 - t_1 = K_1 \cdot K_2 \cdot t_r \tag{6-13}$$

式中

$$\begin{cases} K_1 = \dfrac{5}{4}\left(1 - \dfrac{1}{\alpha}\right) \\[2mm] K_2 = \dfrac{V_{ref}}{V_{P-\min}} \\[2mm] \alpha = \dfrac{V_{P-\max}}{V_{P-\min}} \end{cases} \tag{6-14}$$

式中　α ——最大回波峰值与最小回波峰值之比，称幅度比值系数；

　　　V_{ref}——阈值电压；

　　　$V_{P-\max}$ ——回波脉冲信号峰值最大值；

　　　$V_{P-\min}$ ——回波脉冲信号峰值最小值。

设系统带宽为 30 MHz，输出脉冲上升沿 $t_r = 0.35/30 \times 10^6 \approx 12~(\text{ns})$，目标和环境造成的回波幅度变化为 20～30 dB，即 $\alpha > 10$，则 $K_1 \approx 5/4$。设 $K_2 = 1/2$，则有 $\Delta t = (5/4) \times (1/2) \times 12 = 7.5~(\text{ns})$，对应的定距误差约为 1 m。这样的定距误差对定距精度要求不高的激光引信是可以接受的，因此就不必设置增益自动控制功能。对于像云爆弹、反坦克弹药等对定距精度要求非常高的场合下，则必须设置自动增益控制功能。

在作用距离分挡可调的激光近炸引信中，由于接收机输入信号动态范围过大，则必须对

增益进行调节。这种增益的调节可分为两个阶段，首先对距离分挡装定造成的回波幅度变化，可在装定距离的同时装定增益，使每一个距离挡位对应一个增益挡位，对应目标反射率造成的信号幅度变化则必须在目标探测的过程中通过自动增益控制予以减小，但是正如上面分析的那样，针对目标反射率的增益调节并非是必需的。为简化系统结构，系统的增益控制级并不采用专门的衰减器，而是使用 AGC 视频放大器实现。

6.3.6　精密延时电路

脉冲鉴相定距体制中，延时电路和鉴相电路是非常关键的部件，它们直接决定了系统定距的精度。利用精密脉冲延时电路，使系统能够达到很高的定距精度，较好地解决了距离模糊窗口问题。另外，利用延时电路延时参数极易调整的特性（数字可编程），对产品初始自动调整的方法，一方面，方便地实现了系统作用距离的装定；另一方面，精确补偿系统中各元器件延时容差对定距精度的影响。可代替原有的手工调整电阻、电容的方法，在精度、工作效率等各个方面都有较大的改善，特别是对要求定距精度高，而产品批量又大的常规武器的设计和生产都有非常大的实际意义。

随着半导体集成电路技术的飞速发展，为调整高速高频电子系统中各信号的同步，IC 制造商开发出各种不同工作原理和电路结构的集成电路工艺硅固体精密数字可编程延时器（Digital Silicon Delay Line），代替过去体积大，精度一致性差的电容、电感制成的集中参数传输线、同轴电缆或混合工艺延时线。其中比较有代表性的是 AD 公司（Analog Device Corp.）的产品 AD9500/AD9501 和 DALLAS 公司的 DS1020 系列硅固体延时器。

1. AD9500/AD9501

AD9500 是 ECL 电平兼容的数字可编程延迟线，AD9501 是 TTL/COMS 电平兼容的。它们的特点大体相同：

①单 +5 V 电源工作；

②10 ps 的延时分辨率；

③可由外接元件调整的最大延迟时间为 2.5 ns ~ 10 μs；

④8 b 的用户可编程数字接口，对应延迟阶数为 256 阶；

⑤符合 MIL - STD - 883 标准。

2. DS1020 系列

DS1020 系列是一种用户可编程的全硅数字延迟线 CMOS 集成电路。其特点如下：

①全硅工艺时间延迟；

②编程位为 8 b，对应的可编程延迟阶（delay step）为 256 阶；

③系列中最小的延迟时间（即每延迟阶时间）分为 0.15 ns、0.25 ns、0.5 ns、1 ns、2 ns 多种，对应最大延迟时间为 48.25 ns、73.75 ns、137.5 ns、265 ns、520 ns；

④用户编程可由 3 线串行接口或 8 b 并行接口两种方式完成；

⑤保持脉冲边沿的精度；

⑥16 脚 DIP 或 16 脚 SOIC 标准封装；

⑦低功耗的 CMOS 工艺；

⑧输入/输出信号与 TTL/COMS 兼容；

⑨固有的零阶延迟只有 10 ns；

⑩低成本。

与 AD9500/AD9501 比较，DS1020 系列延迟线具有体积小、外接元件少、编程方式更加灵活方便、固有延迟时间短、成本低的优点。虽然在延迟时间精度方面不如后者，但对于激光近炸引信要求的精度，二者都已足够。

6.3.7 鉴相器

D 触发器是最容易实现脉冲前沿鉴相功能的器件，74S74 型 D 触发器是除 ECL 逻辑外有最小的建立时间（Setup Time）和保持时间（Hold Time）的逻辑器件。将延迟器输出的参考脉冲接入触发器 D 端，经整形的回波脉冲输入触发器的 CLK 端，触发器预置端（$\overline{PRE}$）接固定低电平，而清零端（$\overline{CLR}$）接主控制器产生的复位信号。

另一种鉴相器电路可由超高速比较器实现，这种比较器有一个锁存端（Latched Enable），因而可以实现鉴相器的功能，而且比 74S74 有更小的建立和保持时间，典型值为 $t_{\text{setup}} = 2 \text{ ns}$，$t_{\text{hold}} = 1 \text{ ns}$。这种鉴相器的性能优于由 74S74 组成的鉴相器，有更小的模糊距离窗口。

图 6-16 是由有禁止端的高速比较器组成的门限 - 鉴相一体化电路。这种电路的工作原理是：把参考脉冲直接输入比较器的锁存端，当锁存输入无效时（即参考脉冲超前于回波脉冲），回波脉冲不能触发门限，比较器无输出信号，只有当回波脉冲与参考脉冲重合或滞后于参考脉冲时，回波脉冲才能够正确触发，比较器输出脉冲。这种电路的优点在于：有效地简化了系统结构，降低成本、体积，只使用一个比较器就完成了门限比较器和鉴相器两种功能。

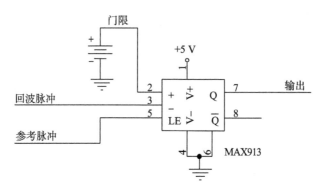

图 6-16 由有禁止端的高速比较器组成的门限 - 鉴相一体化电路

模拟乘法器是另外一种可实现鉴相功能的器件，如 AD834 带宽为 500 MHz，但这种鉴相器给出的结果是模拟电压的大小，而不是脉冲信号的有无，其后要有相应的模拟电压检测电路，才能判定两个输入脉冲信号的相位差，且这种鉴相器价格非常高，不推荐采用。

使用单个触发器或超高速比较器实现的鉴相器只能提供单侧距离门的功能，即在大于预定作用距离一侧的空间范围，由于回波脉冲的前沿相位滞后于参考脉冲，鉴相器不能被触发，因此，在大于预定作用距离空间范围的回波都不被作为有效信号处理，但是对小于预定作用距离一侧的空间范围，由于回波脉冲前沿相位超前参考脉冲，鉴相器将被触发。可见单个触发器提供的鉴相功能形成的距离门在 $0 \sim R_{\text{fire}}$（R_{fire} 为预定作用距离）。这种单侧距离门对电路内部噪声、环境的尖脉冲干扰等都能提供较好的抑制效果，但是对空中悬浮粒子的后向散射不能提供满意的抑制，因为悬浮粒子的后向散射只有在较近的距离才能形成足够的后向散射能量造成系统虚警。为实现双向距离门的效果，在实际的系统中设计了双鉴相电路，如图 6 - 17 所示。图中 D 触发器 U_{1A} 作为主鉴相器完成鉴相功能，D 触发器 U_{1B} 作为辅助鉴相器与主鉴相器共同组成距离门。这种电路的目的是增加一个硬件实现的双侧距离门，以进一步减小有效回波信号的空间范围，特别是对小于预定作用一侧的空间范围。其他形式的鉴相器可根据同样的方法实现这种功能。

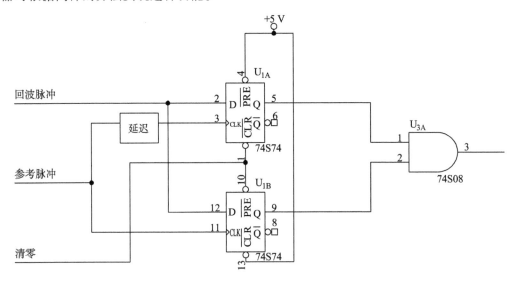

图 6 - 17　具有双向距离门作用的鉴相器电路

6.4　激光探测的抗干扰措施

激光引信的使用环境恶劣，各种噪声、干扰，如内部和背景噪声；电磁环境、敌方施放的光电干扰；烟、尘、云、雨、雪、雷电等自然干扰等，都对系统性能造成影响，使系统性能下降，严重时甚至造成失效。激光引信由于工作在电磁波的高频段——光波段，在本质上对电磁干扰有较强的抵抗能力；但同时，也正因为工作在光波段，对烟雾、云雨等自然环境却非常敏感。另外，激光引信在大多数情况下（除反坦克或云爆弹等要求的作用距离非常近的情况）属于弱信号探测，系统的信噪比必须经过仔细设计，才能达到要求。因为噪声、干扰等对激光引信造成的影响都表现为引起系统虚警，对引信来说，虚警即意味着系统完全失效——早炸，所以，研究激光引信的噪声和干扰问题是非常重要的。

6.4.1　各种干扰源的产生机理及特征分析

激光引信对目标的探测概率本质上是信号峰值加瞬时噪声电平大于探测阈值的概率。当背景、探测器和前置放大器噪声源在探测过程中起主要作用时，噪声分布可以合理地近似为高斯噪声概率密度分布，且探测概率可用式（6 - 15）给出

$$P_{d1} = \frac{1}{2} + \frac{1}{2} erf\left[\frac{(S/N) - (T/N)}{\sqrt{2}}\right] \tag{6 - 15}$$

式中　P_{d1} ——单脉冲探测概率；

　　　S/N ——峰值信号与均方根噪声的比值；

　　　T/N ——探测器阈值和均方根噪声的比值，也称阈值信噪比；

　　　$erf(x)$ ——单边误差函数。

其中

$$erf(x) = \frac{2}{\sqrt{\pi}}\int_0^x e^{-u^2}du \qquad (6-16)$$

1. 多级放大器噪声模型

激光引信接收机输入光功率非常微弱，必须经过多级放大才能满足阈值判决电路的处理要求。为研究系统信噪比，有必要首先对多级级联放大器的噪声问题进行研究。图 6-18 为多级放大器级联情况下的噪声模型，等效到输入端的噪声电压可表示为

$$E_{ni}^2 = E_{ns}^2 + E_{n1}^2 + I_{n1}^2 R^2 + \frac{E_{n2}^2 + I_{n2}^2 r_{o1}^2}{K_1^2} + \frac{E_{n3}^2 + I_{n3}^2 r_{o2}^2}{K_1^2 K_2^2} + \cdots + \frac{E_{nn}^2 + I_{nn}^2 r_{on}^2}{K_1^2 K_2^2 \cdots K_n^2} \qquad (6-17)$$

式中　r_{oi} ——第 i 级放大器的输出电阻；

　　　E_{ni} ——第 i 级放大器等效噪声电压；

　　　K_i ——第 i 级的增益；

　　　I_{ni} ——第 i 级放大器的等效噪声电流。

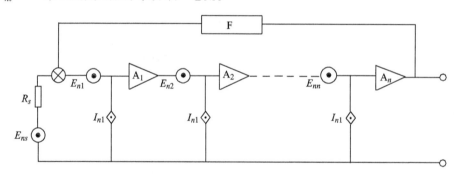

图 6-18　多级放大器级联情况下的噪声模型

由式（6-17）可见，当第一级放大器的增益足够高时，多级级联放大器的等效输入噪声主要由第一级的噪声水平决定。为此，对光电低噪声前置放大器的要求应包括尽可能低的噪声系数和足够高的增益两项指标。因此，在信噪比的分析中，对激光引信接收机噪声的主要成分——接收机内部电噪声的分析就可简化为仅对光电前置放大器的噪声分析。

2. 单脉冲接收情况下的信噪比分析

宽带低噪声的光电前置放大器在采用互阻放大器形式时具有最好的性能，在以下的讨论中假定使用互阻形式的前置放大器。接收机总的输入电流 i_{total} 由如下几部分组成：

$$i_{total} = i_{sig} + i_{th} + i_{bg} + i_d \qquad (6-18)$$

式中　i_{sig} ——回波信号电流；

　　　i_{th} ——热噪声电流；

　　　i_{bg} ——背景辐射噪声电流；

　　　i_d ——光敏管暗电流噪声。

由式（6-18）可得接收机信噪比表达式为

$$S/N = \sqrt{\frac{i_{sig}^2}{i_{th}^2 + i_{bg}^2 + i_d^2}} \tag{6-19}$$

式（6-19）中

$$i_{sig}^2 = k^2 P_r^2 \tag{6-20}$$

式中　P_r——光敏管接收的回波信号功率；

　　　k——光敏管灵敏度。

式（6-19）中

$$i_{th}^2 = \frac{4(KTB_N)NF}{R_L} \tag{6-21}$$

式中　K——波尔兹曼常数，$K = 1.38 \times 10^{-23}$ J/K；

　　　T——环境温度，K；

　　　NF——前放噪声系数；

　　　B_N——噪声等效带宽，设接收脉冲经前放放大后的上升时间为 t_r，噪声等效带宽可近似为

$$B_N = \frac{0.55}{t_r} \tag{6-22}$$

　　　R_L——等效源输入阻抗，可由式（6-23）得到

$$R_L = \frac{1}{4B_N(C_{pd} + C_{in})} \tag{6-23}$$

式中　C_{pd}——光敏管极寄生并联电容；

　　　C_{in}——前放输入等效电容。

式（6-19）中

$$i_d^2 = 2qI_dB_N \tag{6-24}$$

式中　q——电子电荷量，$q = 1.60 \times 10^{-19}$ C；

　　　I_d——散粒噪声电流，可由式（6-25）计算：

$$I_d(T) = 2^{0.1(T-25)}I_{d_0} \tag{6-25}$$

式中　I_{d_0}——环境温度为 25 ℃时的暗电流。

式（6-19）中

$$i_{bg}^2 = 2qI_{bg}B_N \tag{6-26}$$

式中　I_{bg}——背景电流，可由式（6-27）计算：

$$I_{bg} = H_\lambda \Delta\lambda \Omega(\eta_r, A_r) \tag{6-27}$$

式中　H_λ——地物的最大光谱辐射量，W/（$m^2 \cdot$ sr）；

　　　$\Delta\lambda$——光敏管的敏感光谱范围；

　　　$\Omega(\eta_r, A_r)$——接收机视场角 FOV（Field of View）；

　　　A_r——接收机光学系统孔径面积。

将式（6-19）、式（6-20）、式（6-21）、式（6-24）、式（6-26）代入，可得接收机信噪比表达式为

$$S/N = \sqrt{\frac{(kP_r)^2 R_L}{(4KTB_N)NF + 2q(I_d + I_{bg})B_N R_L}}} \qquad (6-28)$$

由此可见，热电流噪声与暗电流噪声都随温度而变化，图 6 – 19 和图 6 – 20 给出了三种噪声电流的均方值随温度变化的规律曲线。

由图 6 – 19 和图 6 – 20 可见，热噪声电流比暗电流噪声和背景噪声电流大一个数量级，通常是接收机噪声的主要成分，这个结果看起来也是合理的，因为 PIN 光敏管的噪声等效功率 NEP 是非常高的，可达到 – 110 dBm，这相当于在输入 1 pW 的光功率时，仍可得到 40 dB 的信噪比。由式（6 – 21）可知，影响热噪声电流的主要因素包括环境温度 T、前放等效噪声带宽 B_N、光电前放噪声系数 NF 与等效源阻抗 R_L。其中，环境温度是不可控因素，前放等效噪声带宽的选定必须在保证一定的脉冲前沿精度和减小噪声之间做出折中，例如，为得到 10 ns 的上升沿精度，必须保证接收机带宽为 35 MHz，等效噪声带宽可设计为 55 MHz，通过设计控制的参数包括前放噪声系数 NF 与等效源阻抗 R_L。

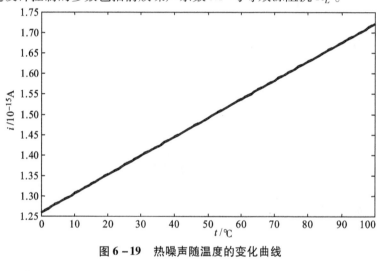

图 6 – 19　热噪声随温度的变化曲线

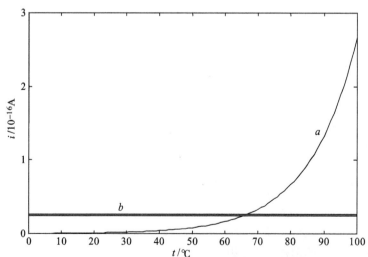

图 6 – 20　背景噪声电流与暗电流噪声随温度的变化

a—暗电流噪声；b—背景噪声电流

使用式（6-28）对激光近炸引信信噪比性能进行估算，设接收光功率为 1 μW 时，按照实际使用的 GT101 型 PIN 光电管的参数，$k = 0.5$ μA/μW，$C_{pd} = 4$ pF（反向电压为 15 V），回波信号电流的均方值 $i_{sig}^2 = (0.5 \times 1 \times 10^{-6})^2 = 2.5 \times 10^{-13}$（μA²/μW²）。实际制作的前放上升时间 $t_r = 12$ ns，则等效噪声带宽 B_N 为 46 MHz，输入电容 C_{in} 为 1 pF，噪声系数 NF 为 2，在环境温度为 70 ℃时，可得热噪声电流均方值：

$$i_{th}^2 = (4 \times 1.38 \times 10^{-23} \times 343 \times 46 \times 10^6 \times 2)/[4 \times 46 \times 10^6 \times (4 + 1) \times 10^{-12}]$$
$$= 1.58 \times 10^{-15} \ (\mu A^2/\mu W^2)$$

选用 PIN 光敏管的 GT101 的暗电流 $I_d < 50$ nA，则有

$$i_d^2 = 2 \times 1.6 \times 10^{-19} \times 0.05 \times 2^{0.1 \times (70-25)} \times 46 \times 10^6 = 1.66 \times 10^{-17} \ (\mu A^2/\mu W^2)$$

通常情况下取典型值 $I_{bg} = 1.72$ μA，则有

$$i_{bg}^2 = 2 \times 1.6 \times 10^{-19} \times 1.72 \times 10^{-6} \times 46 \times 10^6 = 2.53 \times 10^{-17} \ (\mu A^2/\mu W^2)$$

最后可得信噪比为

$$S/N = \sqrt{\frac{2.5 \times 10^{-13}}{1.58 \times 10^{-15} + 1.66 \times 10^{-17} + 2.53 \times 10^{-17}}} = 12.4$$

即约为 12 dB。

6.4.2 激光引信抗干扰技术

1. 主动干扰

主动干扰是指接收机能够探测到的但又并非是发射机发射的干扰信号，这种干扰主要是由太阳、大气、地面背景等的辐射引起的。下面对这几种辐射源分别进行讨论。

（1）阳光辐射

太阳作为一个辐射源可由如下几个参数描述：

直径 $D = 1.392 \times 10^9$ m；

到地球的距离 $S = 1.496 \times 10^{11}$ m；

大气层以上的太阳辐射常数 $k_a = 0.148$ W/cm²；

海平面的太阳辐射常数 $k_b = 0.09$ W/cm²。

（2）自然背景辐射

太阳辐射光照射到天空、云层和地物也会引起反射，形成相应的自然背景辐射，这些自然背景辐射的典型值如下：

晴云 0.01 W/(cm² · μsr)；

地物 0.002 ~ 0.005 W/(cm² · μsr)；

晴朗天空 0.000 1 ~ 0.000 9 W/(cm² · μsr)。

由以上值可知，自然背景辐射产生的干扰通常是很小的，由此产生的热噪声通常可以忽略。

2. 被动干扰

当发射机发射的光脉冲在空间路径上遇到各种悬浮粒子诸如烟雾、云雨等，部分信号将发生后向散射，这种由主动辐射光脉冲引起的干扰称为被动干扰。

悬浮粒子可以看作一种均匀介质，用衰减系数加以描述如下：

$$\sigma = \alpha_a + \alpha_s \qquad\qquad (6-29)$$

式中 α_a ——吸收系数；

α_s ——散射系数。

对于激光引信来说，后向散射是非常重要的问题，因为一部分散射能量进入接收机视场，在接收机接收到的散射能量足够大时，被判为回波信号，从而引起系统虚警。

后向散射功率与激光引信系统灵敏度的关系：

$$\frac{P_s}{P_{\sigma s}} = \frac{4\rho_e}{\sigma R_g} \qquad\qquad (6-30)$$

式中 $P_{\sigma s}$ ——接收的后向散射功率；

P_s ——激光引信最小可探测功率；

ρ_e ——最小目标反射率；

R_g ——距离门宽度。

这里 R_g 是指可进入距离门的后向散射空间范围，这个空间范围是由发射激光脉冲的宽度决定的。对这一现象的直观解释是，当脉冲宽度较宽时，对较近的悬浮颗粒的后向散射在后部造成积累形成比较大的假回波，而且这个假回波信号延迟时间由光脉冲宽度决定，当光脉冲宽度较宽时有可能进入距离门。由激光引信距离方程式（6-3）可得

$$\frac{P_s}{\rho_e} \propto \frac{1}{R_{\max}^2} \qquad\qquad (6-31)$$

式中 $R_{\max}$ ——系统可探测的最远距离。

而由式（6-30）可知 $P_s/\rho_e \propto P_{\sigma s}$，所以，有

$$R_{\max}^2 \propto \frac{1}{P_{\sigma s}} \qquad\qquad (6-32)$$

由式（6-32）可见激光引信的最大探测距离与进入接收机的后向散射能量成反比，也就是说，除激光引信距离方程式（6-3）中涉及的各项因素外，后向散射也是限制激光引信探测距离提高的一个因素。

在使用足够窄的激光脉冲和距离门的情况下，悬浮粒子的后向散射可分为两种情况。第一种情况如图6-21所示，弹体完全处于悬浮粒子的包围之中，这种情况下，在离引信较近的距离，由于距离门的作用，虽然有较强的后向散射信号，但是并不能造成系统虚警，而在作用距离处，颗粒的后向散射信号在向引信传播的路径上又被处于中间距离上的悬浮粒子衰减，因此，在这种情况下能够进入接收机的后向散射信号通常是很小的。

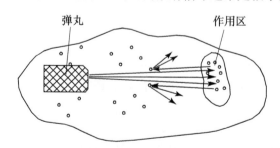

图6-21 弹体完全处于悬浮颗粒包围之中的后向散射情况

第二种情况如图6-22所示，悬浮粒子团的边缘正处于作用距离上，这时，在距离门位

置的后向散射信号可以顺利地到达引信接收机，这种情况是最不利的。因此，在实际设计激光近炸引信时，只要计算或测定到在后一种情况下的后向散射信号，即可作为校验系统对悬浮颗粒后向散射干扰的依据。

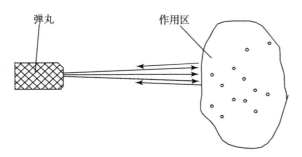

图 6-22　悬浮粒子团边缘正处于目标作用区的后向散射情况

6.5　激光探测技术在军事上的应用

现代战场中，电磁环境日益恶化，特别是人为电磁干扰使无线电近炸引信的生存能力和正常作用能力受到极大的威胁。早在 20 世纪 40 年代美国着手发展电子引信的同时，就开始了引信干扰试验技术的研究。经过长期的发展，型号、种类繁多的引信干扰机覆盖了一般无线电引信工作的各个频段，发射功率大，干扰能力强，对无线电引信在实战中的可靠作用造成了极大的威胁。尤其是工作在米波、分米波段的无线电近炸引信，由于一直作为最主要的探测手段，配备的弹种最多，使用量最大，自然成为引信干扰机的主要干扰对象。而这种工作于米波段的无线电近炸引信由于其本质上波束发散角大，容易被敌方接收；接收视场范围大，容易被敌方无线电干扰机干扰等固有的缺陷，使得这种无线电近炸引信如不采取复杂的抗干扰措施，则被干扰的概率非常高。

另外，由于无线电近炸引信存在天线方向图的旁瓣较宽，抗地、海杂波的能力较弱；工作波长较长，角度分辨率较低，距离锐截止特性差，作用距离较近等缺点，在一些对地、对空导弹，掠海飞行的导弹，云爆弹和母弹开仓等使用的引信中无法满足系统工作的要求，而不得不采用新的探测手段。

在上述场合中，激光探测技术恰恰为无线电探测提供了必要的补充。由于发射波束窄，使发射信号不易被敌方接收；接收视场有限，使敌方的干扰机瞄准困难；发射峰值功率较大，方向性好，使探测作用距离较远；工作于光频段，波长极小，使其角度和距离分辨率极高；发射波束旁瓣小，对地、海杂波的干扰抵抗能力较强。

当然，激光探测技术也有其自身的缺欠，与无线电和毫米波探测相比，激光探测技术的主要缺点是穿透大气能力不够，烟尘、云雾、雨雪等对激光的吸收和散射要比微波与毫米波大得多。因此，激光探测的性能对天气和环境很敏感。但激光探测要比被动光学探测系统的天候适应能力强，因为主动的激光探测技术可以通过距离或速度的选通、其他的微弱信号探测和信号处理技术来拒绝接收已经被确定为杂乱波的回波信号。

自从 20 世纪 60 年代激光技术出现后，60 年代末激光探测技术就迅速地被应用于近炸引信中。但受当时的技术水平所限，特别是半导体激光器件和集成电路水平低，激光近炸引信在使用范围和探测距离、探测精度、体积、功耗等各个方面存在较多的问题，或者是说系统性能并未达到较优的水平，因而在近炸引信中的应用受到限制，实际装备的弹种较少。但随着激光技术和微电子技术的迅速发展，半导体激光器的阈值电流逐渐降低，体积和成本迅速下降，光电转换效率不断提高，输出峰值功率大大增加；而作为接收部分的光电探测器和放大与处理电路在集成度、工作速度和精度、功耗、噪声等性能方面发展更加迅速，为激光技术在引信中的进一步应用和激光近炸引信系统性能的提高奠定了坚实的物质基础。另外，自从激光探测技术应用于近炸引信以来，国内外军方都对这种非常有前途的新探测原理进行了大量的理论和试验研究，如对激光引信定距体制、目标和环境对激光的反射与散射特性以及激光发射接收技术、提高定距精度和抗干扰能力的信号处理方法等问题都进行了大量的研究并获得了一批有重要指导意义的成果，这也对激光近炸引信的发展起到了巨大的推动作用。

国外在激光引信应用于各种导弹（对空、对地、对海导弹等）及一些常规弹药（如航空炸弹、迫弹等）引信中已取得了大量成果，并已有多种型号产品投入使用；国内也对激光探测技术在近炸引信中的应用进行了大量的研究，并研制出具有多种用途和体制的原理样机和型号样机。由于激光探测技术特有的优良特性，使其非常适合应用于一些常规弹药，如作用距离为 $1\sim10$ m 可调的通用迫弹近炸引信，同时由于各种常规弹药引信又存在许多不同特点，如作用方式、体积、成本、功耗和产量等，因此激光探测技术用于常规弹药是可行的。

表 6 -4 列出了国外 20 世纪 90 年代以前研制的激光近炸引信的种类。国外激光近炸引信的研制工作大约始于 60 年代末到 70 年代初。70 年代初期到中期，美国陆军哈里戴蒙得试验室、休斯飞机公司圣巴巴拉研究中心、摩托罗拉公司等单位先后研制出航弹用斜距光学近炸引信、AIM -4H 型"猎鹰"空对空导弹用激光近炸引信、"小榭树"地对空导弹用激光引信等。70 年代后半期，采用 DSU -15/B 型激光近炸引信的 AIM -9L 型"响尾蛇"空对空导弹进入美军装备，该引信采用四象限发射四象限接收。改进"长剑"导弹激光引信用"智能"信号处理器确定引爆破片战斗部的最佳范围。瑞典博福斯公司采用主动激光引信的 RBS -70 激光波束制导防空导弹问世。80 年代初，瑞典埃里克森公司在瑞典空军的支持下，研制出可用于多种型号"响尾蛇"导弹的激光近炸引信。目前正在研制的美国 AGM -88A 型高速反雷达导弹、CO_2 激光波束制导防空/反坦克导弹、法国 Matra 短距离地对空导弹也采用激光近炸引信。

表 6 -4 配用激光引信的部分战术导弹

导弹类型	国别	导弹名称	备注
空对空导弹	美国	响尾蛇 AIM -9L、AIM -9L -3、AIM -9L -1、AIM -9P -1、AIM -9P -3、AIM -9MAIM -9X 猎鹰：AIM -4H	近距格斗型
	英国	AIM -132	先进近距（ASRAAM）
	俄罗斯	AA -11 改型 AAM -AE	近距格斗型 先进中距（AMRAAM）
	南非	Darter、U -Darter	近距格斗型
	以色列	怪蛇 4	近距格斗型
	巴西	MAA -1	近距格斗型

续表

导弹类型	国别	导弹名称	备注
地（舰）对空导弹	英国	长剑 2000（MKICB）改型	
	以色列	巴拉克 I	
	法国	西北风	三军通用超近程导弹
	瑞典	RBS – 70	
	美国	海小榭树	
	美国、瑞士	阿达茨（ADAIS）	
	美国、德、丹麦	拉姆（RAM）RIM – 116A	
反辐射导弹	美国	哈姆（HARM）AGM – 88A 响尾蛇 AGM – 122A	
反坦克导弹	美国	龙 3（DRAGON3）M47 陶 2B（TOW2B）BGM – 71F	侧向激光、磁复合近炸引信
	美国、瑞士	阿达茨（ADAIS）	前向触发引信 侧向激光近炸引信
	以色列	马帕斯（MAPATS）	
	法国、德国	米兰 2T、霍特 2T（HOT2T）	
	西欧	中程崔格特（TRIGAT – MR） 远程崔格特（TRIGAT – LR）	激光定距

目前激光引信已发展为最重要的引信种类之一，广泛地用于各种类型的战术导弹。对于空对空导弹，不但近距格斗型大多配用激光引信，而且先进的复合制导超视距发射后不用管的空对空导弹也配用激光引信，如俄罗斯的先进 AAM – AE 空对空导弹。随着定向战斗部技术的发展，与之相匹配的多象限激光引信显示了进一步开发的潜力和重要的应用前景。

对于反坦克导弹，为进一步提高炸距精度，并避开与目标碰撞所引起的弹体变形，第三代反坦克导弹几乎所有型号都配用了激光引信。以激光精确定距，或以激光精确定距为主和其他体制为辅构成的复合引信，目的是提高引信对目标的作用可靠性和环境适应性。

国内对激光近炸引信的研究工作也早已开始，但相比较而言，与美国等国家的差距较大，目前，虽然军方对各类激光近炸引信有强烈需求，但仍未研制出达到装备部队水平的产品。造成这种情况的原因主要是关键器件的国产化、实用化及成本问题一直未得到解决。现在，国产激光近炸引信关键器件如半导体激光器、Si 光电探测器等问题都已得到了解决。如信息产业部十三研究所和重庆光电器件研究所等单位生产的脉冲半导体激光器和许多国内厂家生产的各种光电探测器，在性能、价格等各方面已基本上能够满足激光近炸引信的技术和实用化的要求。加上现代战争中，战术技术条件的变化，特别是抗干扰和定距精度要求的提高，对各种弹药上激光近炸引信的要求越来越迫切。

国内在 20 世纪 90 年代对激光近炸引信技术进行了重点研究。1990—1993 年，研制了"AFT – 9 激光 – 磁复合近炸引信"，采用几何截断定距体制，此引信的定距精度达到（0.37 ~

0.8）±0.1 m 的水平；1993—1998 年，开展了"AFT-9 重型反坦克导弹引信精确电子延时部件"的研制工作；1996 年开始，进行了"脉冲编码多象限激光近炸引信技术"的研究；1997—1998 年，进行了"迫弹激光多选择引信敏感装置"的研究工作。

6.5.1　国外配用激光近炸引信的几种武器系统

国外配用激光近炸引信的几种武器系统包括以下几种。

① "西北风"（SATCP）。是法国马特拉公司负责研制与生产的超近程地对空导弹武器系统，用于野战防空，主要拦截超低空、低空直升机和其他高速飞机，用以保卫空、陆军要地和野战部队。制导体制采用全程被动红外寻的制导，引信采用激光近炸引信（可防止因地物作用而早炸）和触发引信，其激光引信的作用距离为 3 m，6 路发射 6 路接收，可根据不同的目标调整起爆延时。

② "阿达茨"（Air Defense Anti - Tank System）。是瑞士和美国共同研制的反飞机、反坦克两用导弹武器系统，用于对付低空飞机、直升机和坦克等地面装甲目标。1979 年，由美国马丁·马利埃塔公司与康特拉维斯公司联合研制。制导方式为光学瞄准和激光架束，引信为激光近炸引信，质重为 1 kg，装在战斗部后面，由 4 个激光二极管和 4 个相关接收机组成。引爆时间由导弹与目标的相对位置确定。

③ "RBS-70"。是瑞典博福斯导弹公司研制和生产的便携式近程防空导弹武器系统，用来对付高速飞机和直升机，也可和其他高炮系统相配合，形成点防御，保卫重点设施。制导方式为激光架束制导，引信采用激光近炸引信，主动式激光近炸引信包括一部脉冲激光发射机和一部激光接收机，引爆距离可控，最大为 3～3.5 m。

④ "海小榭树"。是美国海军在陆用"小榭树"地对空导弹基础上移植的晴天候近程、低空舰对空导弹系统，制导方式为光学瞄准和红外寻的，弹上装有主动式激光近炸引信，它能精确控制炸点，引信基本上为一部收发机，发射机用砷化镓激光二极管做辐射元件，接收机采用硅光电二极管，此引信抗干扰能力非常好，即使知道了红外辐射的脉冲重复频率和宽度，也不容易对其干扰。

⑤ "巴拉克"（Barak）。是以色列飞机工业公司为 350～400 t 级巡逻艇设计的近程点防御导弹武器系统。能对付飞机、直升机、空对地导弹、掠海反舰导弹、灵巧炸弹及普通炸弹等。采用先进激光近炸引信，可对付掠海飞行的目标。

6.5.2　半主动激光炸点控制应用于穿甲弹

在现代武器战争中对付坦克等装甲目标时，一般使用破甲弹、穿甲弹以及碎甲弹等反装甲战斗部及引信。然而，在现代的二代、三代甚至是四代坦克车辆上，一般都挂有反应装甲，其作用就是在战斗部侵彻或摧毁装甲前起爆，引爆战斗部，使之失去对付装甲的功能，使得反装甲武器的威力大大降低，失去了有效的作战效能。为了解决该问题，这就要求穿甲弹和破甲弹等增加清除反应装甲的功能。对付反应装甲的途径就是在穿甲弹发射距坦克一定距离时，从穿甲弹中射出一小子弹，小子弹先于穿甲弹主体到达，使得反应装甲误起爆，后进的穿甲弹主体部分对装甲进行侵彻，实现对装甲的杀伤作用效果，达到摧毁装甲的目的。上述过程中的一个关键技术就是引爆发射小子弹的时间问题，也就是在穿甲弹距离目标多远的时候将小子弹发射出去使反应装甲失效。因此，要针对这种复合式穿甲弹的引信部分开展研究，在保障穿甲弹功能的前提下，实现定距引爆射出子弹击毁反应装甲的功能。

图 6-23 为穿甲弹半主动激光定距起爆系统的结构示意图。图 6-24 为穿甲弹半主动激光定距起爆系统的原理框图。武器平台发射出激光编码信号，该起爆信号经光敏传感器接收，光敏传感器将所感受到的被测信号通过输入接口连接到前置放大器，前置放大器的基本功能是放大光敏传感器获得的信号，给后面的主放大器提供能够二次放大的信号，前置放大器的输出送给高增益、宽频带、低功耗、低噪声的主放大器，得到幅值足够大的可处理信号。放大后的信号通过接口送入整形电路，进行信号的整形调理，整形电路得出的可处理信号将送入系统的识别电路。经过调理放大的编码信号进入识别电路的单片机的输入引脚，经过单片机对该信号进行处理识别。如果是预定的起爆编码信号，识别电路就给后面的起爆电路一个起爆脉冲，使得起爆电路引爆发火材料。

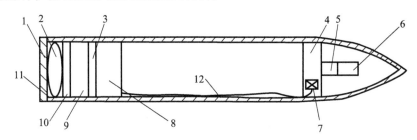

图 6-23　穿甲弹半主动激光定距起爆系统的结构示意图

1—保护罩；2—后置光学窗口；3—识别电路；4—安全系统；5—起爆药柱；6—子弹；7—雷管；8—电源；9—放大电路；10—光敏电路；11—外壳；12—连接导线

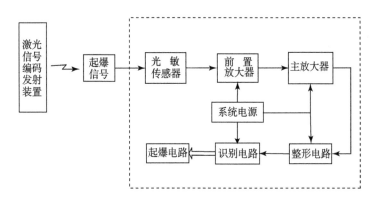

图 6-24　穿甲弹半主动激光定距起爆系统的原理框图

6.5.3　激光近炸引信技术在迫弹常规武器上和无人机上的应用

目前激光近炸引信已经向常规武器方向发展。NF2000M 和 PX581 是两种目前比较先进的迫弹用激光近炸引信，这两种引信的出现，可以认为是激光近炸引信在中等口径常规武器弹药中应用的开始，也预示了激光近炸引信技术向功能简单的常规武器弹药引信发展的趋势。NF2000M 是挪威 NOPTEL 公司研制的迫弹通用多用途激光近炸引信。PX581 是由挪威 NOPTEL 公司与美国 JUNGHAMS Feinwerktechinik 公司正在联合研制的迫弹通用激光近炸引信，两者在激光定距的核心技术上是完全相同的，只是在引信的安全系统等机械结构上有所不同。NOPTEL 公司在超近程激光定距传感器方面有较成熟的技术，在项目中承担激光定距传感器模块的研制工作；而 JUNGHAMS 公司在引信的总体与结构设计方面具有雄厚的基础和实力，曾经承担过迫弹、火箭弹、导弹等多种型号引信和安全系统的研制工作，在项目中承担引信系统设计、安全系统设计、机械结构设计、引信装配等工作。PX581 的光学定距传感器模块直接采用了 NOPTEL 公司的 NF2000M 技术，这种通用激光近炸引信的性能如下：

①具有近炸功能，同时具有触发、延期功能；

②可通用于 60 mm、81 mm、120 mm 迫弹及 SMK 炸弹；

③预定的作用高度为 1 m、2 m、3 m、4 m、5 m；

④符合 MIL STD 1316D 标准；

⑤炮口安全距离≥100 m；

⑥弹道安全在弹道顶点；

⑦≥98% 的可靠性；

⑧工作温度范围：－40 ℃（－46 ℃）～＋63 ℃；

⑨不受雨、烟尘、雪、云雾、雷电等干扰。

图 6－25 为动态激光定距技术的原理框图。

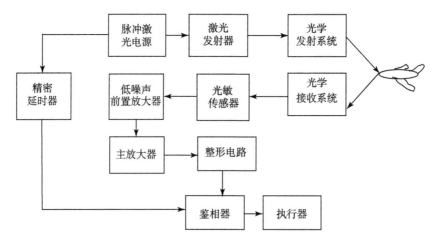

图 6－25　动态激光定距技术的原理框图

框图中的脉冲激光电源经过调制后，发射出窄脉宽、陡上升沿的脉冲驱动信号，一路用来驱动激光器，另一路经过精密延时器到达鉴相器。激光发射器在激光驱动电源的驱动下发射出符合要求的激光脉冲，这样的激光脉冲是发散的，必须经过光学系统的准直。经过准直光学系统后的脉冲，发散角很小，能够照射到很远的目标。激光信号经目标反射到光学接收系统。反射光经过光学接收系统后，光电传感器把光信号转变为电信号，低噪声前置放大器把光电传感器的微弱信号进行初级放大。信号再经过主放大器进行放大和整形电路的整形到达鉴相器。参考脉冲来自激光驱动电路，经过精密延时器的延时后也到达鉴相器。两个信号进行鉴相运算，当两个信号的上升沿重合时，鉴相器输出一个触发信号给执行器。

激光近炸引信技术在无人机上的应用：当无人机弹升空时产生一个后坐力，作为安全系统的第一环境力，当无人机飞行时接收到俯冲信号，无人机向下有一个俯冲力，作为安全系统的第二环境力；当俯冲信号产生时，计时器开始计时，在设定好时间内战斗部自毁，并利用这一信号使激光近炸系统开始工作。

6.5.4　激光探测技术的未来发展及应用前景

激光探测技术应用于近炸引信有着非常重要的意义：一方面可采用激光技术对原有的近炸引信进行技术改造，在抗干扰、定距精度等多方面提高原有引信的性能；另一方面，许多新型弹药对近炸引信提出了新的要求，而激光技术恰恰能够为其提供必要的实现手段或最佳的性能。激光近炸引信新的应用方向包括以下方面。

1. 反武装直升机激光近炸引信技术

现代武装直升机都具有隐蔽性强（超低空飞行）、具有防护能力（重要部位有装甲防护）且攻击能力强的特点，因而反武装直升机已经成为现代防空的重要内容。一般的无线电近炸引信在超低空复杂背景下难以使用，而激光近炸引信具有低旁瓣干扰、全向探测和良好的距离截止特性等许多优点；另外，高的距离和角度分辨率为直升机特征信号识别和选择最佳炸点提供了必要的手段，因此，非常适合于反武装直升机弹药引信的应用。这种激光近炸引信的关键技术包括：机体几何形状及有涂层、迷彩、复合材料的后向散射特性，空中悬浮粒子（包括恶劣天气条件和人工气溶胶）后向散射和传输特性，超低空复杂背景特性，激光探测直升机主要特征信号识别技术。激光探测的分辨率较高，有利于对目标进行识别和确认，如对武装直升机旋翼特征的识别等。但通常要求脉冲激光源有较高重复频率，才能达到对目标特征准确提取的目的。这种激光近炸引信希望达到的指标为超低空复杂背景和恶劣气象条件下，引信对直升机探测距离 3~4 m。

2. 激光成像引信

这种激光成像引信可用来代替红外成像引信，根据目标图像特征，识别弹目交会方位及目标的关键部位，从而提高引信对目标的自动识别、自动炸点控制和抗干扰能力，可用于空空导弹、地空导弹、大口径火箭弹及炮弹等。有两种方案可实现目标成像：一种方案是把多个发射器与多个接收器布置于弹体四周，同时对目标成像，即所谓多象限激光引信，但这种方案由于受可布置的探测器数量的限制，成像分辨率很低，基本上只具有识别目标方位的能力；另一种方案是采用扫描成像，这种方法的分辨率较高，但要求激光器高速旋转，且发射的激光脉冲有较高的重复频率。

3. 远距离定高母弹开仓引信

为满足中远程打击通过子母弹扩大覆盖面积的需要，战术导弹母弹开仓引信将雷达高度表与 GPS 定位技术相结合，探索 500 m 高度激光定高技术研究，以避开电磁干扰和提高可靠性。关键技术包括激光定高引信耐高温光学窗口技术、大功率激光发射技术（或远距离激光探测技术）、抗干扰及信息处理技术。激光定高引信光学系统应能抗热、抗阳光、抗火光干扰，能定量测定其抗云雾、烟尘、箔条干扰的能力，并采取有效的抗激光干扰机的措施。主要指标要求定高范围在 150~500 m，精度为 10%。

4. 激光引信测高与起爆控制一体化技术

研究激光引信在海浪背景下对目标判别的技术、激光测高与自适应引爆控制一体化、引战配合及海面大高度测距试验、抗海杂波和电磁干扰技术。要求的指标为探测高度在 0~50 m，测高精度为 0.5 m，径向探测场为 60°，可抗海杂波和电磁干扰。

5. 迫弹通用多选择激光近炸引信

迫弹通用多选择激光近炸引信，如挪威的 NF2000M 和美国的 PX581。

6. 高定距精度云爆弹激光近炸引信

云爆弹的杀伤效能很大程度上取决于起爆高度的精确性，因此，云爆弹引信对近炸距离的精度提出了较高的要求。激光近炸引信的距离锐截止特性正好适合于云爆弹引信的这一要求。但是，云爆弹的作用对象是地面，而各种地表面的光学特性差异非常大，这对激光近炸引信的定距精度有较大的影响，因而研究如何对不同光学特性表面提高定距精度成为这种引信的关键技术。要求的指标为作用距离在 2 ~ 3 m，定距精度小于 ±0.5 m。

思考题

1. 简要说明激光的特点以及对近炸引信的特殊要求。
2. 目前使用的激光近炸引信中主要作用体制有哪些？
3. 简述脉冲鉴相定距体制的原理及特点。
4. 激光脉冲的波形质量对激光引信的影响表现在哪几个方面？
5. 试分析半导体激光器的等效电路模型。
6. 激光引信的干扰及抗干扰措施有哪些？

第7章

电容探测技术

7.1　概述

由绝缘介质分开的导电体之间会形成电容。当导电体之间距离发生变化或有第三导体接近时，电容值会发生变化。电容探测技术就是依靠设计电容电极与电容量变化检测电路来实现对目标的探测。

电容探测技术利用被探测目标出现引起电容器电容量的变化，通过检测电容值或其变化率而实现对目标的探测，属于非接触测量范围。电容探测具有结构简单、能实现非接触测量、定距精度高、抗干扰能力强等优点。缺点是可探测距离近和存在非线性误差等。

7.2　电容式传感器基础

由两平行板组成一个电容传感器，若忽略其边缘效应，电容量可用式（7 - 1）表示：

$$C = \frac{\varepsilon_0 \varepsilon_r S}{d} = \frac{\varepsilon S}{d} \tag{7-1}$$

式中　S ——极板相互遮盖面积；

　　　d ——两平行极板间的距离；

　　　ε ——极板间介质的介电常数；

　　　ε_r ——极板间介质的相对介电常数；

　　　ε_0 ——真空介电常数，$\varepsilon_0 = 8.85 \times 10^{-12}$ F/m。

由式（7 - 1）可见，在 ε_r、S、d 三个参数中，只要保持其中两个参数不变，电容量就是另外一个参数的单值函数。根据此原理可设计三种类型的探测方式，如图 7 - 1 所示。

1. 变间隙式

图 7 - 1（a）和（e）所示为变间隙式电容传感器的工作原理。通过被探测目标与探测头之间的距离 d 的变化，引起由目标与探头电极构成的电容的容量变化，可实现变间隙式目标探测。这也是电容近炸引信的主要工作方式。

由式（7 - 1）可知，电容量的变化与两极板间距离成反比。在探测过程中，随着引信与目标的接近，弹目之间的电容值增大。

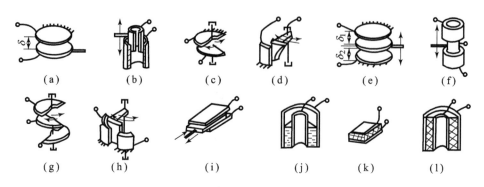

图 7 - 1 电容式传感器的类型

2. 变面积式

图 7 - 1（b）、（c）、（d）、（f）、（g）和（h）所示为变面积式电容传感器的工作原理。对于近炸引信，在弹目交会过程中，引起电容极板的重合面积的变化，导致电容值发生变化。

3. 变介质式

图 7 - 1 的（i）、（j）、（k）和（l）所示为变介电常数式电容传感器的工作原理。目标介质的介电常数与空气的介电常数差别较大。该探测原理是利用由于目标的出现导致引信上电极间电介质的介电常数变化而引起电容值的变化。

7.3 电容探测原理

电容式目标探测在电容式传感器基础上发展而来，其原理是设计探测器的电极与探测电路，探测被测对象的出现引起电容的变化而引起的电路特性的变化。

电容式探测方法的研究重点在于探测电极的设计。根据探测处理电路的不同，一般有双电极式和三电极式探测方式。

7.3.1 双电极式电容探测原理

电容探测采用静电场工作的方式，由于静电场工作的作用距离特别近，它是一种近距探测方式。在使用中，探测器上设计有两个探测电极，电极间有电容存在。当被探测对象出现时，与两探测电极形成电容，这种情况也可认为是利用电容变化来测量目标。双电极电容探测器的工作原理如图 7 - 2 所示。

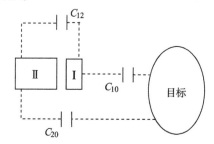

图 7 - 2 双电极电容探测器的工作原理

在图 7 – 2 中，被探测对象可以是任何金属或非金属目标。Ⅰ、Ⅱ为两个电极，电极 Ⅰ 和电极 Ⅱ互相绝缘。C_{10}、C_{20} 分别为两个电极与目标间的互电容，C_{12} 为探测器的两个电极间的互电容。那么，两个电极间的总电容为以上三项的共同作用结果，计算式为

$$C = C_{12} + \frac{C_{10}C_{20}}{C_{10} + C_{20}} \qquad (7 - 2)$$

当被测目标远离探测器时，可以认为 C_{10}、C_{20} 均为零，那么两电极间的总电容 $C = C_{12}$。当被测目标进入探测器敏感区，电极 Ⅰ、Ⅱ与目标之间形成电容 C_{10}、C_{20}，且随着目标与探测器的不断接近，C_{10}、C_{20} 逐渐增大，式（7 – 2）中的第二项不断变大。如果把第二项用 ΔC 表示，那么式（7 – 2）变为

$$C = C_{12} + \Delta C \qquad (7 - 3)$$

随着目标与探测器的接近，ΔC 变大。如果把增量 ΔC 或 ΔC 的增加速率检测出来作为目标距离加以利用，则可以实现对目标的定距作用。

7.3.2　三电极式电容探测原理

三电极电容探测器自身有 3 个电极，当有目标出现时，3 个电极间构成一个电容网络。随着弹丸与目标不断接近，电容网络参数将发生变化，通过对网络参数的检测即可实现对目标的近程探测。

典型的三电极电容探测器电路原理如图 7 – 3 所示。3 个电极一般由弹体和两段特制电极组成。图 7 – 4 中 1、2 和 3 分别为 3 个电极。为分析方便，给出 3 个电极及其互电容的图示。C_{AB}、C_{AC}、C_{BC} 分别为 3 个电极间的电容。

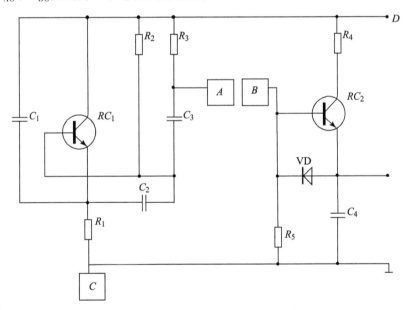

图 7 – 3　典型的三电极式电容探测器电路原理图

图 7 – 4 中电极 1、2、3 和与图 7 – 3 点 A、B、C 相互对应。电容探测器电路由振荡器和检波器组成，考虑到极间电容后，图 7 – 4 所示电极可画成如图 7 – 5 所示的电路。电路由振荡器和检波器组成。

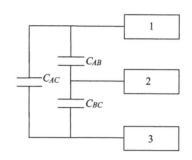

图 7-4　3 个电极及其互电容

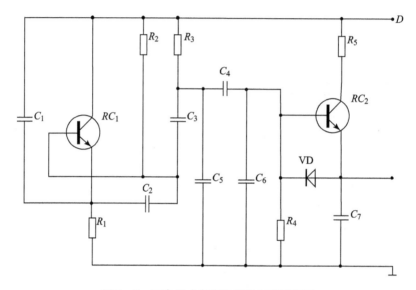

图 7-5　三电极式电容探测器电路原理图

当弹目相距甚远时，3 个电极间的电容如图 7-4 所示；当弹目距离接近时，极间电容如图 7-6 所示。

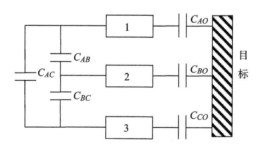

图 7-6　目标出现时极间电容变化

所以，当弹目接近时，极间电容要发生变化，即振荡电路中的等效电容或等效电感发生变化，因而振荡频率和振荡幅度都要发生变化。这种变化（振荡频率、振荡幅度、耦合电容）当然影响到检波器的输入信号，把弹目接近时振荡器电压信号的变化通过检波器检测出来，可以得到目标信号。

7.4　电容探测处理电路

电容探测处理电路就是将电容量的变化 ΔC 提取出来，转变成电压或电流信号。处理电路的原理是将电容作为电路中的工作器件，通过电容的变化引起电路的输出特性变化，从而识别目标。

根据对 ΔC 的监测方法不同，产生了电容探测的不同探测方式。电容近炸引信有许多工作方式，可以利用两极间的电容传递信号，通过测量信号强弱测量目标距离。也可以直接从电容的变化引起的电压大小来测距，或者将两极间电容作为电桥一臂，通过测量电桥的平衡来实现测距。还可以将两极间电容作为振荡器的一部分，通过振荡器的频率变化来测距。

不论怎样，当探测器有目标接近时，希望两极间电容的变化足够大，这样才便于检测。因此，电容探测中电极的安排非常重要。不同的形式和不同数量的电极的放置带来场的灵敏度的变化，从而产生新形式的电容近炸引信。

下面介绍其中的电容探测的三种主要信号处理电路。

7.4.1　鉴频式探测

鉴频式探测主要由振荡器和鉴频器构成。

将敏感电容与其他元件构成振荡器，在不受目标影响下，以固定的频率振荡。当目标出现后，引起敏感电容的容值变化，从而使振荡器输出特性发生变化。图 7 - 7 所示为某电容探测器振荡频率在不同着角时随探测器与目标距离变化时的变化曲线。

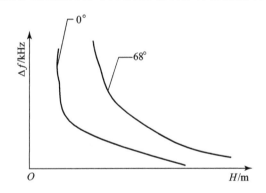

图 7 - 7　某电容探测器振荡频率在不同着角时随探测器与
目标距离变化时的变化曲线

鉴频器的作用主要是将频率的变化转变为电压信号输出。鉴频式目标探测电路如图 7 - 8 所示。

图中给出的振荡器的振荡频率为

$$f_0 = \frac{1}{2\pi \sqrt{L_1 C_0}} \tag{7-4}$$

其中，C_0 包括探测电极间的结构电容。

当被探测目标出现时，由于目标的影响，探测电极之间的电容发生变化，因此振荡器的振荡频率也要发生变化。可以得到

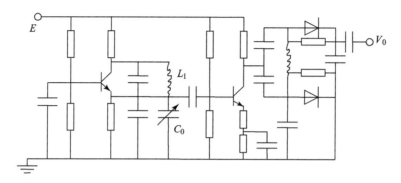

图 7 - 8　鉴频式目标探测电路图

$$\Delta f = -\frac{1}{2}\frac{\Delta C}{C_0}f_0 \qquad (7-5)$$

即振荡器的频移正比于探测电极间电容的相对变化。

对于鉴频电路，其输出电压

$$\Delta U \propto \Delta f \qquad (7-6)$$

所以，根据输出电压的变化就可实现对目标的探测。

7.4.2　电桥式（直接耦合式）探测

此种探测器由振荡器、检波器和电极构成。

以三电极电容探测器为例。目标出现时，3 个电极间的电容分布如图 7 - 9 所示。

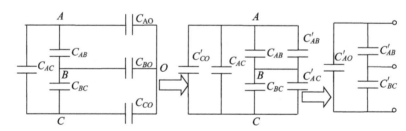

图 7 - 9　3 个电极间的电容分布

从图 7 - 9 可见，3 个电极间的电容构成一个电桥。当弹目接近时，电桥平衡被破坏，从 BC 端可以得到目标信号。故此种探测方式称为电桥式。在图 7 - 8 中

$$C'_{AB} = C_{AB} + \frac{C_{AO}C_{BO}}{C_{AO} + C_{BO} + C_{CO}} = C_{AB} + \Delta C_{AB} \qquad (7-7)$$

$$C'_{AC} = C_{AC} + \frac{C_{AO}C_{CO}}{C_{AO} + C_{BO} + C_{CO}} = C_{AC} + \Delta C_{AC} \qquad (7-8)$$

$$C'_{BC} = C_{BC} + \frac{C_{BO}C_{CO}}{C_{AO} + C_{BO} + C_{CO}} = C_{BC} + \Delta C_{BC} \qquad (7-9)$$

当弹目接近时，C'_{AB}、C'_{AC}、C'_{BC} 都要不断变化。从图 7 - 9 可知，当暂不考虑振荡幅度时，$C'_{AB}/(C'_{AB} + C'_{BC})$ 是决定输出信号大小的关键。$C'_{AB}/(C'_{AB} + C'_{BC})$ 是当弹目接近时输出容抗与支路容抗之比。

$$\frac{C'_{AB}}{C'_{AB} + C'_{BC}} = \frac{C_{AB} + \Delta C_{AB}}{C_{AB} + \Delta C_{AB} + C_{BC} + \Delta C_{BC}} = \frac{C_{AB}}{C_{AB} + \Delta C_{AB} + C_{BC} + \Delta C_{BC}} +$$
$$\frac{\Delta C_{AB}}{C_{AB} + \Delta C_{AB} + C_{BC} + \Delta C_{BC}} \tag{7-10}$$

在常用的引信作用范围内和攻击角度情况下，按一般情况下电极的结构，有

$$\Delta C_{AB} \gg \Delta C_{BC} \gg \Delta C_{AC} \tag{7-11}$$
$$C_{AB} + C_{BC} + C_{AC} \approx C_{AB} + C_{BC}$$

而结构电容要比电容变化量大得多，因此，可以用 ΔC_{AB} 代表电容变化量，用 $C_{AB} + C_{BC}$ 代表总电容，那么，从式（7-10）可以得到

$$\frac{C'_{AB}}{C'_{AB} + C'_{BC}} = \frac{C_{AB}}{C_{AB} + C_{BC}} + \frac{\Delta C_{AB}}{C_{AB} + C_{BC}} \tag{7-12}$$

即检波电压变化量取决于式中的第二项。

如果把振荡频率和振荡幅度的变化都考虑到检波效率中去，则可以得到检波电压的变化量

$$\Delta U \propto \eta \frac{\Delta C_{AB}}{C_{AB} + C_{CB}} \tag{7-13}$$

那么又可以回到 $S_D = \dfrac{\Delta U}{\Delta C / C_0}$ 式，即同样可以用此式来描述 3 个电极直接耦合式电容近感引信的探测灵敏度。

7.4.3　运算放大器式探测电路

运算放大器式探测电路如图 7-10 所示，图中 C_x 是传感器电容，C 是固定电容，u 是激励电压，u_0 是输出电压信号。电容放大器式探测电路的最大特点是能克服变极距型电容传感器的非线性。

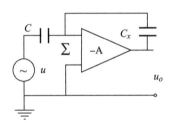

图 7-10　运算放大器式探测电路

由运算放大器工作原理可知，放大器的输出电压为

$$u_o = -\frac{1/(j\omega C_x)}{1/(j\omega C)} u = -\frac{C}{C_x} u \tag{7-14}$$

由于探测电容传感器的容抗 $C_x = (\varepsilon S)/\delta$，所以

$$u_o = -\frac{uC}{\varepsilon S} \delta \tag{7-15}$$

可以看出，该电路从原理上保证了变极距型电容式传感器的线性。假设放大器开环放大倍数 $A = \infty$，则输入阻抗 $Z_i = \infty$，因此仍然存在一定的非线性误差，但一般 A 和 Z_i 足够大，

所以这种误差很小。

7.4.4 模拟电路信号处理

由于在探测电路中得到的电信号变化量特别小，所以要将电信号加以放大，如图7－11所示。在这个信号处理电路中，它有两个放大级，第一级由A、B组成，它们都是同相输入，输入电阻很高，并且由于电路结构对称，可抑制零点漂移。第二级由C组成差动放大电路。

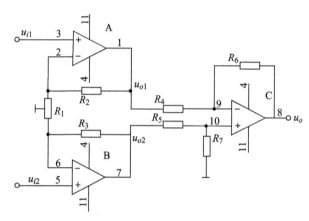

图7－11　模拟信号处理电路

输入信号电压为u_{i1}和u_{i2}。如果$R_2 = R_3$，则R_1的中点是"地"电位。于是得出A和B的输出电压，它们分别为

$$u_{o1} = \left(1 + \frac{R_2}{\frac{R_1}{2}}\right)u_{i1} = \left(1 + \frac{2R_2}{R_1}\right)u_{i1} \tag{7-16}$$

$$u_{o2} = \left(1 + \frac{2R_2}{R_1}\right)u_{i2} \tag{7-17}$$

由此可得

$$u_{o1} - u_{o2} = \left(1 + \frac{2R_2}{R_1}\right)(u_{i1} - u_{i2}) \tag{7-18}$$

第一级的闭环电压放大倍数为

$$A_{uf1} = \frac{u_{o1} - u_{o2}}{u_{i1} - u_{i2}} = \frac{u_{o1} - u_{o2}}{u_i} = 1 + \frac{2R_2}{R_1} \tag{7-19}$$

对第二级放大级而言，如果$R_4 = R_5$，$R_6 = R_7$，则可知

$$A_{uf2} = \frac{u_o}{u_{o2} - u_{o1}} = \frac{R_6}{R_4} \tag{7-20}$$

或

$$A_{uf2} = \frac{u_o}{u_{o1} - u_{o2}} = -\frac{R_6}{R_4} \tag{7-21}$$

因此，两级总的放大倍数为

$$A_{uf} = \frac{u_o}{u_i} = A_{uf1} \times A_{uf2} = -\frac{R_6}{R_4}\left(1 + \frac{2R_2}{R_1}\right) \tag{7-22}$$

一般为了提高测量精度，测量放大器必须具有很高的共模抑制比，要求电阻元件的精密度很高，输入端的进线还要用绞合线以抑制干扰的窜入。

7.5　电容探测的应用

7.5.1　电容探测在液面探测中的应用

图 7-12 所示为液面探测器原理图。

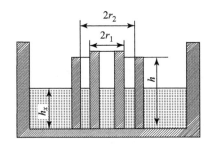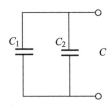

图 7-12　液面探测器原理图

油水界面探测器采用介质变化型电容传感器。假设电容器为两平极结构，做绝缘处理后，电容器两极浸入不同的介质中，由于电容器中的介质相对介电系数不同，电容量是不同的；而当电容器两极处在两种不同介质的界面处时，当液体介质的液面发生变化时，也将导致电容器的电容 C 发生变化。作为界面探测器，其重点是后者，即检测电容传感器在气油界面、油水界面位置变化导致电容器的电容 C 变化情况。

液面探测器的电容随液面高度的变化规律可由式（7-23）计算

$$C = \frac{2\pi\varepsilon_0 h}{\ln(r_2/r_1)} + \frac{2\pi(\varepsilon - \varepsilon_0)h_x}{\ln(r_2/r_1)} = A + Kh_x \tag{7-23}$$

其中，$A = \dfrac{2\pi\varepsilon_0 h}{\ln(r_2/r_1)}$，$K = \dfrac{2\pi(\varepsilon - \varepsilon_0)}{\ln(r_2/r_1)}$。

可见，传感器电容量 C 与被测液位高度 h_x 呈线性关系。

7.5.2　电容探测在近炸引信中的应用

电容近炸引信是近年来发展较快的一种引信，它是利用其电极遇目标时产生的极间电容量变化的信息来控制引信起爆的。它探测目标的基本原理是引信探测器利用一定频率的振荡器通过探测电极在其周围空间建立起一个准静电场，当引信接近目标时，该电场便产生扰动，电荷重新分布，使引信电极间等效电容量产生相应的规律性变化。引信则利用探测器将这种变化的信息——电压变化量以信号形式提取出来，实现对目标的探测。因此，从机理上讲，该探测器所建立的静电场的分布特征决定了电容引信目标探测的方向性。由于它探测目标所利用的是引信电极间电容的变化，所以这种引信具有作用距离近、定距精度高、抗干扰能力强、对地炸高受目标类型和落角的影响小等特点。

双极性电容近炸引信的原理示意图及结构图如图 7-13 所示。

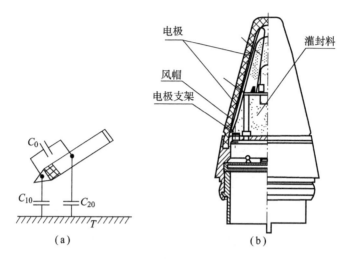

图 7-13 双极性电容近炸引信的原理示意图及结构图

(a) 原理示意图；(b) 结构图

电容近炸引信包括探测器、信号处理器、点火电路和电源。探测器依据电容探测原理探测目标是否出现。其包含前面介绍的电极、振荡器、检波器或鉴频器等。信号处理器用于识别目标信号，抑制干扰信号，识别交会条件，在预定弹目距离输出启动信号。点火电路在信号处理器输出的启动信号控制下，储能电容放电，引爆电雷管。电源为整个引信提供能源。

与无线电近炸引信相比，由于电容探测的特点，电容近炸引信有以下优点。

（1）定距精度高

这是因为静电场场强衰减与距离的三次方成正比，因而它对距离的变化反应敏感。在小炸高条件下尤为明显。

（2）抗干扰性能好

由于引信靠极间电容变化获取目标信息，因此凡不能引起极间电容发生符合一定规律变化的干扰均可被抑制。

（3）探测方向图基本是球形

由于静电场不辐射，场的方向性较均匀，基本上在电极周围均匀分布，因而当引信对目标探测角度不同时，目标信号变化不大。

（4）炸高散布小

对目标的导电性能不敏感，对近距离目标具有体目标效应，因而对不同目标炸高散布小。

（5）抗隐身技术功能强

由于不靠反射波工作，所以对于几何形状隐身及涂有吸收电磁波涂层的隐身目标仍能正常工作。此时涂层仅相当于改变了耦合的一层介质，对电容量影响微乎其微。

当然，由于电容变化量受极间距离的限制，电容引信也有其固有缺点，其最大缺点是探测距离小。

思考题

1. 电容近程探测有几种方式?
2. 推导双电极电容探测电容量变化公式。
3. 对比分析鉴频式与电桥耦合式电容探测方式的优缺点。

第8章

毫米波探测技术

8.1 毫米波探测的物理基础

毫米波通常是指波长为 1 ~ 10 mm 的电磁波,其对应的频率范围为 30 ~ 300 GHz。毫米波是介于微波到光波之间的电磁频谱,它位于微波与远红外波相交叠的波长范围,因而兼有两种波谱的特点。毫米波的理论和技术分别是微波向高频的延伸与光波向低频的发展。

任何物体在一定温度下都要辐射毫米波,可从用被动方式探测物体辐射毫米波的强弱来识别目标。毫米波的频带极宽,在 4 个主要大气窗口 35 GHz、94 GHz、140 GHz 和 220 GHz 中,可利用的带宽分别为 16 GHz、23 GHz、26 GHz 和 70 GHz,每个窗口宽度都接近或大于整个厘米波段的频带;3 个 60 GHz、119 GHz 和 183 GHz 的吸收带,也具有相当宽的频带。

在晴朗天气下,大气对毫米波传播的影响包括大气对毫米波的吸收、散射、折射等。其中,吸收往往是由于分子中电子的跃迁而形成的,大气中各种微粒可使电磁波发生散射或折射。这两类效应存在不同的物理本质。

1. 大气成分

大气中绝大部分气体(如 N_2、O_2、CO_2)的含量随着离地面高度升高以指数规律衰减,每升高 15 km 约减小 9/10。大气中的水汽主要分布在 5 km 以下,在 12 km 以上几乎不存在水汽,大气中的水汽也是造成天气现象的主要因素,它以汽、云、雾、雨、冰等各种形态出现。大气中水的含量随气候、地点变化很大。例如,海面、盆地地区或雨季,大气中的水汽含量较大;而在沙漠地区及干旱季节,水汽的含量较少。大气中臭氧的总含量很少,分布也不均匀,主要集中于 25 km 高空附近,在 60 km 以上高空,臭氧的含量很少。大气中还有一种称为气溶胶的固体,为液体悬浮物,一般有一个固体的核心,外层是液体,它具有不同的折射率与形状,气溶胶的核心可以是风吹扬的尘埃、花粉微生物、流星的烧蚀物、海上的盐粒、火山灰等。直径为 0.01 ~ 30 μm 的气溶胶主要分布在 5 km 以下高空。

2. 大气吸收及选择窗口

地球大气中 99% 的成分是 N_2 和 O_2。由于偶极子的作用,O_2 在 5 mm(60 GHz)及 2.5 mm(118.8 GHz)处有两个强的吸收峰。CO_2 对紫外线及红外线有强的吸收峰出现,但对毫米波影响不大。

大气中水汽的吸收范围也是十分广泛的,从可见光、红外线直至微波,到处可发现 H_2O 的吸收峰。大气中水的含量一般随时间、地点变化 0.1% ~ 3%。由于水汽的转动能级跃迁的吸收,使水对微波波段呈现出几个吸收峰:0.94 mm(317 GHz)、1.63 mm(183 GHz)

及 13.5 mm（22.235 GHz）。综上所述，大气中对毫米波出现多个吸收峰，大气窗口是指毫米波在某些波段穿透大气的能力较强。取 4 个毫米波大气窗口的中心频率及其带宽列入表 8 – 1。

表 8 – 1　毫米波大气窗口

窗口频率/GHz	35	94	140	220
相应波长/mm	8.5	3.2	2.1	1.4
带宽/GHz	16	23	26	70

图 8 – 1 示出了大气衰减和频率的关系。图中实线表示在压强 $p = 101.325$ kPa、温度 $T = 20$ ℃、水汽密度 $= 7.5$ g/m³ 时的吸收曲线；虚线表示在 4 000 m 高空，$T = 0$ ℃、水汽密度 $= 1.0$ g/m³ 下的吸收曲线。从图 8 – 1 可见，大气吸收除与频率有关外，还与气压、温度和绝对温度有关。

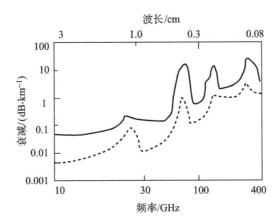

图 8 – 1　大气衰减和频率的关系曲线

在设计毫米波近感探测装置时，工作频带应选择在大气窗口内，近感探测装置探测距离一般可达几米至几百米。特别对于几十米以下的近距离探测，主动毫米波探测器可选择非大气窗口的频率，在这些特定的频率下，反而可以大大提高抗干扰能力。对于被动式毫米波辐射计，如果专门测量某气体的温度，应选择非大气窗口。但是，对于一些探测金属目标的近程辐射计，非大气窗口内目标和背景的对比度大大下降，给检测金属目标带来很大困难。

8.2　毫米波探测的特点

8.2.1　毫米波探测的特点

毫米波探测的主要特点包括以下几方面。

①穿透大气的损失较小，具有穿透烟雾、尘埃的能力，基本可以全天候工作。红外、激光和可见光在大气中的衰减比较大，在光电波段的某些区域内，通过大气的衰减量可达到每千米 40 ~ 100 dB，也就是说，每通过 1 km 后信号强度只剩下 1/100 ~ 1/10。如果能见度在 2 km 以下，红外、电视等光电探测器的探测性能会急剧下降，在雨、雾等气候条件下，这些探测器难以发挥其正常的效能。但毫米波有 4 个窗口频段，在大气中传播衰减较小，因

而透过大气的损伤比较小。同时，毫米波穿透战场烟尘的能力也比较强。但是，毫米波在大气中尤其在降雨时其传播衰减比微波的大，因而作用距离还是有限，与微波探测相比，只具备有限的全天候作战能力。

②抗干扰能力强。毫米波在其相应于 35 GHz、94 GHz、140 GHz 和 220 GHz 的 4 个主要大气窗口的带宽分别为 16 GHz、23 GHz、26 GHz 和 70 GHz，说明它无论是大气窗口还是吸收带，都有相当宽的频率范围，这样选择工作频率的范围较大，因而探测器设计灵活，抗干扰能力强。

③波束窄，测量精度高，方向性好，分辨能力强。雷达分辨目标的能力取决于天线波束宽度，波束越窄，则分辨率越高，天线波束宽度（波束主瓣半功率点波宽）为

$$\theta = K \frac{\lambda}{D} \qquad (8-1)$$

式中　K——与天线照射函数有关的常数，一般为 0.8~1.3；

λ——波长；

D——天线直径。

例如一个 12 cm 的天线，在 9.4 GHz 时波束宽度为 18°，而在 94 GHz 时波束宽度仅为 1.8°。所以，当天线尺寸一定时，毫米波的波束要比微波的波束窄得多，易于实现窄波束和高增益的天线，因而分辨率高，抗干扰性好，可以分辨相距更近的小目标或者更为清晰地观察目标的细节。

④噪声小。毫米波段的频率范围正好与电子回旋谐振加热（ECRH）所要求的频率相吻合，许多与分子转动能级有关的特性在毫米波段没有相应的谱线，因而噪声小。

⑤鉴别金色目标能力强。被动式毫米波探测器依靠目标和背景辐射的毫米波能量的差别来鉴别目标。物体辐射毫米波能量的能力取决于本身的温度和物体在毫米波段的辐射率，可以用亮度温度 T_B 来表示

$$T_B = xT \qquad (8-2)$$

式中　T——物体本身的热力学温度；

x——物体的辐射率。

由式（8-2）可见，即使是处于同一温度的不同物体，也会因不同辐射率而有不同的辐射能量。金属目标的亮度温度比非金属目标的亮度温度低得多，因而即使在物质绝对温度相同的情况下，毫米波辐射计也可以明确地区分出金属目标和非金属目标。

由于具有以上特点，毫米波技术的应用范围极广，在雷达、通信、精密制导等军事武器上发挥越来越重要的作用，在遥感、射电天文学、医学、生物学等民用方面也有较广泛的应用。因此，近几十年毫米波技术的发展十分迅速。

8.2.2　毫米波近感技术的特点

毫米波近炸引信所采用的毫米波近感技术是研究几十厘米至几百米范围目标的探测与识别技术。与远程探测器相比，毫米波近感技术具有如下特点。

（1）存在体目标效应

在近程条件下，特别是作用距离与目标的尺寸可以相比拟时，不能将目标看作点目标来分析，应考虑目标区存在的散射效应的影响。此时，目标的近区散射极为复杂，多普勒频率

不能看作单一频率，应按一定带宽的频谱来分析。

（2）目标闪烁效应严重

当作用距离为几百米以内时，金属目标对毫米波产生严重的闪烁效应，使引信测角的精度下降，难以识别目标中心。因此，在近程范围内，为提高探测精度，往往利用毫米波辐射计作为探测器，由于辐射计接收的是目标及背景辐射的毫米波噪声，目标闪烁效应影响可以忽略，可利用角度信息准确识别目标的几何中心。

（3）容易实现极近距离探测

近程引信回波的延迟时间一般为几十至几百纳秒，测距较困难。例如，调频引信的最小探测距离与调制频偏成反比，当最小作用距离为几米时，其频偏应为几百兆赫。这样宽的频偏，对于一般米波引信是难以实现的，对于一般厘米波引信也较难实现，但在毫米波段实现则比较方便。

（4）信号处理时间短

各种毫米波引信工作时，由于目标和弹丸之间的相对速度极快，弹目相遇时间很短，其信号处理的时间仅几毫秒，从而给信号处理带来较大困难。

（5）体积小，质量轻，结构简单，成本低

近程毫米波探测器应用广泛，应用的数量较多，根据现已达到的技术水平，可以使系统满足体积小、质量轻、结构简单、性能好和成本低的要求。

8.3 辐射模型及被动金属目标识别

物体在一定温度下都要辐射毫米波，主动式辐射源通过天线向外辐射毫米波。当毫米波碰到地面或空中其他物体时，将产生反射、散射、吸收、折射等。

8.3.1 辐射方程

当电磁辐射以平面波的形式传播到一平坦的表面时，一部分电磁波被反射或散射，另一部分被吸收，剩下部分则渗入内层或浅表层。根据能量守恒定律，入射功率 W_i 的平衡条件为

$$W_i = W_\rho + W_\alpha + W_\tau \qquad (8-3)$$

式中，下标 ρ、α、τ 分别表示反射、吸收和透射。归一化可得

$$\frac{W_\rho}{W_i} + \frac{W_\alpha}{W_i} + \frac{W_\tau}{W_i} = \rho_\gamma + \alpha + \tau_i = 1 \qquad (8-4)$$

式中 ρ_γ ——反射率，$\rho_\gamma = \dfrac{W_\rho}{W_i}$；

α ——吸收率，$\alpha = \dfrac{W_\alpha}{W_i}$；

τ_i ——透射率，$\tau_i = \dfrac{W_\tau}{W_i}$。

如果忽略透入地下的功率，则得

$$\rho_\gamma + \alpha = 1 \qquad (8-5)$$

根据基尔霍夫（Kirchhoff）定律，物体的发射率等于吸收率，即 $\alpha = \varepsilon$。则式（8-5）变为

$$1 - \rho_\gamma = \varepsilon \qquad (8-6)$$

式中　ε——物体的电磁波发射率。

8.3.2　辐射温度模式

当接收机接收地面或水面的辐射和目标辐射时，假设已包括了粗糙度、周期结构和电学性质的变化在内的表面函数，则天线附近的辐射温度可用以下模型表示：

$$T_{Bg}(\theta,\varphi,p_i,\Delta f) = \rho_g(\theta)T_s + \varepsilon_g(\theta)T_g + \varepsilon_{at}(\theta)T_{at} + \rho_g(\theta)T_{at}\varepsilon_{at} \qquad (8-7)$$

式中　θ——入射角；

φ——方位角；

p_i——极化（i 既表示水平极化，也表示垂直极化）；

ρ_g——地面反射系数；

Δf——接收机的带宽；

T_s,T_g,T_{at}——天空、地面和大气的真实温度，这些温度是 θ 的函数，但对简单模型来说，近似认为辐射温度不随 θ 改变。

本模型没有包括电磁辐射穿过大气时的吸收效应。如果避开水蒸气和氧气的吸收区，假设大气层均无湍流，这种模型在对所观测的地面进行研究时还是有效的。

相应地，当接收机天线指向天空温度及大气温度时，如果忽略大气衰减，与式（8-7）相对应，在一定条件下，可得天线附近的温度为

$$T_{Bg}(\theta,\varphi,p_i,\Delta f) = T_s(\theta) + \varepsilon_{at}(\theta)T_{at} + \rho_{at}(\theta)T_g\varepsilon_g \qquad (8-8)$$

式中　$\rho_{at}(\theta)$——大气的反射系数；

$T_s(\theta)$——天空辐射温度。

为简单起见，假设天空无云，式（8-8）可简化为

$$T_{Bg}(\theta,\varphi,p_i,\Delta f) = \varepsilon_g(\theta)T_s + \rho_g(\theta)T_g \qquad (8-9)$$

$$T_{Bg}(\theta,\varphi,p_i,\Delta f) = T_s \qquad (8-10)$$

8.3.3　物体的毫米波反射率和发射率

以空气与沙漠界面为例，沙漠的复介电常数为 $\varepsilon = 3.2 + j_0$，是实数并且无损耗，其真实温度为 275 K。

根据菲涅耳公式，在水平和垂直情况下，空气 – 沙漠界面电压反射系数 R 与入射角 θ 的关系如图 8-2 所示。空气 – 沙漠界面发射率 ε 与入射角 θ 的关系如图 8-3 所示。

功率反射系数或反射比为

$$\rho_v = |R_v|^2, \qquad \rho_h = |R_h|^2 \qquad (8-11)$$

发射率为

$$\varepsilon_v = 1 - \rho_v, \qquad \varepsilon_h = 1 - \rho_h \qquad (8-12)$$

式中　h——水平极化（实线）；

v——垂直极化（虚线）。

由图 8-2 可见：

①当入射角小于 40°时，无论是水平极化还是垂直极化，它们的发射系数和反射率随入射角变化较小。

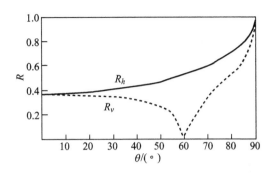

图 8 – 2 空气 – 沙漠界面电压反射系数 R 与入射角 θ 的关系（ε = 3. 2）

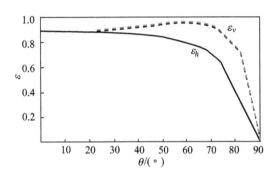

图 8 – 3 空气 – 沙漠界面发射率 ε 与入射角 θ 的关系

②水平极化时，入射角 40°～90°范围内，发射率和反射率都较大。垂直极化时，入射角在 60°～90°范围内，发射率和反射率变化都较大。

③入射角为 90°时，发射率为零，反射率为 1。

8. 3. 4 利用辐射差异来识别金属目标

自然界各种物质的辐射特性都不相同。一般来说，相对介电系数高的物质，发射率较小，反射率较高。在相同的物理温度下，高导电材料比低导电材料的辐射温度低。图 8 – 4 所示为各种物质 35 GHz 频率的表面辐射温度。

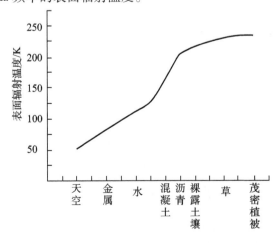

图 8 – 4 各种物质 35 GHz 的表面辐射温度

对于理想导电的光滑表面，如汽车、坦克、金属物等，其反射率接近 1，它与入射角和极化都无关。对于高导电的其他物质，其发射率小，反射率高。无云天空可认为发射的毫米波小（与金属一样）。利用这些差异能识别不同的目标，下面介绍不同金属目标的识别原理。

1. 地面金属目标的识别

为分析方便，假设目标正好充满整个波束，大气衰减忽略不计。

当辐射计天线扫描到地面时，可计算出天线附近的温度，当天线波束扫描到金属目标时，天线附近的温度为 $T_{Bg}(\theta, \varphi, p_i, \Delta f)$。

$$T_{Bg} = \rho_T T_s + \rho_T T_{at} \tag{8-13}$$

式中　ρ_T——金属目标的反射系数；

　　　T_s——天空云的温度；

　　　T_{at}——大气温度。

参照式（8-7），地面和金属目标的对比度为

$$\Delta T_T = T_{Bg}(\theta, \varphi, p_i, \Delta f) - T_{BT} = \rho_g(\theta) T_s + \varepsilon_g(\theta) T_g + \varepsilon_{at}(\theta) T_{at} + \rho_g(\theta) T_{at} \varepsilon_{at}(\theta) - \rho_T T_s - \rho_T T_{at} \varepsilon_{at}(\theta) \tag{8-14}$$

式中　T_{BT}——地面温度。

为了分析方便，假设天空无云，即 $T_{at} = 0$，则式（8-14）简化为

$$\Delta T_T = \rho_g(\theta) T_s + \varepsilon_g(\theta) T_g - \rho_T T_s \tag{8-15}$$

由此可得，金属目标和地面之间有较高的温度对比度，因此，检测 ΔT_T 就能识别地面金属目标。为了分析方便，设金属目标正好充满整个天线波束，晴天且天空无云，并忽略大气影响。垂直观察时，由式（8-15），在 Ka 波段，其典型数据为 $T_s = 34 \text{ K}$，$\rho_g = 0.08$，$\varepsilon_g = 0.92$，设 $T_g = 290 \text{ K}$，代入式（8-15），得 $\Delta T_T \approx 235.5 \text{ K}$。

2. 水面金属目标识别

当天线在水面和金属目标之间扫描时，同样可得

$$\Delta T_T = \rho_w(\theta) T_s + \varepsilon_w(\theta) T_w + \rho_w(\theta) \varepsilon_{at}(\theta) T_{at} - \rho_T T_s - \rho_T T_{at} \varepsilon_{at}(\theta) \tag{8-16}$$

式中　$\rho_w(\theta)$——水的反射系数；

　　　$\varepsilon_w(\theta)$——水的发射系数；

　　　T_w——实际温度。

同样可以利用 ΔT_T 来识别水面金属目标。

3. 空中金属目标识别

当天线波束扫描天空金属目标时，同样可得

$$\Delta T_T = T_s(\theta) + \varepsilon_{at} T_{at} + \rho_{at}(\theta) \varepsilon_{at}(\theta) T_{at} - \rho_T T_g - \rho_T T_{at} \varepsilon_{at}(\theta) \tag{8-17}$$

利用 ΔT_T 也能识别或探测空中金属目标。

金属目标除通过以上介绍的利用辐射率差识别外，还可通过改变极化方式来识别。例如，当水平极化不能识别金属目标时，可以采用垂直极化来识别。

8.3.5　主动式毫米波探测器对金属目标的识别

主动式探测系统除了可测角度信息外，也可测目标的距离、速度等信息，还可检测目标的辐射亮度、目标大小、速度、波的偏振效应、调制情况及分辨率等。其中，亮度、大小和

速度是最主要的识别特征。

通过扫描探测，在出现目标的地方会得到脉冲信号。该信号的宽度可以用标准脉冲来测定。如一个脉冲代表目标 5 m，则 2 个脉冲即为 10 m 宽，方位及尺寸探测示意图如图 8 - 5 所示。

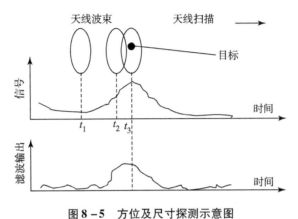

图 8 - 5　方位及尺寸探测示意图

一般弹载对地面目标的探测装置均采用非相干体制。绝大多数活动目标的探测都采用杂波基准技术，图 8 - 6 为典型的以杂波为基准的活动目标指示器处理机的原理框图。

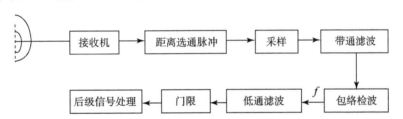

图 8 - 6　典型的以杂波为基准的活动目标指示器处理机的原理框图

采用以杂波为基准的探测器，由于目标运动而使目标信号产生多普勒效应，使杂波和目标信号的综合信号产生相位调制，用包络检波器检出多普勒信号进行带通滤波，取出多普勒信号，以门限检测可测出目标的运动参数。由于目标的尺寸太小，从而目标信号频谱比杂波谱大。

由于静止时不存在差分多普勒频率，因此，这种方法不能探测静止目标。

8.4　毫米波辐射计的距离方程

用被动探测方式检测目标毫米波辐射的探测器叫毫米波辐射计。

超外差式辐射计的系统温度为

$$T_{sy} = 2(T_s + T_m) \qquad (8-18)$$

式中　T_s——接收机输入温度（包括天线温度至接收机输入端的损耗辐射温度）；

　　　T_m——接收机总噪声温度；

　　　2——考虑镜像响应引入的系数。

天线接收的宽带功率和接收机噪声的静态特性曲线是相同的，在射频范围内，它们都有

相同的功率谱。平方律检波器输入端的中频功率密度为

$$\rho = \frac{k}{2} T_s G \tag{8-19}$$

式中　G——混频输出至检波输入端的功率增益；

　　　k——波尔兹曼常数。

当系统温度不变时，平方律检波器将产生直流和交流两种输出功率。

在全功率辐射计中，信号功率就是输出功率的交流部分，它是在 $2B_N$ 输出双边带内的噪声变化部分。2 表示考虑镜像边带影响。全功率辐射计的信噪比为

$$\frac{S}{N} = \frac{4a^2 \left(\frac{k}{2} \Delta T_{sy} G \right)^2 B_{if}^2}{4a^2 \left(\frac{k}{2} T_{sy} G \right)^2 B_{if} 2B_N} = \left(\frac{2\Delta T_s}{T_{sy}} \right)^2 \cdot \frac{B_{if}}{2B_N} \tag{8-20}$$

式中　B_N——扫描率放大器带宽；

　　　B_{if}——中频放大器带宽。

设 K_r 为辐射计工作类型常数，则式（8-20）可表示为

$$\frac{S}{N} = \left[\frac{\Delta T_s}{K_r(T_a + T_m)} \right]^2 \cdot \frac{B_{if}}{2B_N} \tag{8-21}$$

根据式（8-21）也可导出辐射计灵敏度，灵敏度就是最小可检测的温度平均值是 $S/N = 1$ 时的 ΔT_a 值，灵敏度的一般表示式为

$$\Delta T_{\min} = \frac{K_r(T_a + T_m)}{\sqrt{\dfrac{B_{if}}{2B_N}}} \tag{8-22}$$

式（8-22）中的 K_r 由辐射计类型及信号处理方法决定。全功率辐射计的 K_r 值为 1。对于具有窄带扫描率放大器及相位检波器的迪克式辐射计，$K_r = 2\sqrt{2}$。

由前面讨论可知，可以用天线温度的变化量 ΔT_a 来表示辐射计探测目标信号的大小。而 ΔT_a 又可利用目标辐射温度对比度 ΔT_a 来表示。当考虑天线辐射效率时，可得出以立体角表示的天线温度变化量 ΔT_a 与 ΔT_T 的关系式为

$$\Delta T_a = \eta_a \Delta T_T \frac{\Omega_T}{\Omega_A} \tag{8-23}$$

式中　η_a——天线辐射效率。

天线水平线束的立体角可表示为

$$\Omega_A = \frac{4\eta_a \lambda^2}{\pi \eta_A D^2} = \frac{\Omega_M}{\eta_B} \tag{8-24}$$

式中　η_A——天线口径效率；

　　　η_B——波束效率；

　　　D——天线口径直径；

　　　Ω_M——主波束立体角。

同样，目标等效圆 A_T 对应的立体角可用距离 R 来表示

$$\Omega_T = \frac{A_T}{R^2} \tag{8-25}$$

由此可以推导出被动式毫米波辐射计的距离方程

$$R = \left(\frac{\pi \eta_A D^2 A_T \Delta T_T \sqrt{\frac{B_{if}}{2B_N}}}{4\lambda^2 (T_a + T_m) K_r \sqrt{\frac{S}{N}}} \right)^{\frac{1}{2}} = \left\{ \frac{\pi \eta_A D^2}{4\lambda^2} \cdot \frac{A_T \Delta T_T}{1} \cdot \frac{\sqrt{\frac{B_{if}}{2B_N}}}{[T_a + T_0 (F_{rn} - 1)] K_r} \cdot \frac{1}{\sqrt{\frac{S}{N}}} \right\}^{\frac{1}{2}}$$

$$(8-26)$$

式中 $\left(\dfrac{\pi \eta_A D^2}{4\lambda^2} \right)^{\frac{1}{2}}$ ——天线参数对作用距离的影响;

$\left(\dfrac{A_T \Delta T_T}{1} \right)^{\frac{1}{2}}$ ——目标参数对作用距离的影响;

$\left\{ \dfrac{\sqrt{\frac{B_{if}}{2B_N}}}{[T_a + T_0 (F_{rn} - 1)] K_r} \right\}^{\frac{1}{2}}$ ——辐射计参数对探测距离的影响;

$\left(\dfrac{1}{\sqrt{\frac{S}{N}}} \right)^{\frac{1}{2}}$ ——平方律检波输出信噪比对作用距离的影响;

F_{rn} ——辐射计双边带噪声系数。

可将探测距离方程进一步简化为

$$R = \left(\frac{\eta_a A_T \Delta T_T}{\Omega_A \Delta T_{\min} \sqrt{\frac{S}{N}}} \right)^{\frac{1}{2}}$$

$$(8-27)$$

由上面分析可知:
① 探测距离直接与天线直径的工作频率有关,天线直径增大,作用距离便增加;
② 探测距离与中频放大器频带宽度的四次方根成正比;
③ 探测距离与接收机噪声数的平方根成反比;
④ 探测距离与输出带宽内的信噪比的四次方根成反比。

由前面几点关系可知,作用距离与天线直径和工作频率的关系较大,与接收机噪声系数的关系次之,与中频放大器带宽和信噪比的关系不太明显。

8.5 毫米波辐射计的探测原理

由前述已知,辐射计就是一台超外差接收机,但辐射计与一般超外差接收机有着十分明显的差别。例如,一般标准的外差接收机只覆盖一个很窄的瞬时带宽,在一个有限的频率范围内调谐,而典型的辐射计的带宽很宽。

8.5.1 辐射计体制的选择

典型的辐射计有全功率辐射计和迪克比较辐射计,二者的灵敏度分别见式(8-28)和式(8-29)。

全功率辐射计

$$\Delta T_{\min} = (T_s + T_{rn}) \left[\frac{1}{B\tau} + \left(\frac{\Delta G}{G} \right)^2 \right]^{\frac{1}{2}} \tag{8-28}$$

迪克比较辐射计

$$\Delta T_{\min} = (T_s + T_c + 2T_{rn}) \left[\frac{1}{B\tau} + \left(\frac{\Delta G}{G} \right)^2 \left(\frac{T_s - T_c}{T_s + T_c + 2T_{rn}} \right) \right]^{\frac{1}{2}} \tag{8-29}$$

式中　T_c——比较负载的噪声温度;

　　　T_{rn}——接收机有效噪声温度。

分析以上两式可知:当积分时间大于 1 s,系统带宽为 500 MHz,$(T_s - T_c)$ 接近于零时,特别当 $\Delta G/G > 10^{-3}$ 时,迪克式辐射计比全功率辐射计要灵敏几个数量级。当 $\Delta G/G < 10^{-4}$ 时,全功率辐射计优于迪克式辐射计。

可见,对于一般积分时间大于 1 s 的辐射计,当 $\Delta G/G > 10^{-3}$ 时,采用迪克式辐射计较为合适。但迪克式辐射计结构比较复杂,目前,由于元器件及系统设计的改进,系统增益起伏 $\Delta G/G < 10^{-4}$ 是完全可以做到的,因此越来越多地采用全功率辐射计。

当积分时间 $\tau < 10$ ms 时,由于积分时间对灵敏度的影响比增益起伏的大,此时采用迪克式辐射计和全功率辐射计的灵敏度均相近,可选用简单的全功率辐射计,如高速扫描的弹载近距离辐射计。

8.5.2　毫米波天线

1. 天线的选择

辐射计接收的信号相当于天线温度 T_a,它由主瓣和旁瓣的相应分量构成,即

$$T_a = \frac{1}{4\pi} \int_{\Omega_m} T_{ap}(\theta, \varphi) G(\theta, \varphi) \mathrm{d}\Omega + \frac{1}{4\pi} \int_{\Omega_s} T_{ap}(\theta, \varphi) G(\theta, \varphi) \mathrm{d}\Omega \tag{8-30}$$

式中　Ω_m——主瓣立体角;

　　　Ω_s——旁瓣立体角。

前面分析天线温度时均忽略副瓣效应,为达到忽略副瓣的目的,一般选择透镜类无阻塞的孔径天线。对近距离辐射计,应采用较好的天线,如透镜天线和喇叭天线等。

天线波束的特性对辐射计系统的分瓣起主要作用,当作用距离为几米至几百米时,某些应用所要求的距离很短,不能达到天线所要求分瓣单元的远区场范围。标准远区场的距离为

$$R = \frac{2D^2}{\lambda_0} \tag{8-31}$$

式中　D——天线直径。

通过将天线聚焦至菲涅耳区内,可缩短最小范围而仍保持远区场特性,采用菲涅耳区聚焦的最小距离为

$$R = \frac{0.2D^2}{\lambda_0} \tag{8-32}$$

2. 毫米波近感探测器天线类型

毫米波天线有抛物面天线、喇叭天线、透镜天线,还有尺寸更小的缝隙天线、漏波天线、介质棒天线、微带天线和天线阵。毫米波天线主瓣波束要窄,而工作频带要宽,以提高

灵敏度，另外，要求副瓣电平在 – 20 dB 以下。探测距离为 200 ~ 300 m 的主动式毫米波探测器，采用大口径抛物面天线、透镜天线和微带天线阵。探测距离为 30 ~ 200 m 的毫米波探测器可采用小口径喇叭天线、透镜天线，以获得目标距离、角度、速度信息。探测距离在 30 m 以内的近程毫米波探测器要用体积小、可靠性好的介质棒天线、缝隙天线、小口径透镜天线，能获得目标距离和速度信息。

（1）喇叭天线

喇叭天线由矩形波导开口扩大而成。它馈电容易，方向图容易控制，副瓣低、频带宽、使用方便。各种毫米波喇叭天线如图 8 – 7 所示。

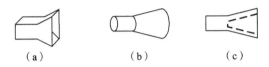

图 8 – 7　各种毫米波喇叭天线

（a）扇形喇叭天线；（b）圆锥形喇叭天线；（c）介质加载喇叭天线

扇形喇叭天线和圆锥形喇叭天线是单模喇叭天线，效率低，介质加载喇叭天线效率高，频带宽。近程探测器上要使用大张角喇叭天线。

（2）抛物面天线

抛物面天线的增益近似为

$$G = \eta \cdot \left(\frac{\pi D}{\lambda} \right)^2 \tag{8 – 33}$$

式中　D ——天线口径；

　　　η ——天线效率。

抛物面天线还可分为旋转抛物面、切割抛物面、柱形抛物面、球面等。抛物面毫米波天线如图 8 – 8 所示。

旋转抛物面主瓣窄，副瓣低，增益高，方向图为针状。

（3）透镜天线

透镜天线利用光学透镜原理，在焦点处的点光源经透镜折射后能成为平面波。透镜天线如图 8 – 9 所示。透镜天线面上相位一致。

图 8 – 8　抛物面毫米波天线

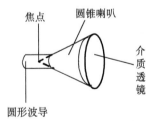

图 8 – 9　透镜天线

（4）介质棒天线

介质棒天线利用一定形状介质棒做辐射源。该天线的性能取决于介质棒的尺寸（电长度和直径）、介电常数、损耗等。

增加棒的直径可以减小波瓣宽度，利用高介电常数的介质棒可以缩短辐射长度。

图 8 - 10　介质棒天线

介质棒天线如图 8 - 10 所示，一个工作在 81.5 GHz 的介质棒天线的 H 面辐射方向图如图 8 - 11 所示，其介质棒材料为介电系数 $\varepsilon_r = 2.1$ 的聚四氟乙烯，其长度为 20 mm。

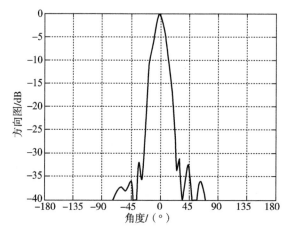

图 8 - 11　工作在 81.5 GHz 的介质棒天线的 H 面辐射方向图

（5）微带天线

微带天线如图 8 - 12 所示。它是在微带基片上制作一片金属环或线，用来辐射毫米波。该天线截面积小，适合用于与飞行器共形的探测器，如在毫米波引信上使用。微带天线可以设计成各种形状以调整天线方向。

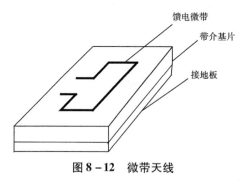

图 8 - 12　微带天线

8.5.3　中频放大器

1. 中频放大器带宽

进入接收机的毫米波信号经混频器变为中频，以便放大和滤波。从灵敏度公式（8 - 28）和式（8 - 29）可知，增大 $B\tau$ 可提高辐射计灵敏度。但在平时应用中，有时提高 τ 受到系统总体及其他因素的限制。因此，可增加系统检波器前的带宽 B 来提高灵敏度。但是，在选择检波器系统带宽时，必须考虑谱分辨率和器件水平等。增加系统带宽等效于降低频谱灵敏度。根据所用的射频和中频器件，当电路的频谱灵敏度降低时，很难获得接近于平直的频率响应曲线。电路的频谱灵敏度为

$$Q = \frac{f_0}{B} \tag{8-34}$$

式中　f_0——中心频率；

　　　B——有效带宽。

可见，增加中频带宽是增加系统有效带宽的关键，但是，对于工作于双边带的接收机来说，中频频率的上限受到射频带宽的限制。另外，为提高辐射计灵敏度，除要求总损耗电量及噪声系数尽可能低外，中频放大器应具有低的噪声系数。采用新型双极 GaAS 或场效应晶体管做中频放大器可降低中频噪声系数。

2. 中频增益选择

中频增益的选择对获得最佳系统特性具有决定性作用。为保证辐射计的输出电压精确地反映场景温度分布，必须有足够的中放增益，包络检波器必须工作于平方律范围，终端各级的噪声必须很低。

为了有足够的中放增益，应保证

$$G_{HF} \Delta T_{\min} \geqslant A \Delta T_{\min} \tag{8-35}$$

式中　A——任意常数；

　　　G_{HF}——检波前系统的增益；

　　　$\Delta T_{\min}$——辐射计的平方律检波和终端放大器的最小可检波温度。

若 $A = 10$，则终端噪声电压为 10%。对于晶体检波器，有

$$\Delta T_{\min} = \frac{2}{C_d \sqrt{k}} \sqrt{T_0 R_v F_v} \left(\frac{\sqrt{B_{LF}}}{B'_{RF}} \right) \tag{8-36}$$

式中　k——波尔兹曼常数；

　　　C_d——平方律检波器功率灵敏度常数，V/W；

　　　T_0——环境温度；

　　　R_v——平方律检波放大器；

　　　F_v——平方律放大器噪声系数；

　　　B_{LF}——终端放大器带宽；

　　　B'_{RF}——包括上、下中频边带的接收机噪声带宽。

为使包络检波器工作在平方律范围内，可通过在检波曲线上选择适当的工作点来满足。中放净增益取决于

$$G_{HF} = \frac{p_{if}}{k T_{sy} B F_n} \tag{8-37}$$

式中　p_{if}——中放输出功率；

　　　T_{sy}——超外差式辐射计的系统温度；

　　　B——检波前的系统总带宽；

　　　F_n——混频至终端噪声系数。

8.5.4　视频放大器设计

1. 视频放大器的增益计算

设探测温度的动态范围是 $T_{a\min} \sim T_{a\max}$，则加至终端放大器输入端的相应电压由式（8-38）

决定。

$$U_{in} = C_d k T_{sy} B F_n G_{HF} \tag{8-38}$$

系统温度的最小值和最大值为

$$T_{symin} = T_{amin} + (L-1)T_0 + L(F_n-1)T_0 \tag{8-39}$$

$$T_{symax} = T_{amax} + (L-1)T_0 + L(F_n-1)T_0 \tag{8-40}$$

通常规定了辐射计的输出电压斜率，视频增益为

$$G_v = \frac{\text{要求的输出斜率}}{\text{输入斜率}} \tag{8-41}$$

设计中应注意前端的增益和补偿要求，当射频损耗下降时，则系统灵敏度增高。射频损耗电量减小时，检波前的系统增益应提高，同时视频增益必须降低，直流补偿电压也明显下降。

2. 视频放大器频率特性

为设计视频放大器，必须分析检波输出和信号特征。对于一般天文遥感辐射计来说，检波输出为一固定直流电压，根据电压高低来测试环境及目标的温度；对于近程辐射计来说，检波输出为一种矩形脉冲。以对地面金属目标扫描为例分析。图 8-13 是空对地旋转扫描辐射计运动示意图，图中 v_f 为辐射计均匀下落的速度。从图可知，扫描速度为

$$v_s = 2\pi\Omega_r H\tan\theta_F \tag{8-42}$$

式中 Ω_r ——辐射计绕下落轴的转速；

θ_F ——辐射计天线轴线与下降轴的夹角；

H ——辐射计起始扫描的高度。

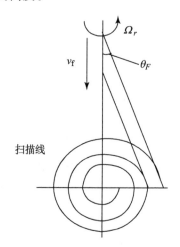

图 8-13　空对地扫描辐射计运动示意图

可采用高斯型函数来近似表示，即

$$f(x) = a\mathrm{e}^{-x(bx)^2} \tag{8-43}$$

式中，$x = v_s t$。

所以

$$f(x) = a\mathrm{e}^{-\pi x(bx)^2} \tag{8-44}$$

式中的 a 和 b 均为波形常数，可通过计算机逼近来求出。

对式（8-44）进行 Fourier 变换得

$$F(\omega) = \int_{-\infty}^{+\infty} f(x)\,\mathrm{e}^{\mathrm{j}a\omega}\mathrm{d}x = \int_{-\infty}^{+\infty}\mathrm{e}^{-bx^2}\cos\,\omega x\mathrm{d}x = \frac{a}{bv_s}\mathrm{e}^{\frac{\omega^2}{4\pi b^2 r_s^2}} \qquad (8-45)$$

频谱上限频率

$$f_H = b\Omega_r H\tan\,\theta_F\,\sqrt{2\pi\ln 2} \qquad (8-46)$$

与波系数 b、高度 H、角速度 Ω_r 及斜角 θ_F 均有关。

低通滤波器的等效积分时间为

$$\tau = \frac{1}{2f_H} = \frac{1}{2b\Omega_r H\tan\,\theta_F\,\sqrt{2\pi\ln 2}} \qquad (8-47)$$

设计低通滤波器时，应根据天线温度波形的计算，对温度波形进行波形逼近，用某一函数表示检波输出波形，再根据频谱分析，求出低通滤波器的频谱分布及频率上限。

8.6　毫米波探测技术的应用

毫米波探测技术的应用主要包括 3 个方面，包括毫米波雷达、毫米波制导系统和毫米波辐射计，在军用领域和民用领域均得到了较广泛的应用。

8.6.1　毫米波雷达

毫米波雷达简化原理框图如图 8 - 14 所示。毫米波发射机经环流器和天线发出毫米波射频信号，射频信号遇到目标后反射到天线，经环流器进入混频器。在混频器中，回波毫米波信号与本机振荡器混频，输出差频信号（中频）。差频信号经中频放大器、视频检波器和视频放大器，最后输入信号处理器。在信号处理器中可完成测距、测速、测角、目标识别等功能，最后输出发火控制信号。

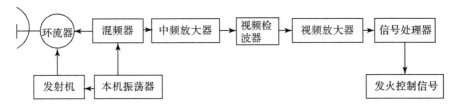

图 8 - 14　毫米波雷达简化原理框图

灵巧弹药中应用的毫米波雷达可分为多种体制，包括毫米波多普勒雷达、毫米波调频雷达、毫米波脉冲雷达、毫米波脉冲压缩雷达、毫米波脉间频率步进雷达、毫米波脉冲调频雷达、毫米波脉间调频雷达、毫米波噪声雷达等。雷达可获得的信息为目标的方位信息、目标与灵巧弹药间的距离信息、目标的速度信息、目标的极化信息、目标的外型信息。目前灵巧弹药雷达的工作频率主要有 35 GHz 和 94 GHz 两个频段。

毫米波雷达的典型应用有以下几个方面。

1. 空间目标识别雷达

其特点是使用大型天线以得到成像所需的角分辨率和足够高的天线增益，使用大功率发射机以保证作用距离。例如，一部工作于 35 GHz 频率的空间目标识别雷达的天线直径达 36 m，用行波管提供 10 kW 的发射功率，可以拍摄远在 16 000 km 处的卫星的照片。一部工作于 94 GHz 的空间目标识别雷达的天线直径为 13.5 m。当用回旋管提供 20 kW 的发射功率时，可以对 14 400 km 远处的目标进行高分辨率摄像。

2. 汽车防撞雷达

因毫米波雷达作用距离不需要很远，故发射机的输出功率不需要很高，但要求有很高的距离分辨率（达到米级），同时要能测速，且雷达的体积要尽可能小，所以采用以固态振荡器作为发射机的毫米波脉冲多普勒雷达。采用脉冲压缩技术将脉宽压缩到纳秒级，大大提高了距离分辨率。利用毫米波多普勒频移的特点得到精确的速度值。

3. 直升机防空雷达

现代直升机的空难事故中，飞机与高压架空电缆相撞造成的事故占相当高的比率。因此，直升机防空雷达必须能发现线径较细的高压架空电缆，需要采用分辨率较高的短波长雷达，实际多用 3 mm 雷达。

4. 炮弹弹道测量雷达

这类雷达的用途是精确测定敌方炮弹的轨迹，从而推算出敌方炮兵阵地的位置加以摧毁。多用 3 mm 波段的雷达，发射机的平均输出功率在 20 W。脉冲输出功率应尽可能高一些，以减轻信号处理的压力。

5. 精密跟踪雷达

实际的精密跟踪雷达多是双频系统，即一部雷达可同时工作于微波频段（作用距离远而跟踪精度较差）和毫米波频段（跟踪精度高而作用距离较短），两者互补可取得较好的效果。例如，美国海军研制的双频精密跟踪雷达即有一部 9 GHz、300 kW 的发射机和一部 35 GHz、13 kW 的发射机及相应的接收系统，共用 2.4 m 抛物面天线，已成功地跟踪了距水面 30 m 高的目标，作用距离可达 27 km。双频系统还带来了一个附加的好处：毫米波频率可作为隐蔽频率使用，提高雷达的抗干扰能力。

8.6.2 毫米波制导系统

由于雷达波的发散性，指令制导和波束制导在目标距离较远时，制导精确度下降，这时，最好选用较高的毫米波频段。应用领域最广、最灵活的毫米波制导方式分主动式和被动式两种，这两种方式不仅可以用于近程导弹的制导系统，也可以用于各种远程导弹的末制导系统。

主动式毫米波导引头探测距离与天线尺寸、发射功率、频率等因素有关，目前这种导引头探测距离较短，但随着毫米波振荡器功率的提高，噪声抑制以及其他方面技术水平的提高，探测距离是可以增大的。与被动式毫米波导引头相比，主动式毫米波导引头的优点是在相同的波长、相同的天线尺寸下，分辨率高，作用距离远。

如果采用复合制导方式，把主动式寻的制导与被动式寻的制导结合运用，可以达到更好的效果。即用主动寻的模式解决远距离目标捕获问题，避免被动寻的在远距离时易被干扰的弱点，在接近目标时转换为被动寻的模式，以避免目标对主动寻的雷达波束能量反射呈现有多个散射中心引起的目标闪烁不定问题，从而可以保证系统有较高的制导精度。

由于毫米波制导兼有微波制导和红外制导的优点，同时，由于毫米波天线的旁瓣可以做得很低，敌方难于截获，增加了集团干扰的难度，加之毫米波制导系统受导弹飞行中形成的等离子体的影响较小，国外许多导弹的末制导采用了毫米波制导系统，如美国的"黄蜂"

"灰背隼""STAFF"，英国的"长剑"，苏联的"SA – 10"等导弹。

8.6.3　毫米波辐射计

毫米波辐射计实质上是一台高灵敏度接收机，用于接收目标与背景的毫米波辐射能量。简单的弹载毫米波辐射计原理框图如图 8 – 15 所示。

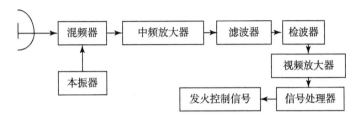

图 8 – 15　简单的弹载毫米波辐射计原理框图

当辐射计天线波束在地面背景与目标之间扫描时，由于目标与背景（地面）之间的毫米波辐射温度不同，辐射计输出一个钟形脉冲，利用此脉冲的高度、宽度等特征量，可识别地面目标的存在。在采用高分辨或成像辐射计时，辐射计输出信号不但反映目标与背景之间的对比度，而且可获得二维的目标尺寸的特征及目标像。

灵巧弹药中，毫米波辐射计是利用地面目标与背景之间毫米波辐射的差异来探测及识别目标的。末敏弹是在弹道末端能够探测出装甲目标的方位并使战斗部朝着目标方向爆炸的炮弹，其作用过程如图 8 – 16 所示。

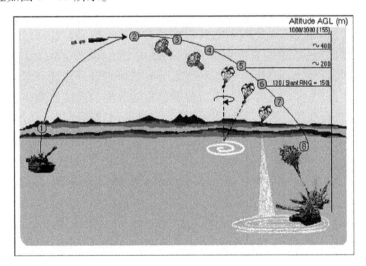

图 8 – 16　末敏弹的作用过程

德国"灵巧"SMArt – 155 mm 末敏炮弹（图 8 – 17）是当今世界最先进的炮射末敏弹之一。SMArt – 155 mm 末敏炮弹通用于北约的火炮，如 M109 系列、FH – 155 等火炮，也可用于南非的 G6 火炮发射，最大射程为 27 km。SMArt – 155 mm 末敏炮弹的敏感装置有较高的抗干扰能力，在地面有雾或恶劣环境下仍可正常工作。使用高密度的钽作为药形罩的材料，在 155 mm 炮弹内部空间有限的条件下，尽可能地提高了自锻破片战斗部的穿透能力，形成的侵彻体的长细比接近 5；侵彻体的穿透力与使用铜质药形罩时相比约提高了 35%，在最大射程上仍可确保击穿坦克的顶部装甲。

图 8 – 17　德国 SMArt – 155 mm 末敏炮弹

　　每一发 SMArt – 155 mm 末敏炮弹内部装有两发相同结构和功能的末敏子弹。SMArt – 155 mm 末敏炮弹采用了薄壁结构，其弹体壁厚只有普通炮弹的 1/4 ~ 1/3，这样做的目的是使母弹的有效载荷空间最大化，也使自锻破片战斗部药形罩的直径最大化。敏感装置是末敏弹的"大脑"，末敏弹正是靠接收目标及其背景辐射或反射的信号来识别目标的。SMArt – 155 mm 末敏炮弹的敏感装置采用了 3 个不同的信号通道，即红外探测器、94 GHz 毫米波雷达和毫米波辐射计，从而使它具有较高的抗干扰能力，能适应当时的战场环境，如果由于环境条件（如大气条件）使敏感装置的某个通道不能正常工作，SMArt – 155 mm 末敏炮弹也可根据其他两通道的信号识别目标。SMArt – 155 mm 末敏炮弹的设计非常巧妙，毫米波雷达和毫米波辐射计共用一个天线，并且天线与自锻破片战斗部的药形罩融为一体。这种结构不仅为天线提供了一个合适的孔径，而且还不需要添加机械旋转装置，较好地利用了空间。

　　相关资料表明，中国目前已经完成了大口径火箭炮末敏弹武器系统的研制并且开始大量装备。该末敏弹采用的应当是先进的毫米波/双色红外复合敏感器技术，相比于俄罗斯 9K55K1 末敏弹、法瑞合研的"BONUS" 155 mm 末敏弹和美国 BLU – 108/B 子弹药所使用的传感器，理论上具有更高的性能和技术水平，与德国研制的 SMArt – 155 mm 末敏炮弹基本相当。中国末敏弹出于成本或者其他因素考虑，可能采用的是铜质药形罩，而不是 SMArt – 155 mm 末敏炮弹采用的高密度钽，因而可能在穿甲能力上会稍逊于 SMArt – 155 mm 末敏炮弹。

思考题

1. 在设计毫米波近感探测装置时，为什么工作频带一般选择在大气窗口内？
2. 为什么说利用辐射差异可识别金属目标？
3. 简述毫米波辐射计的探测原理。
4. 简述毫米波近感探测与识别技术的应用现状和展望。

第9章
红外探测技术

9.1 红外辐射的基础知识

9.1.1 红外线的发现和本质

1800 年，英国的天文学家赫谢耳（Herschel）在研究太阳七色光的热效应时发现了一种奇异的现象。他用分光棱镜将太阳光分解成从红色到紫色的单色光，依次测量不同颜色光的热效应。他发现，当水银温度计移到红色光谱边界以外，人眼看不见有任何光线的黑暗区的时候，温度反而比红光区域的温度更高。经反复试验证明，在红光外侧，确实存在一种人眼看不见的"热线"，后来称为红外线，也称红外辐射。

红外线存在于自然界的任何一个角落。事实上，一切温度高于绝对零度的有生命和无生命的物体时时刻刻都在不停地辐射红外线。太阳是红外线的巨大辐射源，整个星空都是红外线源，而地球表面，无论是高山大海还是森林湖泊，甚至冰天雪地，也在日夜不断放射出红外线。特别是，活动在地面、水面和空中的军事装置，如坦克、车辆、军舰、飞机等，由于它们有高温部位，往往都形成强的红外辐射源。在人们的生活环境中，如居住的房间，到处都有红外线源。如照明灯、火炉，甚至一杯热茶，都在放射出大量红外线。更有趣的是，人体自身就是一个红外线源。与此相似，一切飞禽走兽也都是红外线源。总之，红外线源如浩瀚的海洋，充满整个空间。

研究表明，红外线是从物质内部发射出来的，物质的运动是产生红外线的根源。众所周知，物质是由原子、分子组成的，它们按一定的规律不停地运动着，其运动状态也不断地变化，因而不断地向外辐射能量，这就是热辐射现象。由此可见，红外辐射的物理本质是热辐射。这种辐射的量主要由这个物体的温度和材料本身的性质决定。特别是，热辐射的强度及光谱成分取决于辐射体的温度，也就是说，温度这个物理量对热辐射现象起着决定性的作用。

9.1.2 电磁波谱

为了了解红外线的物理特性，必须首先知道有关电磁波的一些基本知识。

从电磁学理论知道，物质内部的带电粒子（如电子）的变速运动都会发射或吸收电磁辐射。红外线与各种辐射如 γ 射线、X 射线、紫外线、可见光、微波、无线电波等一样，都是电磁辐射。可以把这些辐射按其波长（或频率）的次序排列成一个连续谱，称为电磁波谱，如图 9 - 1 所示。电磁辐射具有波动性，它们在真空中具有相同的传播速度，称为光速，其数值为 $c = (2.997\,924\,58 \pm 0.000\,000\,012) \times 10^{8}\,\text{m} \cdot \text{s}^{-1} \approx 3.00 \times 10^{8}\,\text{m} \cdot \text{s}^{-1}$。光速 c 与电磁波的频率 γ、波长 λ 有如下关系：

$$\lambda\gamma = c \tag{9 - 1}$$

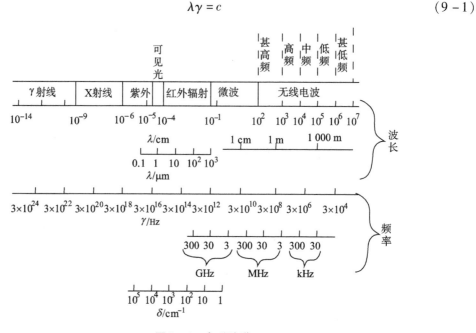

图 9 - 1 电磁波谱

在介质中，同样频率 v 的电磁辐射的波长 λ'，传播速度为 v，则有

$$\lambda'\gamma = v \tag{9 - 2}$$

故有

$$\lambda = \frac{c}{v}\lambda' = n\lambda' \tag{9 - 3}$$

式中　n——介质对真空的折射率 $n = c/v$。

在光谱学中，除用波长 λ 或频率 γ 等参数来表征电磁波外，还经常使用波数 σ，它为波长的倒数，即

$$\sigma = 1/\lambda = \gamma/c \tag{9 - 4}$$

波数 σ 与频率 γ 成正比。

由于电磁辐射具有波动性和量子性双重属性，所以它不但遵从波动规律，还以光量子形式存在。光子的能量可表示为

$$E = h\gamma = hc\sigma = hc/\lambda \tag{9 - 5}$$

式中，$h = (6.626\,075\,5 \pm 0.000\,004\,0) \times 10^{-34}\,\text{J} \cdot \text{s}$，称为普朗克常数。由式（9 - 5）可见，光子能量与频率、波数或波长之间具有完全确定的关系。光子的波长越长，其能量越小。具有 1 W 功率的辐射则每秒辐射的光子能量 1 J，相当的光子数为

$$n = 1/E = 1/(hc/\lambda) = (1/hc)\lambda = 5.034\,0 \times 10^{24}\lambda$$

例如，对于波长为 1 μm 的 1 W 辐射功率每秒约有 5×10^{18} 个光子；而对于 10 μm 波长的 1 W 辐射功率每秒约有 5×10^{19} 个光子。

9.1.3　红外辐射特性

红外线是一种电磁辐射，它也具有与可见光相似的特性，即红外光也是按直线前进，也服从反射和折射定律，也有干涉、衍射和偏振等现象；同时，它又具有粒子性，即它可以光量子的形式发射和吸收，这已在电子对产生、康普顿散射、光电效应等试验中得到充分证明。此外，红外线还有以下一些与可见光不一样的独有特性。

①红外线对人的眼睛不敏感，所以必须用对红外线敏感的红外探测器才能接收到。

②红外线的光量子能量比可见光的小，如 10 μm 波长的红外光子的能量大约是可见光光子能量的 1/20。

③红外线的热效应比可见光要强得多。

④红外线更易被物质所吸收，但对于薄雾来说，长波红外线更容易通过。

在整个电磁波谱中，红外辐射只占有小部分波段。电磁波谱包括 20 个数量级的频率范围，可见光谱的波长范围（0.38 ~ 0.75 μm）只跨过一个倍频程，而红外波段（0.75 ~ 1 000 μm）却跨过大约 10 个倍频程，红外光的最大特点是具有光热效应，能辐射热量，它是光谱中最大光热效应区，因此，红外光谱区比可见光谱区含有更丰富的内容。

在红外技术领域中，通常把整个红外辐射波段按波长分为 4 个波段，见表 9 - 1。

表 9 - 1　红外辐射波段

名称	波长范围/μm	简称
近红外	0.75 ~ 3	NIR
中红外	3 ~ 6	MIR
远红外	6 ~ 15	FIR
极远红外	15 ~ 1 000	XIR

以上划分方法基本上考虑了红外辐射在地球大气层中的传播特性。例如，前三个波段中，其每一个波段都至少包含一个大气窗口。

9.2　红外探测技术的研究与发展

9.2.1　红外探测的研究意义

红外探测以红外物理学为基础，研究和分析红外辐射的产生、传输及探测过程中特征和规律，从而为对产生红外辐射的目标的探测、识别提供理论基础和试验依据。近年来，随着红外探测技术的发展和在各个领域内的推广应用，对红外探测提出了不少新的需求，这需用红外物理的理论方法，结合使用对象去具体地加以解决。在实际工作中，红外探测能通过对各种物质、不同目标和背景红外辐射特性的研究，实现对目标及其周围环境进行深入的探测与识别，特别是在夜间作战过程中提供清晰的目标与战场情况。

9.2.2　红外探测器及技术的发展

1. 红外探测器的发展

红外技术的发展依赖红外探测技术的进展。红外探测器是红外仪器最基本的关键部件，是红外装置的"心脏"。红外技术的发展总是与红外探测器的改进息息相关，每一种新型红外探测器的问世，必然导致红外科学技术的进一步发展。

在历史上，正是借助于温度计这种最原始的红外探测手段，人们才发现了红外线的存在。但是由于缺乏灵敏的探测器件，致使在红外辐射发现之后的 30 多年间，对红外辐射的认识一直十分肤浅。1830 年出现了温差热电偶，而后于 1833 年由多个热电偶制成热电堆，其灵敏度比最好的温度计高 40 倍。19 世纪 80 年代出现了高灵敏的测辐射热计，它比热电堆的灵敏度又提高了 30 倍。利用这些灵敏的红外探测器所获得的定量测量数据，人们才逐渐确立了红外辐射的基本定律。从此，红外物理作为一门独立的学科分支，被广泛接受。

现代红外技术的发展，依赖于 20 世纪 40 年代光子探测器的问世。实用的第一个红外探测器是第二次世界大战中德国制成的 PbS 探测器，后来又出现了其他铅盐器件，如 PbSe、PbTe 等。在 50 年代后期，研制出 InSb 探测器，这些本征型器件的响应波段局限于 8 μm 以内。为扩大波段范围，发展了多种掺杂非本征型器件，如 Ge、Au、Ge、Hg 等，其响应波段伸展到 150 μm 以上。最近 30 年来，红外探测器最重要的进展是研制成功了以 HgCdTe 为代表的三元化合物器件。60 年代末，三元化合物单元探测器基本成熟，其探测率已接近理论极限水平。70 年代发展了多元线列红外探测器。80 年代英国又研制出一种新颖的扫积型 HgCdTe 器件（SPRITE 探测器），它将探测功能与信号延时、叠加和电子处理功能合为一体。近年来，红外焦平面列阵技术的研究已成为各国的发展重点，这种器件可在芯片上封装成千上万个探测器，同时又能在焦平面上进行信号处理，因此可用它制成凝视型红外系统。

2. 红外技术的发展

随着红外探测器的发展，红外技术的应用也日益广泛。早在 19 世纪，随着红外探测器的出现，人们就利用它研究天文星体的红外辐射，而在化学工业中则应用红外光谱进行物质分析。

但是，红外技术真正获得实际应用是从 20 世纪开始的。红外技术首先受到军事部门的关注，因为它提供了在黑暗中观察、探测军事目标自身辐射及进行保密通信的可能性。第一次世界大战期间，为了战争的需要，研制了一些试验性红外装置，如信号闪烁器、搜索装置等。虽然这些红外装置没有投入批量生产，但它已显示出红外技术的军用潜力。第二次世界大战前夕，德国第一个研制了红外显像管，并在战场上应用。战争期间，德国一直全力投入对其他红外设备的研究，同时，美国也大力研究各种红外装置，如红外辐射源、窄带滤光片、红外探测器、红外望远镜、测辐射热计等。第二次世界大战后，苏联也开始重视红外技术的研究，大力加以发展。

20 世纪 50 年代以后，随着现代红外探测技术的进步，军用红外技术获得了广泛的应用。美国研制的"响尾蛇"导弹上的寻的器制导装置和 U-2 间谍飞机上的红外照相机代表着当时军用红外技术的水平。因军事需要发展起来的前视红外装置（FLIR）获得了军界的重视，并广泛使用。机载前视红外装置能在 1 500 m 上空探测到人、小型车辆和隐蔽目标，在 20 000 m 高空能分辨出汽车，特别是能探测水下 40 m 深处的潜艇。在海湾战争中，红外技术，特别是热成像技术在军事上的作用和威力得到充分显示。海湾战争从开始、作战到获胜都是在夜间，夜视装备应用的普遍性乃是这次战争的最大特点之一。在战斗中投入的夜视装备之多，性能之好，是历次战争不能比拟的，美军每辆坦克、每个重要武器直到反坦克导弹都配有夜视瞄准具，仅美军第二十四机械化步兵师就装备了上千套夜视仪。多国部队除了地面部队、海军陆战队广泛装备了夜视装置外，美国的 F－117 隐形战斗轰炸机、"阿帕奇"直升机、F－15E 战斗机，英国的"旋风"GR1 对地攻击机等都装有先进的热成像夜视装备。正因为多国部队在夜视和光电装备方面的优势，所以在整个战争期间他们掌握了绝对的主动权。多国部队利用飞机发射的红外制导导弹在海湾战争中发挥了极大的威力，他们仅在 10 天内就毁坏伊军坦克 650 辆、装甲车 500 辆。

目前红外技术作为一种高技术，与激光技术并驾齐驱，在军事上占有举足轻重的地位。红外成像、红外侦察、红外跟踪、红外制导、红外预警、红外对抗等在现代和未来战争中都是很重要的战术与战略手段。

在 20 世纪 70 年代以后，军事红外技术又逐步向民用部门转化。红外加热和干燥技术广泛应用于工业、农业、医学、交通等各个行业和部门。红外测温、红外测湿、红外理疗、红外检测、红外报警、红外遥感、红外防伪更是各行业争相选用的先进技术。由于这些新技术的采用，使测量精度、产品质量、工作效率及自动化程度大大提高。特别是标志红外技术最新成就的红外热成像技术，不但在军事上具有很重要的作用，在民用领域也大有用武之地。它与雷达、电视一起构成当代三大传感系统，尤其是焦平面列阵技术的采用，将使它发展成可与眼睛相媲美的凝视系统。

9.3　红外技术的基本理论

红外技术的理论基础是描述热辐射现象的普朗克定律。在讨论辐射基本定律之前，先介绍红外辐射度学的一些基本知识是必要的。

9.3.1　红外辐射度学基础

在光度学中，标志一个光源发射性能的重要参量是光通量、发光强度、照度等，但所有这些量都只是对可见光而言的。光度学是以人眼对入射辐射刺激所产生的视觉为基础的，因此光度学的方法不是客观的物理学描述方法，它只适用于整个电磁波谱中很窄的（可见光）那部分区域。对于电磁波谱中其他广阔的区域，如红外辐射、紫外辐射、X 射线等波段，就必须采用辐射度学的概念和度量方法，它是建立在物理测量的客观量——辐射能的基础上的，不受人的主观视觉的限制。因此，辐射度学的概念和方法适用于整个电磁波谱范围。

辐射度学主要遵从几何光学的假设，认为辐射的波动性不会使辐射能的空间分布偏离几何光线的光路，不需考虑衍射效应。同时，辐射度学还认为，辐射能是不相干的，即不需考虑干涉效应。

辐射度学的另一个特征是其测量误差大，即使采用较好的测量技术，一般误差也在 3% 左右。误差大的原因很多，首先，辐射能具有扩散性，它与位置、方向、波长、时间、偏振态等有关；其次，辐射与物质的相互作用（发射、吸收、散射、反射、折射等）也都与辐射参量有关；最后，仪器参量和环境参量也都影响测量结果。

我们通常把以电磁波形式发射、传输或接收的能量称为辐射能，用 Q 表示，其单位为 J。辐射场中单位体积中的辐射能称为辐射能密度（$J \cdot m^{-3}$），用 u 表示，即

$$u = \frac{\partial Q}{\partial V} \tag{9-6}$$

根据辐射能的定义，为了研究辐射能的传递情况，必须规定一些基本辐射量用于量度。由于红外探测器的响应不是传递的总能量，而是辐射能传递的速率，因此辐射度学中规定这个速率，即辐射通量或辐射功率，为最基本的物理量，而辐射通量以及由它派生出来的几个物理量就作为辐射度学的基本辐射量。

1. 辐射能通量

辐射能通量就是单位时间内通过某一面积的辐射能，用 Φ 表示，单位为 W，即

$$\Phi = \frac{\partial Q}{\partial t} \tag{9-7}$$

也可以说，辐射能通量就是通过某一面积的辐射功率 P（单位时间内发射、传输或接收的辐射能）。辐射能通量和辐射功率两者含义相同，可以混用。

2. 辐射强度

辐射强度用来描述点辐射源发射的辐射能通量的空间分布特性。它被定义为：点辐射源在某方向上单位立体角内所发射的辐射能通量，称为辐射强度，用 I 表示，单位为 W/sr，即

$$I = \lim_{\Delta\Omega \to 0} \frac{\Delta\Phi}{\Delta\Omega} = \frac{\partial\Phi}{\partial\Omega} \tag{9-8}$$

辐射强度对整个发射立体角 Ω 的积分，就得出辐射源发射的总辐射能通量，即

$$\Phi = \int_{\Omega} I \mathrm{d}\Omega \tag{9-9}$$

对于各向同性的辐射源，I 为常数，$\Phi = 4\pi I$。

在实际情况中，真正的点辐射源在物理上是不存在的。能否把辐射源看作点源，主要由测试精度要求决定，主要考虑的不是辐射源的真实尺寸，而是它对探测器（或观测者）的张角。因此，对于同一个辐射源，在不同的场合，既可以是点源，也可以是扩展源。例如，喷气式飞机的尾喷口，在 1 km 以外的距离观测，可认为是一个点源；但在 3 m 的距离观测，则表现为一个扩展源。一般来说，只要在比源本身尺度大 30 倍的距离上观测，就可把辐射源视作点源。

3. 辐亮度

辐亮度是用来描述扩展源发射的辐射能通量的空间分布特性。对于扩展源，无法确定探测器对辐射源所张的立体角，此时，不能用辐射强度描述源的辐射特性。

辐亮度的定义是：扩展源在某方向上单位投影面积 A 向单位立体角 θ 发射的辐射能通量，用 L 表示，单位为 $W/(m^2 \cdot sr)$，即

$$L = \lim_{\substack{\Delta A_\theta \to 0 \\ \Delta\Omega \to 0}} \left(\frac{\Delta^2\Phi}{\Delta A_\theta \Delta\Omega}\right) = \frac{\partial^2\Phi}{\partial A_\theta \partial\Omega} = \frac{\partial^2\Phi}{\partial A\partial\Omega\cos\theta} \tag{9-10}$$

4. 辐出度

对于扩展源来说，在单位时间内向整个半球空间发射的辐射能显然与源的面积有关。因此，为了描述扩展源表面所发射的辐射能通量沿表面位置的分布特性，还必须引入一个描述

面源辐射特性的量，这就是辐出度。

辐出度的定义是：扩展源在单位面积上向半球空间发射的辐射能通量，用 M 表示，单位是 $W \cdot m^{-2}$，即

$$M = \lim_{\Delta A \to 0} \frac{\Delta \Phi}{\Delta A} = \frac{\partial \Phi}{\partial A} \tag{9-11}$$

显然，辐出度对源发射表面的积分，就给出了辐射源发射的总辐射能通量，即

$$\Phi = \int_A M \mathrm{d}A \tag{9-12}$$

5. 辐照度

上述辐射强度、辐亮度和辐出度都是用来描述源的辐射特性的。为了描述一个物体被辐照的情况，引入另一个物理量，这就是辐照度。

辐照度的定义是：被照物体表面单位面积上接收到的辐射能通量，用 E 表示，单位是 W/m^2，即

$$E = \lim_{\Delta A \to 0} \left(\frac{\Delta \Phi}{\Delta A} \right) = \frac{\partial \Phi}{\partial A} \tag{9-13}$$

必须注意，辐照度和辐出度的单位相同，它们的定义式形式也相同，但它们却具有完全不同的物理意义。辐出度是离开辐射源表面的辐射能通量分布，它包括源向 2π 空间发射的辐射能通量；而辐照度则是入射到被照表面上的辐射能通量分布，它可以是一个或多个辐射源投射的辐射能通量，也可以是来自指定方向的一个立体角中投射来的辐射能通量。

9.3.2　红外辐射的基本定律

1. 物体的辐射与吸收——基尔霍夫定律

任何物体都不断吸收和发出辐射功率。当物体从周围吸收的功率恰好等于由于自身辐射而减小的功率时，便达到热平衡。于是，辐射体可以用一个确定的温度 T 来描述。

1859 年，基尔霍夫（Kirchhoff）根据热平衡原理导出了关于热转换的基尔霍夫定律。这个定律指出：在热平衡条件下，所有物体在给定温度下，对某一波长来说，物体的发射本领和吸收本领的比值与物体自身的性质无关，它对于一切物体都是恒量的。即使辐出度 $M(\lambda, T)$ 和吸收比 $\alpha(\lambda, T)$ 两者随物体不同且都改变很大，但 $M(\lambda, T)/\alpha(\lambda, T)$ 对所有物体来说，都是波长和温度的普适函数，即

$$\frac{M(\lambda, T)}{\alpha(\lambda, T)} = f(\lambda, T) \tag{9-14}$$

各种物体对外来辐射的吸收，以及它本身向外的辐射都不相同。现定义吸收比为被物体吸收的辐射通量与入射的辐射通量之比，它是物体温度及波长等因素的函数。$\alpha(\lambda, T) = 1$ 的物体定义为绝对黑体。换言之，绝对黑体是能够在任何温度下，全部吸收任何波长的入射辐射的物体。在自然界中，理想的黑体是没有的，吸收比总是小于 1。

2. 黑体辐射的量子理论——普朗克公式

19 世纪末期，经典物理学遇到了原则性困难，为了克服此困难，普朗克（Planck）根据他自己提出的微观粒子能量不连续的假说，导出了描述黑体辐射光谱分布的普朗克公式，即黑体的光谱辐出度为

$$M_{b\lambda} = \frac{c_1}{\lambda^5} \frac{1}{e^{\frac{c_2}{\lambda T}} - 1} \tag{9-15}$$

式中　c_1——第一辐射常数，$c_1 = 2\pi hc^2 = (3.741\ 774 \pm 0.000\ 002\ 2) \times 10^{-16}$ W·m²；

　　　c_2——第二辐射常数，$c_2 = hc/k = (1.438\ 786\ 9 \pm 0.000\ 000\ 12) \times 10^{-2}$ m·K；

　　　h——普朗克常数，$h = (6.626\ 075\ 5 + 0.000\ 004\ 0) \times 10^{-34}$ J·s；

　　　k——玻耳兹曼常数，$k = (1.380\ 658 \pm 0.000\ 012) \times 10^{-23}$ J/K。

在研究目标辐射特性时，为了便于计算，通常把普朗克公式变成简化形式，即令

$$y = \frac{M_B(\lambda, T)}{M_B(\lambda_m, T)}$$

$$x = \frac{\lambda}{\lambda_m}$$

式中　$M_B(\lambda_m, T)$——黑体的最大辐出度。

于是普朗克公式可表示为如下简化形式

$$y = 142.32 \frac{x^{-5}}{e^{\frac{4.965\ 1}{x}} - 1} \tag{9-16}$$

普朗克公式代表了黑体辐射的普遍规律，其他一些黑体辐射定律可由它导出。例如，将普朗克公式从零到无穷大的波长范围进行积分，就得到斯忒藩-玻耳兹曼定律；而对普朗克公式进行微分，求出极大值，就可获得维恩位移定律。

实际应用中，普朗克公式也具有指导作用，例如，根据它的计算用来选择光源和加热元件，预示白炽灯的光输出、核反应堆的热耗散、太阳辐射的能量以及恒星的温度等。

3. 黑体辐射谱的移动——维恩位移定律

普朗克公式表明，当提高黑体温度时，辐射谱峰值向短波方向移动。维恩（Wien）位移定律则以简单形式给出这种变化的定量关系。

对于一定的温度，绝对黑体的光谱辐射度有一个极大值，相应于这个极大值的波长用 λ_m 表示。黑体温度 T 与 λ_m 之间有下列关系式

$$\lambda_m T = b \tag{9-17}$$

这就是维恩位移定律。其中 $b = (2.897\ 756 \pm 0.000\ 024) \times 10^{-3}$ m·K $\approx 2\ 897$ μm·K，根据被测目标的温度，利用维恩位移定律可以选择红外系统的工作波段。

维恩位移定律表明，黑体光谱辐出度峰值对应的波长 λ_m 与黑体的绝对温度 T 成反比，根据前面的公式，容易算出一些常见物体的辐射峰值波长（表9-2）。

表9-2　常见物体的辐射峰值波长

物体名称	温度/K	峰值波长/μm	物体名称	温度/K	峰值波长/μm
太阳	6 000	0.48	冰	273	10.61
熔铁	1 803	1.61	液氧	90	32.19
熔铜	1 173	2.47	液氮	77.2	37.53
喷气式飞机尾喷管	700	4.14	液氦	4.4	658.41
人体	310	9.35			

一般强辐射体有 50% 以上的辐射能集中在峰值波长附近，因此，2 000 K 以上的灼热金属，其辐射能大部分集中在 3 μm 以下的近红外区或可见光区。人体皮肤的辐射波长范围主要在 2.5~15 μm，其峰值波长在 9.5 μm 处，其中 8~14 μm 波段的辐射能占人体总辐射能的 46%，因此，医用热像仪选择在 8~14 μm 波段上工作，便能接收人体辐射的基本部分能量。而温度低于 300 K 的室温物体，有 75% 的辐射能集中在 10 μm 以上的红外区。

4. 黑体的全辐射量——斯忒藩 – 玻耳兹曼定律

1879 年，斯忒藩（Stefan）通过试验得出：黑体辐射的总能量与波长无关，仅与绝对温度的四次方成正比。1884 年，玻耳兹曼（Boltzmann）把热力学和麦克斯韦电磁理论综合起来，从理论上证明了斯忒藩的结论是正确的，从而建立了斯忒藩 – 玻耳兹曼定律。其公式如下：

$$M_b = \sigma T^4 \tag{9-18}$$

式中，常数 $\sigma = 5.67 \times 10^{-8}$ W/(m² · K⁴)，称为斯忒藩 – 玻耳兹曼常数。该定律表明：黑体的全辐射的辐出度与其温度的四次方成正比。因此，当黑体温度有很小的变化时，就会引起辐出度的很大变化。例如，若黑体表面温度增高一倍，其在单位面积上单位时间内的总辐射能将增大 16 倍。利用斯忒藩 – 玻耳兹曼定律，容易计算黑体在单位时间内，从单位面积上向半球空间辐射的能量。例如，氢弹爆炸时，可产生高达 3×10^7 K 的温度，物体在此高温下，从 1 cm² 表面辐射出的能量将为它在室温下辐射出的能量的 10^{20} 倍，这么巨大的能量，可在 1 s 内使 2×10^7 t 的冰水沸腾。

9.4　红外探测器概述

所有物体均发射与其温度和特性相关的热辐射，环境温度附近物体的热辐射大多位于红外波段。红外辐射占据相当宽的电磁波段（0.75~1 000 μm）。可知，红外辐射提供了客观世界的丰富信息，充分利用这些信息是人们追求的目标。将不可见的红外辐射转换成可测量的信号的器件就是红外探测器。探测器作为红外整机系统的核心关键部件，用于探测、识别和分析红外信息。热成像是红外技术的一个重要方面，得到了广泛应用，首要的当属军事应用。由于应用的驱使，红外探测器的研究、开发乃至生产，越来越受重视而得以长足发展。1800 年赫谢耳用于发现太阳光谱中的红外的涂黑水银温度计为最早的红外探测器。此后，尤其是第二次世界大战以来，不断出现新器件。现代科学技术的进展为红外探测器研制的提供了广阔天地，高性能新型探测器材层出不穷。今天的探测器制备已成为涉及物理、材料等基础科学和光、机、微电子和计算机等多领域的综合科学技术。

红外辐射与物质（材料）相互作用产生各种效应。100 多年来，从经典物理到 20 世纪开创的近代物理，特别是量子力学、半导体物理等学科的创立，到现代的介观物理、低维结构物理等，有许多而且越来越多可用于红外探测的物理现象和效应。

9.4.1　红外探测器分类

红外传感器是将红外辐射能转换成电能的一种光敏器件，通常称为红外探测器。任何温度高于绝对零度的物体都会产生红外辐射。检测红外辐射的存在，测定它的强弱并将其转变为其他形式的能量（多数情况是转变为电能）以便应用，就是红外探测器的主要任务。红外探测器是红外系统中最关键的元件之一。红外探测器所用的材料是制备红外探测器的基础，没有性能优良的材料就制备不出性能优良的红外探测器。

一个完整的红外探测器包括红外敏感元件、红外辐射入射窗口、外壳、电极引出线以及按需要而加的光阑、冷屏、场镜、光锥、浸没透镜和滤光片等。在低温工作的探测器还包括杜瓦瓶，有的还包括前置放大器。按探测器工作机理区分，可将红外探测器分为热探测器和光子探测器两大类。

热探测器主要有热电阻型、热电偶型、高莱气动型和热释电型等几种形式。热探测器的主要优点是响应波段宽，可以在室温下工作，使用方便。热探测器一般不需制冷（超导除外）而易于使用、维护，可靠性好；光谱响应与波长无关，为无选择性探测器；制备工艺相对简易，成本较低。但由于热探测器响应时间长，灵敏度低，一般只用于红外辐射变化缓慢的场合。热探测器性能限制的主要因素是热绝缘的设计问题。

光子探测器按照光子探测器的工作原理，一般可分为外光电探测器和内光电探测器两种。内光电探测器又分为光电探测器、光电伏特探测器和光磁电探测器三种。光电探测器的主要特点是灵敏度高，响应速度快，响应频率高。但必须在低温下工作，而且探测波段较窄。

1. 热探测器

热探测器是利用入射红外辐射引起敏感元件的温度变化，进而使其有关物理参数或性能发生相应的变化。通过测量有关物理参数或性能的变化可确定探测器所吸收的红外辐射。主要的热探测器有下列四种。

（1）热敏电阻

热敏物质吸收红外辐射后，温度升高，阻值发生变化。阻值变化的大小与吸收的红外辐射能量成正比。利用物质吸收红外辐射后电阻发生变化而制成的红外探测器叫作热敏电阻。热敏电阻常用来测量热辐射，所以又常称为热敏电阻测辐射热器。

（2）热电偶

把两种不同的金属或半导体细丝（也有制成薄膜结构）连成一个封闭环，当一个接头吸热后其温度和另一个接头不同，环内就产生电动势，这种现象称为温差电现象。利用温差电现象制成的感温元件称为温差电偶（也称热电偶）。用半导体材料制成的温差电偶比用金属做成的温差电偶的灵敏度高，响应时间短，常用作红外辐射的接收元件。

将若干个热电偶串联在一起就成为热电堆。在相同的辐照下，热电堆可提供比热电偶大得多的温差电动势。因此，热电堆比单个热电偶应用更广泛。

（3）气体探测器

气体在体积保持一定的条件下吸收红外辐射后会引起温度升高、压强增大。压强增加的大小与吸收的红外辐射功率成正比，由此，可测量被吸收的红外辐射功率。利用上述原理制成的红外探测器叫气体（动）探测器。高莱（Golay）管就是常用的一种气体探测器。

（4）热释电探测器

有些晶体，如硫酸三甘肽（TGS）、钽酸锂（$LiTaO_3$）和铌酸锶钡（$Sr_{1-x}Ba_xNb_2O_6$）等，当受到红外辐照时，温度升高，在某一晶轴方向上能产生电压。电压大小与吸收的红外辐射功率成正比。利用这一原理制成的红外探测器叫热释电探测器。

除了上述四种热探测器外，还有利用金属丝的热膨胀、液体薄膜的蒸发等物理现象制成的热探测器。

热探测器是一种对一切波长的辐射都具有相同响应的无选择性探测器。但实际上对某些波长的红外辐射的响应偏低，等能量光谱响应曲线并不是一条水平直线，这主要是由于热探测器材料对不同波长的红外辐射的反射和吸收存在着差异。镀制一层良好的吸收层有助于改善吸收性能，增加对于不同波长响应的均匀性。此外，热探测器的响应速度取决于热探测器的热容量和散热速度。减小热容量，增大热导，可以提高热探测器的响应速度，但响应率也会随之降低。

2. 光子探测器

光子探测器是利用某些半导体材料在红外辐射的照射下，产生光子效应，使材料的电学性质发生变化。通过测量电学性质的变化，可以确定红外辐射的强弱。即光子探测器吸收光子后发生电子状态的改变，从而引起几种电学现象，这些现象统称为光子效应。测量光子效应的大小可以测定被吸收的光子数。利用光子效应制成的探测器称为光子探测器。光子探测器有下列四种。

（1）光电子发射（外光电效应）器件

利用光电子发射制成的器件称为光电子发射器件，如光电管和光电倍增管。光电倍增管的灵敏度很高，时间常数较小（约几个毫微秒），所以，在激光通信中常使用特制的光电倍增管。大部分光电子发射器件只对可见光起作用。用于微光及远红外的光电阴极目前只有两种。一种叫作 S-1 的银氧铯（Ag-O-Cs）光电阴极，另一种叫作 S-20 的多碱（Na-K-Cs-Sb）光电阴极。S-20 光电阴极的响应长波限为 0.9 μm，基本上属于可见光的光电阴极。S-1 光电阴极的响应长波限为 1.2 μm，属近红外光电阴极。

（2）光电导探测器

利用半导体的光电导效应制成的红外探测器叫作光电导探测器（简称 PC 器件），目前，它是种类最多、应用最广的一类光子探测器。

光电导探测器可分为单晶型和多晶薄膜型两类。多晶薄膜型光电导探测器的种类较少，主要的有响应于 1~3 μm 波段的 PbS、响应于 3~5 μm 波段的 PbSe 和 PbTe（PbTe 探测器，有单晶型和多晶薄膜型两种）。单晶型光电导探测器，早期以锑化铟（InSb）为主，只能探测 7 μm 以下的红外辐射，后来发展了响应波长随材料组分变化的碲镉汞（$Hg_{1-x}Cd_xTe$）和碲锡铅（$Pb_{1-x}Sn_xTe$）三元化合物探测器。掺杂型红外探测器主要是锗、硅和锗硅合金掺入不同杂质而制成的。利用上述材料早已制出响应波段为 3~5 μm 和 8~14 μm 或更长的多种红外探测器。碲镉汞和碲锡铅在 77 K 下对 8~14 μm 波段的红外辐射的探测率很高，比只有在低于 77 K 工作时才能具有对 8~14 μm 辐射有高的探测率的锗掺杂探测器更便于使用。所以，在 8~14 μm 波段使用的主要是由 $Hg_{1-x}Cd_xTe$ 和 $Pb_{1-x}Sn_xTe$ 等三元化合物制备的光子探测器。掺杂探测器在历史上起过重要作用，今后在远红外波段仍有重要应用。硅掺杂探测器的性能与锗掺杂探测器的差不多，但使用得较少。

（3）光伏探测器

利用光伏效应制成的红外探测器称为光伏探测器（简称 PV 器件）。

如果 P-N 结上加反向偏压，则结区吸收光子后反向电流会增加。从表面看，这种情况有点类似于光电导，但实际上它是光伏效应引起的，这就是光电二极管。同样，也做成了光电三极管。光电三极管由于在红外探测方面应用不多，对这种器件的解释要涉及半导体三极管的工作原理，这里就不做进一步介绍了。

（4）光磁电探测器

利用光磁电效应制成的探测器称为光磁电探测器（简称 PEM 器件）。目前制成的光磁电探测器有 InSb、InAs 和 HgTe 等。

光磁电探测器实际应用很少。因为对于大部分半导体，不论是在室温还是在低温下工作，这一效应的本质使它的响应率比光电导探测器的响应率低，光谱响应特性与同类光电导或光伏探测器相似，工作时必须加磁场，增加了使用的不便，所以，人们对它不再感兴趣了。

光电子发射属于外光电效应。光电导、光生伏特和光磁电三种属于内光电效应。

光子探测器能否产生光子效应，取决于光子的能量。入射光子能量大于本征半导体的禁带宽度 E_g（或杂质半导体的杂质电离能 E_D 或 E_A）就能激发出光生载流子。入射光子的最大波长（也就是探测器的长波限）与半导体的禁带宽度 E_g 有如下关系：

$$h\upsilon_{\min} = \frac{hc}{\lambda_c} \geqslant E_g \qquad (9-19)$$

$$\lambda_c \leqslant \frac{hc}{E_g} = \frac{1.24}{E_g}（\mu m） \qquad (9-20)$$

式中　λ_c——光子探测器的截止波长；

　　　c——光在真空中的传播速度；

　　　h——普朗克常数；

　　　E_g——半导体的禁带宽度，eV。

3. 热探测器与光子探测器的性能比较

①热探测器一般在室温下工作，不需要制冷；多数光子探测器必须工作在低温条件下才具有优良的性能。工作于 $1 \sim 3~\mu m$ 波段的 PbS 探测器主要在室温下工作，但适当降低工作温度，性能会相应提高，在干冰温度下工作性能最好。

②热探测器对各种波长的红外辐射均有响应，是无选择性探测器；光子探测器只对短于或等于截止波长 λ_c 的红外辐射才有响应，是有选择性的探测器。

③热探测器的响应率比光子探测器的响应率低 $1 \sim 2$ 个数量级，响应时间比光子探测器的长得多。

9.4.2　红外探测器的性能参数

红外探测器的性能可用一些参数来描述，这些参数称为红外探测器的性能参数。一个红外系统只有知道了红外探测器的性能参数后，才能设计红外系统的性能指标。

1. 红外探测器的工作条件

红外探测器的性能参数与探测器的具体工作条件有关，因此，在给出探测器的性能参数时，必须给出探测器的有关工作条件。

（1）辐射源的光谱分布

许多红外探测器对不同波长的辐射的响应率是不相同的，所以，在描述探测器性能时，需说明入射辐射的光谱分布。给出探测器的探测率，一般都需注明是黑体探测率还是峰值探测率。

（2）工作频率和放大器的噪声等效带宽

探测器的响应率与探测器的频率有关，探测器的噪声与频率和噪声等效带宽有关，所以，在描述探测器的性能时，应给出探测器的工作频率和放大器的噪声等效带宽。

（3）工作温度

许多探测器，特别是由半导体制备的红外探测器，其性能与它的工作温度有密切的关系，所以，在给出探测器的性能参数时必须给出探测器的工作温度，最重要的几个工作温度为室温（295 K 或 300 K）、干冰温度（194.6 K，它是固态 CO_2 的升华温度）、液氮沸点（77.3 K）、液氦沸点（4.2 K）。此外，还有液氖沸点（27.2 K）、液氢沸点（20.4 K）和液氧沸点（90 K）。在实际应用中，除将这些物质注入杜瓦瓶获得相应的低温条件外，还可根据不同的使用条件采用不同的制冷器获得相应的低温条件。

（4）光敏面积和形状

探测器的性能与探测器面积的大小和形状有关。虽然探测率 D 考虑到面积的影响而引入了面积修正因子，但实践中发现不同光敏面积和形状的同一类探测器的探测率仍存在差异，因此，给出探测器的性能参数时应给出它的面积。

（5）探测器的偏置条件

光电导探测器的响应率和噪声，在一定直流偏压（偏流）范围内，随偏压线性变化，但超出这一线性范围，响应率随偏压的增加而缓慢增加，噪声则随偏压的增加而迅速增大。光伏探测器的最佳性能，有的出现在零偏置条件，有的却不在零偏置条件。这说明探测器的性能与偏置条件有关，所以，在给出探测器的性能参数时，应给出偏置条件。

（6）特殊工作条件

给出探测器的性能参数时，一般应给出上述工作条件。对于某些特殊情况，还应给出相应的特殊工作条件。如受背景光子噪声限制的探测器应注明探测器的视场立体角和背景温度，对于非线性响应（入射辐射产生的信号与入射辐射功率不成线性关系）的探测器，应注明入射辐射功率。

2. 红外探测器的性能参数

红外探测器的性能由以下几个参数描述。

（1）响应率

探测器的信号输出均方根电压 V_s（或均方根电流 I_s）与入射辐射功率均方根值 P 之比，也就是投射到探测器上的单位均方根辐射功率所产生的均方根信号（电压或电流），称为电压响应率 R_V（或电流响应率 R_i），即

$$R_V = V_s/P \quad \text{或} \quad R_i = I_s/P$$

式中，R_V 的单位为 V/W，R_i 的单位为 A/W。

响应率表征探测器对辐射响应的灵敏度，是探测器的一个重要的性能参数。如果是恒定辐照，探测器的输出信号也是恒定的，这时的响应率称为直流响应率，以 R_o 表示。如果是交变辐照，探测器输出交变信号，其响应率称为交流响应率，以 $R(f)$ 表示。

探测器的响应率通常有黑体响应率和单色响应率两种。黑体响应率以 $R_{V,BB}$（或 $R_{i,BB}$）表示。常用的黑体温度为 500 K。光谱（单色）响应率以 $R_{V,\lambda}$（或 $R_{i,\lambda}$）表示。在不需要明确是电压响应率还是电流响应率时，可用 R_{BB} 或 R_λ 表示；在不需明确是黑体响应率还是光谱响应率时，可用 R_V 或 R_i 表示。

（2）噪声电压

探测器具有噪声，噪声和响应率是决定探测器性能的两个重要参数。噪声与测量它的放大器的噪声等效带宽 Δf 的平方根成正比。为了便于比较探测器噪声的大小，常采用单位带宽的噪声 $V_n = V_N/\Delta f^{1/2}$。

（3）噪声等效功率

入射到探测器上经正弦调制的均方根辐射功率 P 所产生的均方根电压 V_s 正好等于探测器的均方根噪声电压 V_N 时，这个辐射功率被称为噪声等效功率，以 NEP（或 P_N）表示，即

$$NEP = P\frac{V_N}{V_s} = \frac{V_N}{R_V} \tag{9-21}$$

按上述定义，NEP 的单位为 W。也有将 NEP 定义为入射到探测器上经正弦调制的均方根辐射功率 P 所产生的电压 V_s 正好等于探测器单位带宽的均方根噪声电压 $V_N/\Delta f^{1/2}$ 时，这个辐射功率被称为噪声等效功率，即

$$NEP = P\frac{V_N/\Delta f^{1/2}}{V_s} = \frac{V_N/\Delta f^{1/2}}{R_V} \tag{9-22}$$

一般来说，考虑探测器的噪声等效功率时不考虑带宽的影响，在讨论探测率 D 时才考虑带宽 Δf 的影响而取单位带宽。但是，按上式定义的 NEP 也在使用。噪声等效功率分为黑体噪声等效功率和光谱噪声等效功率两种。前者以 NEP_{BB} 表示，后者以 NEP_λ 表示。

（4）探测率 D

用 NEP 基本上能描述探测器的性能，但是，一方面由于它是以探测器能探测到的最小功率来表示的，NEP 越小表示探测器的性能越好，这与人们的习惯不一致；另一方面，由于在辐射能量较大的范围内，红外探测器的响应率并不与辐照能量强度呈线性关系，从弱辐照下测得的响应率不能外推出强辐照下应产生的信噪比。为了克服上述两方面存在的问题，引入探测率 D，它被定义为 NEP 的倒数。

$$D = \frac{1}{NEP} = \frac{V_s}{PV_N} \tag{9-23}$$

探测率 D 表示辐照在探测器上的单位辐射功率所获得的信噪比。这样，探测率 D 越大，表示探测器的性能越好，所以，在对探测器的性能进行相互比较时，用探测率 D 比用 NEP 更合适些。D 的单位为 W^{-1}。

（5）光谱响应

功率相等的不同波长的辐射照在探测器上所产生的信号 V_s 与辐射波长 λ 的关系叫作探测器的光谱响应（等能量光谱响应）。通常用单色波长的响应率或探测率对波长作图，纵坐标为 $D_\lambda^*(\lambda, f)$，横坐标为波长 λ。有时给出准确值，有时给出相对值。前者叫绝对光谱响应，后者叫相对光谱响应。绝对光谱响应测量需校准辐射能量的绝对值，比较困难；相对光谱响应测量只需辐照能量的相对校准，比较容易实现。在光谱响应测量中，一般都是测量相对光谱响应，绝对光谱响应可根据相对光谱响应和黑体探测率 $D^*(T_{BB}, f)$ 及 G 函数（G 因子）计算出来。

光子探测器的光谱响应有等量子光谱响应和等能量光谱响应两种。由于光子探测器的量子效率（探测器接收辐射后所产生的载流子数与入射的光子数之比）在响应波段内可视为是小于 1 的常数，所以理想的等量子光谱响应曲线是一条水平直线，在 λ_c 处突然降为零。

随着波长的增加，光子能量成反比例下降，要保持等能量条件，光子数必须正比例上升，因而理想的等能量光谱响应是一条随波长增加而直线上升的斜线，到截止波长 λ_c 处降为零。一般所说的光子探测器的光谱响应曲线是指等能量光谱响应曲线。图 9-2 是光子探测器和热探测器的理想光谱响应曲线。

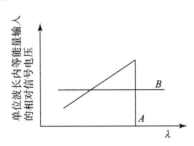

图 9-2　光子探测器和热探测器的理想光谱响应曲线

从图 9-2 可以看出，光子探测器对辐射的吸收是有选择的（图 9-2 的曲线 A），所以称光子探测器为选择性探测器；热探测器对所有波长的辐射都吸收（图 9-2 的曲线 B），因此称热探测器为无选择性探测器。

实际的光子探测器的等能量光谱响应曲线（图 9-3）与理想的光谱响应曲线有差异。随着波长的增加，探测器的响应率（或探测率）逐渐增大（但不是线性增加），到最大值时不是突然下降而是逐渐下降。响应率最大时对应的波长为峰值波长，以 λ_p 表示。通常将响应率下降到峰值波长的 50% 处所对应的波长称为截止波长，以 λ_c 表示。在一些文献中也有注明下降到峰值响应的 10% 或 1% 处所对应的波长。

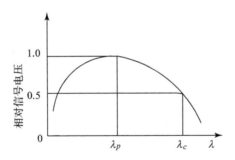

图 9-3　光子探测器的实际等能量光谱响应曲线

（6）响应时间

探测器的响应时间（也称时间常数）表示探测器对交变辐射响应的快慢。由于红外探测器有惰性，对红外辐射的响应不是瞬时的，而是存在一定的滞后时间。探测器对辐射的响应速度有快有慢，以时间常数 τ 来区分。

为了说明响应的快慢，假定在 $t=0$ 时刻以恒定的辐射强度照射探测器，探测器的输出信号从零开始逐渐上升，经过一定时间后达到一个稳定值。若达到稳定值后停止辐照，探测器的输出信号不是立即降到零，而是逐渐下降到零（图 9-4）。这个上升或下降的快慢反映了探测器对辐射响应的速度。

决定探测器时间常数最重要的因素是自由载流子寿命（半导体的载流子寿命是过剩载流子复合前存在的平均时间，它是决定大多数半导体光子探测器衰减时间的主要因素）、热

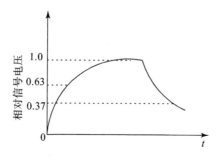

图 9 - 4　探测器对辐射的响应

时间常数和电时间常数。电路的时间常数 RC 往往成为限制一些探测器响应时间的主要因素。

探测器受辐照的输出信号遵从指数上升规律。即在某一时刻以恒定的辐射照射探测器，其输出信号 V_s 按式（9 - 24）表示的指数关系上升到某一恒定值 V_o。

$$V_s = V_o(1 - e^{-t/\tau}) \tag{9 - 24}$$

式中　τ——响应时间（时间常数）。

当 $t = \tau$ 时，$V_s = V_o(1 - 1/e^{-t/\tau}) = 0.63V_o$。

除去辐照后输出信号随时间下降，$V_s = V_o e^{-t/\tau}$。

当 $t = \tau$ 时，$V_s = V_o/e = 0.37V_o$。

由此可见，响应时间的物理意义是当探测器受红外辐射照射时，输出信号上升到稳定值的 63% 时所需要的时间；或去除辐照后输出信号下降到稳定值的 37% 时所需要的时间。τ 越短，响应越快；τ 越长，响应越慢。从对辐射的响应速度要求，τ 越小越好，然而对于像光电导这类探测器，响应率与载流子寿命 τ 成正比（响应时间主要由载流子寿命决定），τ 短，响应率也低。SPRITE 探测器要求材料的载流子寿命 τ 比较长，τ 短了就无法工作。所以对探测器响应时间的要求应结合信号处理和探测器的性能这两方面来考虑。当然，这里强调的是响应时间由载流子寿命决定，而热时间常数和电时间常数不成为响应时间的主要决定因素。事实上，不少探测器的响应时间都是由电时间常数和热时间常数决定。热探测器的响应时间长达毫秒量级，光子探测器的时间常数可小于微秒量级。

（7）频率响应

探测器的响应率随调制频率变化的关系叫探测器的频率响应。当一定振幅的正弦调制辐射照射到探测器上时，如果调制频率很低，输出的信号与频率无关，当调制频率升高，由于在光子探测器中存在载流子的复合时间或寿命，在热探测器中存在着热惯性或电时间常数，响应跟不上调制频率的迅速变化，导致高频响应下降。大多数探测器，响应率 R 随频率 f 的变化（图 9 - 5）如同一个低通滤波器，可表示为

$$R(f) = \frac{R_0}{(1 + 4\pi^2 f^2 \tau^2)^{1/2}} \tag{9 - 25}$$

式中　R_0——低频时的响应率；

　　$R(f)$——频率为 f 时的响应率。

式（9 - 25）仅适合于单分子复合过程的材料。所谓单分子复合过程，就是指复合率仅正比于过剩载流子浓度瞬时值的复合过程。这是大部分红外探测器材料都服从的规律，所以

式（9 - 25）是一个具有普遍性的表示式。

在频率 $f \ll 1/2\pi\tau$ 时，响应率与频率 f 无关；在较高频率时，响应率开始下降；在 $f = 1/2\pi\tau$ 时，$R(f) = 1/\sqrt{2}R_0 = 0.707R_0$，此时所对应的频率称为探测器的响应频率，以 f_c 表示；在更高频率，$f \gg 1/2\pi\tau$ 时，响应率随频率的增高反比例下降。

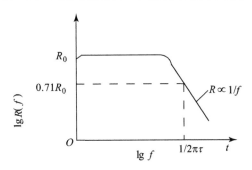

图 9 - 5　响应率的频率依赖关系

对于具有简单复合机理的半导体，响应时间 τ 与载流子寿命密切相关。在电导现象中起主要作用的寿命是多数载流子寿命，而在扩散过程中少数载流子寿命是主要的。因此，光电导探测器的响应时间取决于多数载流子寿命，而光伏和光磁电探测器的响应时间取决于少数载流子寿命。

有些探测器（如在 77 K 工作的 PbS）具有两个时间常数，其中一个比另一个长很多。有的探测器在光谱响应的不同区域出现不同的时间常数，对某一波长的单色光，某一个时间常数占主要，而对另一波长的单色光，另一个时间常数成为主要的。在大多数实际应用中，不希望探测器具有双时间常数。

9.4.3　红外探测器的特性

1. 概述

红外探测器的特性可以用 3 个基本参数来表示，它们是光谱响应范围、响应速度和最小可测辐射功率。其中某些参数并不是绝对量，可能随测量条件和探测器的工作环境而有所变化。这样一来，通常称为噪声等效功率（*NEP*）的最小可测功率，可能随光源的能量分布而变化，并且它也随由热背景到达探测器的额外辐射量而变化。这些参数可能是探测器材料所固有的性质，也可能随制造工艺和几何设计而变化。在说明探测器特性时，必须明确地指出测量条件，这点很重要，因为只有这样做，它们才能随意互换使用。此外，在测量探测器参数时，为了能预计它们在特殊条件下的特性，应该很好地了解它们工作时的物理过程。

2. 探测器的特性

在确定各参数时，需要测量探测器的几种特性，或者需要用几种技术来对某一特性进行测量。特别是在评价噪声等效功率时，需要测量两个量，即探测器暴露在调制的黑体辐射源时产生的信号和遮蔽黑体辐射时探测器的噪声。必须指出的测量条件是，辐射源的温度、调制频率和放大器的带宽。黑体温度需要标准化。这是因为发射辐射的光谱分布将决定探测器所"接收"的辐射量。500 K 的黑体通常用来作为响应波长超过 2 μm 的探测器的辐射源。因为探测器的信号和噪声都可能与频率有关，所以也必须指出调制频率。因为放大器的带宽决定了所测噪声的数值，所以它必须也是已知的。为了尽量减少在测量噪声所用的频率间隔内噪声的变化，放大器的带宽应做得尽量窄（市场上出售的谐波分析器的带宽通常是 4~5 Hz）。

红外探测器在一定的光谱范围内使用时，除了接收给定光源的辐射外，还会接收从热背景来的数量相当多的辐射。背景可能严重地影响探测器的特性，所以，对探测器周围背景的数量和类型必须加以说明。除非另有说明，否则在给出 D 时，视场都是 2π 弧度，背景温度都是 300 K。不同背景对 D 有什么样的影响，这点往往有可能计算出来。此外，不同背景对其他特性的影响，如对响应速度的影响，往往不需要经常去估计。

光子探测器工作时和探测器温度的关系很密切。在长波响应时，要用更低温来制冷。以减少入射信号光子释放的载流子和热激发载流子之间的竞争。在 1~3 μm 响应的探测器可以在室温下工作；在 100 μm 以上响应的探测器要在液氮温度下工作。在其间，对制冷的要求是各不相同的，这除了取决于探测器的类型外，还取决于截止波长。本征探测器对制冷的要求通常比非本征探测器的低。

9.4.4 红外探测器的使用和选择

红外探测器是红外系统的主要部件。如前所述，根据对辐射响应方式不同，红外探测器分为热探测器和光子探测器两大类。定性地讲，热探测器的工作原理是：红外辐射照射探测器灵敏面，使其温度升高，导致某些物理性质发生变化，对它们进行测量，便可确定入射辐射功率的大小。对于光子探测器，当吸收红外辐射后，引起探测器灵敏面物质的电子态发生变化，产生光子效应，测定这些效应，便可确定入射辐射的功率。

在热探测器中，热释电探测器的灵敏度较高，响应时间较快，而且坚固耐用，大有取代其他热探测器之势。而光子探测器灵敏度更高，比热释电器件约高两个数量级。但光子器件需要制冷，截止波长越长，制冷温度就越低，如 3~5 μm 的本征型器件需制冷到 193 K；8~14 μm 的器件需制冷到 77 K；而杂质型器件则需在更低温度下工作。

1. 红外探测器的使用和选择

为了使红外系统具有优良的性能，对红外探测器的一般要求是：

①要有尽可能高的探测率，以便提高系统灵敏度，保证达到要求的探测距离；

②工作波段最好与被测目标温度（热辐射波段）相匹配，以便接收尽可能多的红外辐射能；

③为了使系统小型轻便化，探测元件的制冷要求不能高，最好能采用高水平的常温探测元件；

④探测器工作频率要尽可能高，以便适应系统对高速目标的观测；

⑤探测器本身的阻抗与前置放大器相匹配。

基于以上要求，在具体选用探测器时要依据以下原则：

①根据目标辐射光谱范围来选取探测器的响应波段；

②根据系统温度分辨率的要求来确定探测器的探测率和响应率；

③根据系统扫描速率的要求来确定探测器响应时间；

④根据系统空间分辨率的要求和光学系统焦距来确定探测器的接收面积。

2. 以热成像系统为例，具体讨论如何选择探测器的问题

热成像系统常用于研究很宽温度范围的物体，其中包括 $T\approx300$ K 的目标。一般室温物

体辐射光谱的极大值在 $\lambda = 10\ \mu m$ 附近，而辐射对比度极大值在 $\lambda = 8\ \mu m$ 处，因此要求探测器的短波限不小于 $2\ \mu m$，因为 300 K 黑体在 $\lambda = 3\ \mu m$ 的辐射能量比 $\lambda = 10\ \mu m$ 处辐射能的 1% 还小。为了获取地热图，可以使用 $3 \sim 5\ \mu m$ 和 $8 \sim 13\ \mu m$ 的红外探测器，而由于 300 K 黑体在 $8 \sim 13\ \mu m$ 波段内的辐射功率为 $3 \sim 5\ \mu m$ 波段的 25 倍，故选用响应波段为 $8 \sim 13\ \mu m$ 的探测器最适宜。

原则上讲，选择探测率越高的探测器越好，因为高的探测率就意味着其探测最小辐射功率的能力强。对探测器的响应时间也有一定要求，一般来说，它不应低于瞬时视场在探测器上的驻留时间。此外，探测器的输出阻抗要与紧接的电路部分相匹配，这样才能获得较好的传输效率。同时，对制冷的要求不能过高，工作温度不能太低，制冷量不能太大。总之，系统的功能、维修方便性及外形尺寸决定了采用探测器和制冷系统的类型。

9.5 几种常见的红外探测器

9.5.1 光电导探测器

光电导探测器可分为本征光电导探测器和杂质光电导探测器。图 9 - 6 为光电导体的本征激发和杂质激发示意图。

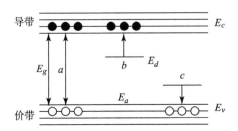

图 9 - 6 光电导体的本征激发和杂质激发示意图

1. 本征光电导探测器

当入射辐射的光子能量大于或等于半导体的禁带宽度 E_g 时，电子从价带被激发到导带，同时在价带中产生同等数量的空穴，即产生电子 - 空穴对。电子和空穴同时对电导有贡献。这种情况称为本征光电导。本征半导体是一种高纯半导体，它的杂质含量很少，由杂质激发的载流子与本征激发的载流子相比可以忽略不计。

用足以引起激发的辐射照射红外探测器，开始时光生载流子从零开始增加，经过一定时间后趋于稳定。在红外探测器的实际应用中，主要是弱光照情况。

2. 杂质光电导探测器

欲探测波长较长的红外辐射，红外探测器材料的禁带宽度必须很小。在三元化合物碲镉汞和碲锡铅等窄禁带半导体用作红外探测器之前，要探测 $8 \sim 14\ \mu m$ 及波长更长的红外辐射，只有掺杂半导体。如图 9 - 6 中 b、c 所示，施主能级靠近导带，受主能级靠近价带。将施主能级上的电子激发到导带或将价带中的电子激发到受主能级所需的能量比本征激发的小，波长较长的红外辐射可以实现这种激发，因而杂质光电导体可以探测波长较长的红外辐射。

杂质光电导探测器必须在低温下工作，使热激发载流子浓度减小，受光照时电导率才可能有较大的相对变化，探测器的灵敏度才较高。

红外探测器一般都工作于弱光照，波长较长的红外探测器更是如此，所以只讨论弱光照情况。锗掺杂红外探测器是用得较多的一种掺杂红外探测器。

3. 薄膜光电导探测器

红外光子探测器材料除块状单晶体外，还有多晶薄膜。多晶薄膜探测器（不包含用各种外延方法制备的外延薄膜材料）主要是指硫化铅（PbS）、硒化铅（PbSe）和碲化铅（PbTe）。目前多晶薄膜红外光子探测器只有光电导型。

室温下，PbS 和 PbSe 的禁带宽度分别为 0.37 eV 和 0.27 eV，相应的长波限分别为 3.3 μm 和 4.6 μm。降低工作温度，禁带宽度减小，长波限增长。它们是 1 ~ 3 μm 和 3 ~ 5 μm 波段应用十分广泛的两种红外探测器。

PbTe 与 PbS 和 PbSe 比较，无显著特点，其性能也不如 PbSe，所以很少使用。PbSe 虽比 InSb 的探测率低，但价格低廉，所以在 3 ~ 5 μm 波段仍继续使用。PbS 和 PbSe 两种多晶薄膜，在制备工艺、晶体结构等方面有很多相似的地方，而 PbS 至今仍然是 1 ~ 3 μm 波段主要使用的探测器，制备 PbS 多晶薄膜的方法有两种：一种是化学沉积法，另一种是真空蒸发法。前者是目前生产 PbS 所采用的主要方法。

关于光电导机理，势垒理论认为，当有入射辐射照射样品时，PbS 薄膜产生本征激发，光生载流子使 P - N 结势垒降低，能克服势垒参与导电的载流子增多，因而薄膜的电导率增大。势垒的存在并不改变迁移率，能越过势垒参与导电的载流子仍具有同没有势垒存在时一样的迁移率参与导电。

4. 光电导探测器的输出信号

图 9 - 7 是光电导探测器的测量电路。当开关接通时，光电导探测器接成一个电桥，可测量光电导探测器的暗电阻。取 $r_1 = r_2$，当电桥达到平衡时，探测器的暗电阻就等于负载电阻 R_L。断开开关，就是测量光电导探测器信号和噪声的电路，也是实际应用中的基本工作电路。

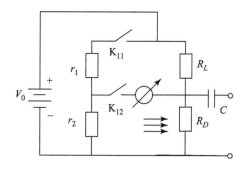

图 9 - 7 光电导探测器的测量电路

无辐照时，在光电导探测器 R_D 上的直流电压为

$$V_{R_D} = V_0 \frac{R_D}{R_L + R_D} \tag{9 - 26}$$

当光电导体吸收辐射时，设电阻的改变量为 ΔR_D，则在 R_D 上的电压改变量为

$$\Delta V_{R_D} = V_0 \frac{\Delta R_D (R_L + R_D) - R_D \Delta R_D}{(R_D + R_L)^2} = V_0 \frac{R_L \Delta R_D}{(R_L + R_D)^2} \qquad (9-27)$$

令 $\mathrm{d}(\Delta V_{RD})/\mathrm{d}R_L = 0$，得 $R_L = R_D$，即负载电阻等于光电导探测器的暗阻时，电路输出的信号（含噪声）最大，此时输出的电压为

$$(\Delta V_{R_D})_{\max} = \frac{V_0 \Delta R_D}{4 R_D} \qquad (9-28)$$

若 R_L 不等于 R_D，则输出的信号和噪声同样减小，信噪比基本不变。但是红外探测器的噪声很小，由于输出电路失配而使输出噪声更小，这就要求前置放大器和整个系统具有更低的噪声。然而，红外系统是一个光机电一体化的复杂系统，要将系统噪声做得很低是困难的，因此，总是希望在保证信噪比高的同时，信号、噪声都相对大一些，这就要求负载电阻 R_L 基本上等于探测器暗阻 R_D。增大加于探测器上的直流偏压可以增大信号和噪声输出，但所加偏压不能过大，只能在允许的条件下增大工作偏压。

9.5.2　光伏探测器

利用 P－N 结的光伏效应做成的红外探测器已得到广泛应用。下面简要讨论光伏探测器的基本原理。

1. 光伏探测器的一般讨论

如果在 P（N）型半导体表面用扩散或离子注入等方法引入 N（P）型杂质，则在 P（N）型半导体表面形成一个 N（P）型层，在 N（P）型层与 P（N）型半导体交界面就形成了 P－N 结。在 P－N 结中，当自建电场对载流子的漂移作用与载流子的扩散作用相等时，载流子的运动达到相对平衡，P－N 结间就建立起一个相对稳定的势垒，形成平衡 P－N 结。

如图 9－8 所示，P－N 结受辐照时，P 区、N 区和结区都产生电子－空穴对，在 P 区产生的电子和在 N 区产生的空穴扩散进入结区，在电场的作用下，电子移向 N 区，空穴移向 P 区，这就形成了光电流。P 区一侧获得光生空穴，N 区一侧获得光生电子，在结区形成一个附加电势差，这就是光生电动势。它与原来的平衡 P－N 结势垒方向刚好相反，这就要降低 P－N 结的势垒高度，使扩散电流增加，达到新的平衡，这就是光伏探测器的物理基础。

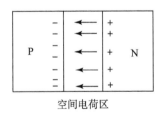

空间电荷区

图 9－8　P－N 结

光伏探测器的伏－安特性可表示为

$$I = -I_{sc}(e^{qV/\beta kT} - 1) + G_s V \qquad (9-29)$$

式中　I_{sc}——光电流，负号表示与 P－N 结的正向电流方向相反；

　　　V——P－N 结上的电压；

　　　G_s——P－N 结的分路电导；

　　　β——常数，对于理想 P－N 结，$\beta = 1$。

2. 光伏探测器的结构与探测率

光伏探测器有两种结构：一种是光垂直照射 P – N 结，另一种是光平行照射 P – N 结。在应用中，第一种结构较普遍。

光伏探测器的光谱探测率 D_λ^* 可表示为

$$D_\lambda^* = \frac{S/N}{P_\lambda}(A_D\Delta f)^{1/2} = \frac{I_{sc}/(\overline{i_N^2})^{1/2}}{hc/\lambda \cdot A_D E_p}(A_D\Delta f)^{1/2} \tag{9-30}$$

式中　S/N——信噪比，信号和噪声既可用电压形式表示，也可用电流形式表示；

P_λ——波长为 λ 的辐射辐照在探测器上的功率；

E_p——探测器上的光子辐照度；

I_{sc}——光电流；

A_D——探测器的光敏面积；

$(\overline{i_N^2})^{1/2}$——均方根噪声电流。

9.5.3　SPRITE 探测器

SPRITE（Signal Processing In The Element）探测器是英国皇家信号与雷达研究所的埃略特（Elliott）等人于 1974 年首先研制成功的一种新型红外探测器，它实现了在器件内部进行信号处理。这种器件利用红外图像扫描速度等于光生载流子双极漂移速度这一原理实现了在探测器内进行信号延迟、叠加，从而简化了信息处理电路。它可用于串扫或串并扫热成像系统，但与热成像系统中使用的阵列器件不同。阵列器件是互相分立的单元，每个探测器要与前置放大器和延迟器相连，它接收目标辐射产生的输出信号需经放大、延迟和积分处理后再送到主放大器，最后在显示器中显示出供人眼观察的可见图像。

目前国内外研制的 SPRITE 探测器，有工作温度为 77 K、工作波段为 8 ~ 14 μm 和工作温度为 200 K 左右、工作波段为 3 ~ 5 μm 两种。将它用于热成像系统中，既有探测辐射信号的功能，又有信号延迟、积分功能，大大简化了信息处理电路，有利于探测器的密集封装和整机体积的缩小。

目前具有代表性的 SPRITE 探测器是由 8 条细长条 $Hg_{1-x}Cd_xTe$ 组成，如图 9 – 9 所示。每条长 700 μm、宽 62.5 μm，彼此间隔 12.5 μm，厚约为 10 μm。

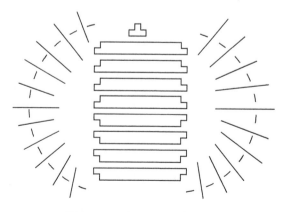

图 9 – 9　8 条 SPRITE 探测器

将 N 型 $Hg_{1-x}Cd_xTe$ 材料按要求进行切、磨、抛后粘贴于衬底上，经精细加工、镀制电极，刻蚀成小条，再经适当处理就成了 SPRITE 探测器的芯片。每一长条相当于 N 个分立的单元探测器。N 的数目由长条的长度和扫描光斑的大小决定。对于上述结构，每条相当于 11~14 个单元件，所以 8 条 SPRITE 约相当于 100 个单元探测器。每一长条有 3 个电极，其中两个用于加电场，另一个为信号读出电极。读出电极非常靠近负端电极，读出区的长度约为 50 μm、宽度约为 35 μm。

SPRITE 探测器工作原理图如图 9-10 所示。

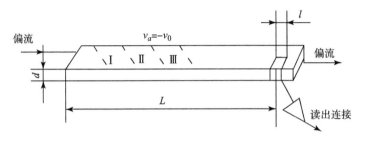

图 9-10　SPRITE 探测器工作原理图

假设 N 型 $Hg_{1-x}Cd_xTe$ SPRITE 探测器的每一细长条如图 9-10 所示。红外辐射从每一长条的左端至右端进行扫描。当红外辐射在 I 区产生的非平衡载流子在电场 E_x 的作用下无复合地向 II 区漂移，其双极漂移速度 v_a 为

$$v_a = \mu E_x \tag{9-31}$$

式中　μ——双极迁移率，可表示为

$$\mu = \frac{n-p}{\dfrac{n}{\mu_p} + \dfrac{p}{\mu_n}} = \frac{(n-p)\mu_n\mu_p}{n\mu_n + p\mu_p} \tag{9-32}$$

式中　n——电子数；

　　　　p——空穴数。

对于 N 型半导体，$n \gg p$，由式（9-32）可得出 $\mu = \mu_p$，这表示光生少数载流子空穴在电场的作用下做漂移运动。

当双极漂移速度 v_a 与红外图像扫描速度 v_s 相等时，从 I 区产生的非平衡少数载流子空穴在电场的作用下漂移运动到 II 区，此时红外图像也刚好扫描到 II 区，在 II 区又产生空穴（同时也产生电子）。红外图像在 I 区产生的空穴与在 II 区产生的空穴正好叠加。如果红外图像不断地从左向右扫描，所产生的非平衡载流子空穴在电场的作用下不断地进行漂移运动，并依次叠加，最后在读出区取出，从而实现了目标信号在探测器内的延迟与叠加。这就是 SPRITE 探测器的工作原理。

实现 SPRITE 探测器信号延迟和叠加的必要条件是红外图像扫描速度 v_s 等于非平衡少数载流子空穴的双极漂移速度 v_a。双极漂移速度 v_a 与 N 型 $Hg_{1-x}Cd_xTe$ 材料少数载流子的迁移率 μ_p 和加于长条的电场强度 E_x 有关。对于一定的材料，μ_p 是一定的，唯有外加电场强度可以调节。如果在器件允许的条件下所加电场强度足够高，非平衡少数载流子被电场全部或大部分扫出，这样就能实现信号的延迟和叠加；如果少数载流子寿命 τ_p 不够长，少数载流子在其寿命 τ_p 时间内漂移的长度小于 SPRITE 探测器每一细长条的长度，这样，少数载流

子必然在体内复合，信号到达不了读出区，既使红外图像扫描速度等于非平衡少数载流子的漂移速度，也不能在读出电极上取出信号。

9.5.4　几种单晶半导体红外探测器

1. 锑化铟（InSb）红外探测器

InSb 是一种Ⅲ－Ⅴ族化合物半导体。它是适量的铟和锑拉制成的单晶。InSb 的禁带宽度，室温下为 0.18 eV，相应的截止波长为 6.9 μm，77 K 时为 0.23 eV，相应的截止波长约为 5.4 μm。禁带宽度随温度的增高而减小，禁带宽度温度系数约为 -2.3×10^{-4} eV/K。电子迁移率，295 K 时为 60 000 cm^2/(V·s)，77K 时为 300 000 cm^2/(V·s)。

常用的 InSb 探测器有光电导型和光伏型两种，光磁电型探测器曾经研制过，但未见正式使用。

（1）电导型 InSb 探测器

工作温度为 295 K、195 K 和 77 K 的三种光电导探测器早有产品出售。性能最好的还是工作于 77 K 下的低温探测器。室温 InSb 的噪声由热噪声限制，但在 77 K 工作的低温 InSb 探测器却具有明显的 1/f 噪声。

（2）光伏型 InSb 探测器

InSb 的禁带宽度较窄，室温下难以产生光伏效应，所以 InSb 光伏探测器总是在低温工作，常用的工作温度为 77 K。

77 K 下工作的光伏型和光电导型 InSb 探测器的探测率都已接近背景限，其性能参数已在前面做了介绍，它至今仍然是 3～5 μm 波段广泛使用的一种性能优良的红外探测器。InSb 探测器的制备工艺比较成熟，但保持性能长期稳定仍然是一个不容忽视的问题。

2. 碲镉汞（HgCdTe）红外探测器

Hg$_{1-x}$Cd$_x$Te 是由 CdTe 和 HgTe 组成的固熔三元化合物半导体，x 表示 CdTe 占的克分子数。CdTe 是一种半导体，接近 0 K 时具有禁带宽度为 1.6 eV。HgTe 是一种半金属，接近 0 K 时具有 0.3 eV 的负禁带宽度。用这两种化合物组成的三元化合物的成分可以从纯 CdTe 到纯 HgTe 之间变化。

选择不同的 x 值就可制备出一系列不同禁带宽度的碲镉汞材料。由于大地辐射的波长范围为 8～14 μm。因此，$x = 0.2$，在 77 K 下工作时响应波长为 8～14 μm 的材料特别引人关注。

碲镉汞材料除禁带宽度可随组分 x 值调节外，还具有一些可贵的性质：电子有效质量小，本征载流子浓度低等。由它制成的光伏探测器具有反向饱和电流小、噪声低、探测率高、响应时间短和响应频带宽等优点。目前已制备成室温工作响应波段为 1～3 μm、近室温工作（一般采用热电制冷）响应波段为 3～5 μm 和 77 K 下工作响应波段为 8～14 μm 的光电导和光伏探测器。室温工作的 1～3 μm 波段的碲镉汞探测器的探测率虽不如 PbS 的探测率高，但由于它的响应速度快，已成功地用于激光通信和测距。77 K 下工作响应波段为 8～14 μm 的碲镉汞探测器主要用于热成像系统。

3. 锗、硅掺杂红外探测器

室温下，硅和锗的禁带宽度分别为 1.12 eV 和 0.67 eV，相应的长波限分别为 1.1 μm 和 1.8 μm。利用本征激发制成的硅和锗光电二极管的截止波长分别为 1 μm 和 1.5 μm，峰值

探测率分别达到 1×10^{13} cm·$Hz^{1/2}$/W 和 5×10^{10} cm·$Hz^{1/2}$/W，它们是室温下快速、廉价的可见光及近红外探测器。由于在 $1 \sim 3$ μm 波段，PbS 仍然是最好的红外探测器，所以，锗、硅的本征型探测器在红外波段范围内就无多大用处了。但是，它们的杂质光电导探测器曾起过一定作用。锗、硅掺杂型探测器基本上是光电导型。

锗、硅掺杂探测器均需在低温下工作，同时因光吸收系数小，探测器芯片必须具有相当厚度。锗、硅掺杂探测器在 20 世纪 60 年代发展起来，但硅掺杂探测器比锗掺杂探测器发展稍晚，应用也不如锗掺杂探测器普遍。由于硅集成工艺和 CCD 的发展并逐渐成熟，硅掺杂探测器今后一定会受到重视。

在三元系化合物碲镉汞和碲锡铅探测器问世之前，$8 \sim 14$ μm 及其以上波段的红外光子探测器主要是锗、硅掺杂型探测器，它们曾在热成像技术方面起过重要作用。由于碲镉汞和碲锡铅红外探测器在 $8 \sim 14$ μm 波段使用较锗掺杂探测器具有一些优点，所以，在 $8 \sim 14$ μm 的热像仪中不再使用锗掺杂红外探测器。锗掺杂探测器，如 Ge:Ga、Ge:B 和 Ge:Sb，都能探测到 150 μm 的红外辐射。所以，锗掺杂红外探测器在几十微米至 150 μm 这一波段内仍有它的应用价值。

9.5.5　几种主要的热探测器

物体吸收辐射，晶格振动加剧，辐射能转换成热能，温度升高。由于物体温度升高，与温度有关的物理性能发生变化。这种物体吸收辐射使其温度发生变化从而引起物体的物理、机械等性能相应变化的现象称为热效应。利用热效应制成的探测器称为热探测器。

由于热探测器是利用辐射引起物体的温升效应，因此，它对任何波长的辐射都有响应，所以称热探测器为无选择性探测器，这是它同光子探测器的一大差别。热探测器的发展比光子探测器早，但目前一些光子探测器的探测率已接近背景限，而热探测器的探测率离背景噪声限还有很大差距。

辐射被物体吸收后转换成热，物体温度升高，伴随产生其他效应，如体积膨胀、电阻率变化或产生电流、电动势。测量这些性能参数的变化就可知道辐射的存在和大小。利用这种原理制成了温度计、高莱探测器、热敏电阻、热电偶和热释电探测器。

1. 热敏电阻

热敏电阻的阻值随自身温度变化而变化。它的温度取决于吸收辐射、工作时所加电流产生的焦耳热、环境温度和散热情况。热敏电阻基本上是用半导体材料制成的，有负电阻温度系数（NTC）和正电阻温度系数（PTC）两种。

热敏电阻通常为两端器件，但也有制成三端、四端的。两端器件或三端器件属于直接加热型，四端器件属于间接加热型。热敏电阻通常都制得比较小，外形有珠状、环状和薄片状。用负温度系数的氧化物半导体（一般是锰、镍和钴的氧化物的混合物）制成的热敏电阻测辐射热器常为两个元件：一个为主元件，正对窗口，接收红外辐射；另一个为补偿元件，性能与主元件相同，彼此独立，同封装于一管壳内，不接收红外辐射，只起温度补偿作用。

薄片状热敏电阻一般为正方形或长方形，厚约 10 μm，边长为 $0.1 \sim 10$ μm，两端接电极引线，表面黑化以增大吸收。热敏元件芯片胶合在绝缘底板上（如玻璃、陶瓷、石英和宝石等），底板粘贴在金属座上以增加导热。热导大，热时间常数相对较小，但同时降低了响应率。采用调制辐射辐照或探测交变辐射时，响应时间应短一些；采用直流辐照时，响应时间可以长一些，这时可将底板悬空并真空封装。

热敏电阻和光子探测器一样可做成浸没探测器，这样，在保证所需视场的前提下可缩小探测器面积，因为缩小了面积的探测器仍能接收到原视场的辐射能量，所以提高了探测器的输出信号。但是，对于背景噪声起主要作用的红外系统（或探测器），采用浸没技术不能提高系统（或探测器）的信噪比，因为在增大信号输出的同时也必然要增大噪声输出。有不少光子探测器已接近背景噪声限，而热探测器离背景噪声限还很远。

热敏电阻的应用较广，但基本的应用是测辐射热计。目前，室温热敏电阻测辐射热器的探测率 D^* 的数量级为 $10^8 \mathrm{~cm} \cdot \mathrm{Hz}^{1/2}/\mathrm{W}$，时间常数为毫秒量级。由于它的响应时间较长，不能在快速响应的红外系统中使用。热敏电阻测辐射热器已成功地用于人造地球卫星的垂直参考系统中的水平扫描，在如测温仪这类慢扫描红外系统中有着广泛的应用。图 9 – 11 是热敏电阻测辐射热器工作电路。R_1 和 R_2 为两个性能相同的热敏电阻，其中一个（假定为 R_1）为接收辐射的工作元件，另一个为补偿元件。R_{L1} 和 R_{L2} 是两个性能稳定的电阻，其中一个的阻值可以调节。V_0 为所加直流工作电压，C 为交流耦合电容。

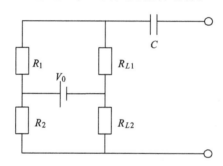

图 9 – 11　热敏电阻测辐射热器工作电路

2. 超导红外探测器

有一些物质，当它处于某一温度时，其电阻率迅速变为零，这种现象称为超导现象。超导体主要用于制作两类红外探测器：一类是利用在超导转变温度范围内超导体电阻随温度明显变化这一特性做成测辐射热器；另一类是利用约瑟夫森（Josephson）效应制成约瑟夫森结探测器，它在远红外区不仅探测率高，而且响应时间也很短。

用高温超导薄膜制备的探测器具有响应光谱宽、功耗小、探测率高、响应速度快、成品率高和价格相对低廉等优点，所以用它来制作单元、多元或焦平面器件都具有很好的发展前景。高温超导探测器是红外和亚毫米波谱区的一种性能十分优良的探测器。

3. 热电偶和热电堆

热电偶是最古老的热探测器之一，至今仍得到广泛的应用。热电偶是基于温差电效应工作的。单个热电偶提供的温差电动势比较小，满足不了某些应用的要求，所以常把几个或几十个热电偶串接起来组成热电堆。热电堆可以比热电偶提供更大的温差电动势，新型的热电堆采用薄膜技术制成，因此，称为薄膜型热电堆。

4. 热释电探测器

热释电探测器是发展较晚的一种热探测器。目前，不仅单元热释电探测器已成熟，而且多元列阵元件也成功地获得应用。热释电探测器的探测率比光子探测器的探测率低，但它的光谱响应宽，在室温下工作，已在红外热成像、红外摄像管、非接触测温、入侵报警、红外光谱仪、激光测量和亚毫米波测量等方面获得了应用，所以，它已成为一种重要的红外探测器。

9.5.6　PSD 传感器及其应用

位置敏感探测器 PSD（Position Sensitive Detector）是一种光电测距器件。PSD 基于非均匀半导体"横向光电效应"，达到器件对入射光或粒子位置敏感。它是一种对其感光面上入射光位置敏感的光电探测器，即当入射光点落在器件感光面的不同位置时，将对应输出不同的电信号，通过对输出信号的处理，即可确定入射光点在器件感光面上的位置。PSD 的基本结构类似于 PIN 结光电二极管，PSD 由四部分组成：PSD 传感器、电子处理元件、半导体激光源、支架（固定 PSD 光传感器与激光光源相对位置）。但是它的工作原理与光电二极管不同，光电二极管基于 P – N 结或肖特基结的光生伏特效应，而 PSD 基于 P – N 结或肖特基结的横向光电效应，它不仅是光电转换器，更重要的是，它还是光电流的分配器。

PSD 的显著特点有：位置分辨率高，光谱响应范围宽，响应速度快，位置信号与光斑大小形状及焦点无关，仅与入射光斑的光通量密度分布的重心位置有关；可靠性高，处理电路简单；受光面内无盲区，可同时测量位移及光功率，测量结果与光斑尺寸和形状无关；测量的位置信号连续变化，没有突变点，故能获得目标位置连续变化的信号，可达极高的位置分辨准确度；使用中不需要扫描系统，极大地简化了外围电路，实现了检测系统的成本低、体积小、质量轻及使用简便的目的。由于其具有特有的性能，因而能获得目标位置连续变化的信号，在位置、位移、距离、角度及其相关量的检测中获得越来越广泛的应用。

PSD 已广泛用于各种自动控制装置、自动聚焦、自动测位移、自动对准、定位、跟踪及物体运动轨迹等方面，在位移移动、安全监视、光束对准和三维空间位置测试系统中的平面度测量及机器人视觉等大量的用途中，PSD 是非常关键和理想的器件。

9.5.7　双色红外探测器

如果一个系统能同时在两个波段获取目标信息，就可对复杂的背景进行抑制，提高对各种温度的目标的探测效果，从而在预警、搜索和跟踪系统中能明显地降低虚警率，显著地提高热成像系统的性能和在各种武器平台上的通用性，满足各军、兵种，特别是空军、海军对热成像系统的需求。一般两波段热成像系统可以由两种方式构成：一种是两个分别响应不同波段的探测器组件共用一个光学系统构成，另一种是用一个能响应两个波段的双色红外探测器（以下简称双色探测器）共用一个光学系统构成。前者的特点是探测器简单，但系统的光学机构比较复杂，后者则正好相反。由于绝大多数军用战术热成像系统都在 $3 \sim 5~\mu m$、$8 \sim 12~\mu m$ 这两个大气窗口工作，所以国内外研制的多数双色探测器都工作在这两个波段。双色探测器工作在 $3 \sim 5~\mu m$ 及 $8 \sim 12~\mu m$ 大气窗口波段范围，是光伏响应模式和光导响应模式相结合的偏压控制型两端器件。

双色探测器可应用于导弹预警，机载前视红外系统和红外侦察系统，武装直升机和舰载机目标指示系统，中、低空地空导弹的光电火控系统，精确制导武器的红外成像制导导引头，水面舰船的预警、火控和近程反导系统，双波段热像仪等。

使用双色红外探测器的系统，能同时探测和处理两个波段的光谱信息与空间信息，大大提高了红外系统抗干扰和对假目标的识别能力。双色红外探测器已在搜索、跟踪系统中得到了广泛的应用，使用双色红外探测器的导引头可大大提高导弹的命中率。随着遥感、遥测和精密制导技术的发展，双色和多色红外探测器的应用更显得重要和迫切。双色红外探测器首先在红外军事系统中获得应用，目前，在工业、农业、地球资源勘察、预警、测温和森林防火等方面也得到了应用。国外对双色和多色红外探测器的研究始于 20 世纪 70 年代，现在已有双色、三色和四色红外探测器，并相继获得成功应用。国内对双色红外探测器的研究起步较晚，但由于有单色红外探测器的坚实基础，所以发展较快。昆明物理研究所研制成功的双色 $Hg_{1-x}Cd_xTe$ 光导红外探测器的材料组分分别为 $x \approx 0.3$ 和 $x \approx 0.2$，相应的灵敏波段分别为 3~5 μm 和 8~14 μm。在 300 K 和 180° 视场角的背景条件下，工作温度为 77 K 的双色 $Hg_{1-x}Cd_xTe$ 光导红外探测器，峰值探测率已分别达 $D_{Z_p}^*(5.2, 980, 1) = 5.9 \times 10^{10}$ cm·$Hz^{1/2}$/W 和 $D_{Z_p}^*(12.5, 980, 1) = 2.3 \times 10^{10}$ cm·$Hz^{1/2}$/W。考虑光路中的能量损失，一些双色探测器的中波、长波元件已接近背景限探测率。

用于预警、搜索、目标识别、跟踪等光电系统的双色探测器要求有高的探测率和响应率。这样，双色探测器就以量子效应工作为佳。探测战术目标的探测器都在 300 K 的高背景光子通量的条件下工作，综合考虑制冷的代价和操作的方便性等因素后，以探测器工作在液氮温度比较好，因此，高性能的双色探测器都选用本征型探测器。

从可供选择的探测器材料看，用于 3~5 μm 器件的半导体材料有 HgCdTe、InSb、PbSe等，用于 8~12 μm 器件的材料主要有 HgCdTe。此外，近年来发展的 GaAs/GaAlAs 等量子阱材料也可用于制备双色探测器。由 GaAs/GaAlAs 等量子阱/超晶格材料制备的红外探测器在工作温度、波长范围、器件性能等方面还有待提高，因此，目前采用较多的材料组合方案是前面几个。但随着量子阱/超晶格材料制备技术的进步，今后将会出现更多的双色量子阱/超晶格红外探测器。

近年来，随着分子束外延技术的发展和量子阱/超晶格材料质量的提高，人们发现可以利用 GaAs/GaAlAs 量子阱子带间红外光电响应来制备高灵敏度的红外探测器，这种新型的红外探测器可以有 InSb 和 HgCdTe 红外探测器件同样的性能，并且工艺上能达到大面积均匀，与现有的 GaAs 微电子工艺兼容，因而引起了世界各国的广泛关注和重视。

随着红外对抗技术的发展，双色和多色红外探测器已经引起了人们的高度重视和广泛兴趣。这种器件不仅具有很高的探测灵敏度，而且能够同时利用多个大气窗口在不同波长对目标进行高速分别探测，大大提高对目标的分辨能力，抗干扰性能大大提高。传统的 InSb 和 HgCdTe 材料只有通过组合和拼接，利用十分复杂的互连工艺，才能制备双色探测器，而且均匀性差，性能不高。而量子阱红外探测器响应带宽较窄（通常为 1~2 μm），光电响应峰值波长能通过改变量子阱的能带参量而大范围地调节（2~20 μm）。因此，GaAs/GaAlAs 红外探测器能方便地在一个器件上实现双色乃至多色探测。

从探测器光敏面的相对位置分类，双色探测器主要有以下三种形式。

①叠层式。不同波段的探测器光敏元上下重叠。

②镶嵌式。不同波段的探测器光敏元相互镶嵌。

③并排式。不同波段探测器光敏元平行排列或稍有错开。

三种器件的排列方式相比，以第一种最为优越。将响应 3~5 μm 的探测元布置在 8~12 μm 的探测元之上，3~5 μm 的探测器材料就自然形成了 8~12 μm 探测器的滤光片，既简化了探测器组件滤光片的研制，降低了背景对长波探测器性能的影响，又有探测器位置精确的共轴，有利于系统的光学设计。用不同的材料拼接，则以第三个方案较为有利，如长波红外光在穿透中波探测器和长波探测器之间粘接胶的能量损失及在粘接中波探测器时对长波探测器表面的损伤均可不考虑，且可减少单位面积器件电极的数量，中波探测器和长波探测器可在同一轮工艺中制成，等等。

双色探测器按结构可分为平面式和叠层式两种。平面器件存在下述缺点。

①两波段灵敏元件在一个平面上，各波段的敏感元件最多只能接收入射光能的一半，且需两路光学系统分别对准照射到两波段灵敏元件上。

②采用在灵敏元件上往复照射的扫描方式，不能同时连续观察两个波段的信息。

叠层式器件克服了平面结构的上述缺点，采用两波段灵敏元件上下叠层对中，这是较理想的结构，能给应用带来很多方便。图 9 – 12 所示为叠层双色光导红外探测器芯片示意图。

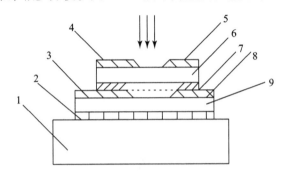

图 9 – 12　叠层双色光导红外探测器芯片示意图

1—衬底；2、7—粘接胶；3、4、5、8—金电极；6—上元件；9—下元件

比较典型的双色探测器。中波元件的峰值波长 $\lambda_p = 5.2~\mu m$，截止波长 $\lambda_c = 5.6~\mu m$，长波元件的峰值波长 $\lambda_p = 12.5~\mu m$，截止波长 $\lambda_c = 13.2~\mu m$，由此可以计算低温工作的光导探测器在 300 K 和 180°视场角的背景条件下的背景限探测率。在扣除窗口、中波元件、长波元件对辐射能产生的损失后，可以看出所研制的一些双色 $Hg_{1-x}Cd_xTe$ 红外探测器的中波、长波元件已接近背景限探测率。

从双色探测器的工作原理看，可分为光电导效应、光伏效应、双峰效应和子能带间的共振吸收隧穿效应四种效应的工作原理。

本征吸收的光导、光伏效应量子效率高，是双色探测器的首选模式；双峰效应是通过偏置电压改变 P – N 结耗尽区宽度，以收集另一波长的光生载流子，利用这一效应必须使用外延方法生长的双层异质结薄膜材料；第四种则只能选用量子阱超晶格材料。受杜瓦电极引线数量和制冷机（器）的限制，一般光导模式的多元双色探测器的最大探测元数为 90 × 2，因此，用于周视全景搜索、跟踪等系统中的长线列或大阵列双色探测器则不能以光导模式工作。

另外，还有一种特殊的双色探测器设计方案是：在系统设计上，通过在光路上插入相应的滤光片，用一个 8 ~ 14 μm 的 HgCdTe 焦平面阵列（FPA）分别响应两个波段的红外信号。如果类似的滤光膜是设置在探测器的光敏元上的，那么，同样能达到在一个杜瓦中用两个长波探测器芯片分别响应中波和长波红外的目的。

双色探测器既受单波段器件发展水平和对两波段热像系统需求的限制，又有从器件制备到系统应用等多方面的困难，因此，其总体发展水平远低于单波段同类型的探测器。例如，1958 年单波段的热像仪就研制成功了，而最早的 HgCdTe 双色探测器在 1972 年才研制出来，是用体材料制备、用胶粘接的叠层式光导器件；现在最大的单波段 HgCdTe 探测器面阵已达 640×480 元，而用多层异质结 HgCdTe 薄膜材料制备的、集成式的双色探测器仅达到 64×64 元。尽管如此，$3 \sim 5$ μm 和 $8 \sim 14$ μm 的两波段热像系统在欧美已得到比较普遍的使用。例如，美国海军航母上的舰载战斗机 F-14D 装备了两波段 FLIR 系统，其研制的轻型舰用红外警戒系统，采用了能响应 $3 \sim 5$ μm 和 $8 \sim 14$ μm 波段的 480×4 元的 HgCdTe FPA 器件。英国则研制成功了双色 SPRITE 探测器，并在 TICMII 的基础上，研制出两波段的热像仪；另外，英国也在研制舰用两波段红外警戒系统。法国对舰用红外警戒系统的研制非常重视，于 1977 年率先研制出实用化的两波段搜索、跟踪系统 VAMPIR，并装备在两艘导弹驱逐舰上。早期的系统采用分置多元 InSb 探测器和 HgCdTe 探测器，改进型采用 288×4 元的 HgCdTe FPA。随着外延生长技术的进步，国外现已能生长高质量的 P-N-N-P HgCdTe 多层异质结薄膜，这为研制更大规格的双色 HgCdTe 焦平面阵列提供了良好的条件。为简化系统结构，双色探测器的发展趋势是集成式。

国内三家从事红外探测器的专业研究所（昆明物理研究所、上海技术物理研究所、华北光电技术研究所）也进行了双色探测器的研制，都取得一定的结果。1991 年，昆明物理研究所研制出多种双色红外探测器，其中有能同时响应中波和长波的叠层式 HgCdTe 光导探测器，探测器的光敏面为 0.5 mm $\times 0.5$ mm，用于精确制导。1992 年，上海技术物理研究所利用镶嵌技术，研制成功用于航空遥感红外扫描辐射计的双色 HgCdTe 光导探测器，探测元面积均为 0.24 mm $\times 0.24$ mm，呈品字形排列，该探测器上组装有微型滤光片以保证波段的分离度。1994 年，华北光电技术研究所利用镶嵌技术，研制成功 24 元的双色探测器，该器件由 4 元 InSb 光伏器件和 20 元 HgCdTe 光导器件呈十字形拼在一个 $\phi 12$ mm 的微晶玻璃衬底上，InSb 探测元的宽度均为 0.25 mm，但长度分别为 3.5 mm、2.8 mm、2.7 mm 和 2.5 mm，HgCdTe 探测元的尺寸分别为 0.2 mm $\times 0.4$ mm（8 元）、0.2 mm $\times 0.6$ mm（2 元）、0.2 mm $\times 0.44$ mm（10 元），用于舰载近程点防御系统的光电火控，据报道已提供 4 套组件供整机使用。与国外相比，目前国内研制的双色器件总体水平较低，主要表现在探测元数较少，无 32 元以上器件，器件的性能较低，应用也局限在航空遥感、精确制导、探测点目标等。

今后，双色探测器将随单波段探测器及其配套技术的成熟和市场需求的增加而加快发展。器件的发展趋势将集中在以下五个方面。

①集成式。集成化的双色探测器有利于简化系统结构，能充分利用半导体材料制备技术的最新成果，便于器件焦平面化，其中 HgCdTe 合金系和各种量子阱/超晶格材料系统将得到重点发展。

②焦平面。采用焦平面器件，能更好地满足系统的要求，同时也有利于简化系统结构。

③大阵列。为明显地提高系统性能，双色探测器将向大面阵和长线列发展。

④小型化。双波段系统将克服在光学设计和加工、信号处理与显示等方面的困难，缩小体积、减轻质量，以便扩大其应用范围。

⑤多色化。随着材料、器件和系统技术的进步，双色探测器将向更多的光谱波段发展，既包括拓宽光谱波段，也包括将光谱波段划分成更为细致的波段，以获得目标的"彩色"

热图像，使得到的目标信息更丰富、更精确、更可靠。

9.5.8　其他探测器

前面较详细讨论了常用的光子探测器和热探测器，本部分将简要介绍其他几种探测器。这些探测器，有的是发展较晚的新型探测器；有的虽然发展较早，应用也不普遍，但是在某些方面有着重要应用。

1. 双色探测器和多色探测器

将两个或多个响应于不同波段的探测器制备成叠层结构，能同时连续探测两个或多个波段辐射的探测器，叫作双色或多色探测器。

光电导型和光伏型的多种双色或多色探测器已得到广泛应用。双色探测器和多色探测器能同时对双波段与多波段的辐射信息进行处理，大大提高了系统抗干扰和识别假目标的能力，已在搜索、跟踪、制导系统中得到广泛的应用。例如在导弹的导引头中使用了双色探测器后大大提高了导弹的命中率。双色探测器和多色探测器除了在军事上的应用外，在工业、农业、地球资源勘察、预警、测温和森林防火等方面也有着十分重要的应用。

美国等一些国家已在 20 世纪 70 年代研制出来双色探测器和多色探测器，并立即投入使用。目前已研制成功 $3\sim5\ \mu m/8\sim14\ \mu m$ 的双色多元成像器件并用于双色成像系统。国内对双色红外探测器的研究起步较晚，但进展迅速。

2. 光子牵引探测器

光子牵引探测器是一种新型的红外光子探测器，目前主要用于 CO_2 激光探测。1970 年第一次报道半导体中的光子牵引效应以后，光子牵引效应的研究受到了重视，已用锗、砷化铟和碲等材料制出了光子牵引探测器。

光子牵引效应是指光子与半导体中的自由载流子之间发生动量传递，载流子从光子获得动量而做相对于晶格的运动，在开路条件下，样品两端产生电荷积累，形成电场，阻止载流子继续运动，样品两端建立起电位差。这样建立的电位差称为光子牵引电压。根据上述原理制成了光子牵引探测器。

目前，对于 CO_2 激光来说，P 型 Ge 是最好的光子牵引探测器材料。P 型 Ge 光子牵引探测器芯片一般是长条形，纵轴可取 [111] 方向或 [100] 方向。样品经研磨和化学抛光（端面要求成光学平面），用 InGa 合金作欧姆接触。对于电阻率为 2.3 $\Omega\cdot cm$、体积为 $(1.5\times1.5\times20)$ mm^3 的 P 型 Ge 样品，响应率为 3×10^{-4} V·W。如果只考虑探测器中起主要作用的热噪声，其探测率在室温下应为 1.4×10^3 cm·$Hz^{1/2}$/W，在 77 K 下应为 1.1×10^4 cm·$Hz^{1/2}$/W。同这一波长的其他探测器相比，光子牵引探测器的响应率和探测率都很低，因此它不宜用于探测室温等目标的辐射，只能探测强功率辐射。但是光子牵引探测器有如下突出的优点：

①响应速度快，实际响应时间小于 10^{-10} s；

②室温工作，使用方便；

③不需外接电源，因而减小了噪声，简化了屏蔽；

④采用适当掺杂的 P 型锗，可控制探测器的吸收率约为 25%、透射率约为 75%，因而可直接置于光路中做激光监控器而无须使用分光器；

⑤可承受高的辐射功率，对于 CO_2 激光器的大功率脉冲几乎不会被烧坏。

目前 10.6 μm 的光子牵引探测器有 P - Ge、P - Te 和 N - InAs，1.06 μm 的光子牵引探测器有 GaAs 和双光子牵引的 InSb 等，其中最成熟的是 P - Ge 光子牵引探测器。利用各种半导体中的光子牵引效应可探测几乎所有红外波长的辐射，不过是否具有超过现有探测器的优点，尚需实践证明。

3. 量子阱超晶格红外探测器

如果用两种不同禁带宽度（或不同掺杂浓度）的半导体材料周期性地交替排列叠层在一起形成多层结构，这两种材料的导带与价带偏离将形成一系列势阱与势垒。如果势垒高度低、势垒宽度窄，势阱中处于低能量的电子由于隧道共振效应穿越势垒的概率很大，相邻势阱中电子波函数发生交叠形成子能带，这种材料称为超晶格材料。如果势垒高且宽，势阱中处于低能态的电子几乎完全被限制在势阱内，这种材料中的电子行为类似势阱中单个电子行为的简单叠加，这种材料称为多量子阱材料。

国外首先发展了Ⅲ - Ⅴ族超晶格材料，发现有可能延伸其响应波长至 8 ~ 12 μm 范围，成为 HgCdTe 的替代材料。例如 GaAs - Ga$_{1-x}$Al$_x$As 多量子阱红外探测器。

1985 年，威斯特（West）等人首次观察到 GaAs 量子阱导带内子带间的光跃迁。1987 年，美国贝尔试验室的利文（Levine）等人报道了研制的 50 周期 40 Å GaAs（掺杂浓度 $n = 1.4 \times 10^{18}$ cm^{-3}）势阱和 95 Å Ga$_{0.75}$Al$_{0.25}$As 势垒组成的多量子阱器件，其响应波长为 10.8 μm，响应率为 0.52 A/W，响应时间为 3×10^{-11} s。1988 年报道了 50 周期 40 Å GaAs（掺杂浓度 $n = 2 \times 10^{18}$ cm^{-3}）势阱和 300 Å Ga$_{0.69}$Al$_{0.31}$As 势垒组成的多量子阱器件，其响应波长为 8.3 μm，$D^* = 1 \times 10^{10}$ cm·Hz$^{1/2}$/W，$R_v = 3 \times 10^4$ V/W。后来，又报道了将势垒宽度增至 300 ~ 500 Å，暗电流可降低一个数量级，响应率增加 5 倍，探测率也相应提高。

量子阱探测器有极好的热稳定性和均匀性，可单片集成，具有高速、可调谐和多谱等特点。但这是一窄带器件，欲应用于 8 ~ 12 μm 波段还必须解决很多复杂的问题。GaAs - GaAlAs 多量子阱器件是光电导型的，工作时需加偏压，增加功耗，这对制备焦平面器件是不利的。总的说来，多量子阱材料和器件的均匀性比碲镉汞的好，探测器的最终性能可能不及碲镉汞，但它是一种很有发展前途的红外探测器。

4. 多元探测器及焦平面器件

随着红外技术的发展，红外系统对红外探测器提出了更高的要求，单元探测器满足不了这些要求，为了提高红外系统的作用距离、响应速度及扩大视场和简化光机扫描结构，红外探测器必然由单元向多元和焦平面列阵（FPA）器件方向发展。

前面介绍的那些探测器几乎都可以制作多元和焦平面器件。目前，报道较多的焦平面器件有 PbS、PtSi、InSb、HgCdTe、硅掺杂、超导和热释电等。

多元探测器的研制从单线列开始，继而研制双线列及多线列阵列器件。使用多元探测器的红外系统与使用单元探测器的红外系统相比，系统的灵敏度提高了约一个数量级，同时简化了光机扫描，使系统由只能处理单个目标发展到能同时处理多个目标。高密度凝视焦平面器件的应用又使红外系统的灵敏度提高约一个数量级，是红外技术的一次重要飞跃，使红外技术更加显示出它在高新技术领域的重要性。

20 世纪 70 年代初，肖脱基势垒探测器出现后，红外焦平面器件成为研究的重要内容。至今，多种红外焦平面列阵（IRFPA）器件已先后研制成功并已部分用于军事装备。焦平面器件的像元数及像元面积的大小是根据实际要求而设计的，因而规格较多。但随着焦平面技术的发展和逐步完善，逐渐形成了 16×16 的倍数这种通用结构，每元面积为 $10^3 \sim 10^4 \ \mu m^2$。根据目前的报道，元数较多的为 256×256 和 512×512。

目前，$1 \sim 3 \ \mu m$、$3 \sim 5 \ \mu m$ 和 $8 \sim 14 \ \mu m$ 波段都各有若干种焦平面器，但研究得较多的是前面提到的那几种。

当一个红外系统使用的焦平面列阵器件的元数不够多，尚不能满足视场等技术要求时，红外系统还必须进行相应的光机扫描；当焦平面器件的元数足够多，能满足系统视场等技术要求时，红外系统就不需要光机扫描了，光机扫描由电子扫描代替。这种红外系统去掉了复杂的光机扫描，缩小了系统的体积，减轻了系统的质量，进一步增加了系统的灵敏度和可靠性。这类系统称为红外凝视系统，用于凝视红外系统的器件称为凝视红外焦平面器件。凝视红外系统已研制出来，并逐步扩大使用。

红外焦平面器件可分为混合式、单片式和 Z 平面等多种结构。混合式结构是分别制备红外焦平面器件和相应的信号处理芯片，然后互连而成。这种结构可各自获得最佳性能和充分利用成熟的硅工艺，但均匀性差，互连复杂。单片式结构是在同一种材料上同时制备光敏元件和信号处理元件。这种结构可以制备出元数多、均匀性好、价格较低的焦平面器件。Z 平面结构是在 Z 方向将信号处理芯片采用叠层的方法组装起来。这种结构可扩大器件自身的信号处理功能，能更有效地缩小整机体积和提高整机的性能。

早期的多元探测器，由于元数较少和相应的信号读出技术跟不上，多采用每一元对应一条信号线和一个前置放大器来进行信号的传输与预处理。但发展到元数非常多的焦平面阵列器件后不可能再采用上述办法来实现信号的读出和处理，因为如此多的引线焊接是无法实现的，那样多的前置放大器会使系统庞大得无法使用。红外焦平面器件把红外辐射转换成电信号，如何读出和处理这些电信号就成为焦平面技术的一个关键问题。目前，焦平面器件信号的读取有用电荷耦合器件（CCD）、金属 - 氧化物 - 半导体（MOS）器件和电荷注入器件（CID）等几种方式，它们已能基本满足焦平面器件信号的读取。正因为如此，才使红外焦平面器件获得了成功的应用。

红外焦平面器件已应用于夜视、跟踪、空间技术、无损探伤、温度监测、天文、医学等广泛领域，是新一代高性能的红外探测器，许多国家都在这一领域开展了研究性的工作。

9.6　红外系统及其应用

9.6.1　红外系统的概念及红外仪器的基本结构

自然界中实际景物的温度均高于绝对零度。根据普朗克定理，凡是绝对温度大于零度的物体都会产生热辐射。物体发出的辐射通密度是物体温度及物体辐射系数的函数。利用景物温度及辐射系数的自然差异可以做成各种被动的红外仪器。当物体受到外来的红外辐射辐照时，会产生反射、吸收及透射现象。基于这些现象做成的红外仪器，称为主动的红外仪器。主动的红外仪器多用于观测、分析、测量方面，被动的红外仪器应用面较宽，在探测、成像、跟踪及搜索等方面均有广泛应用。红外仪器的基本结构如图 9 - 13 所示。

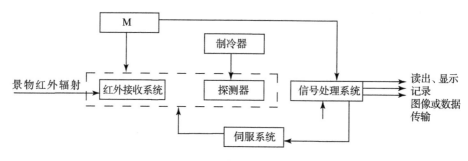

图 9 – 13   红外仪器的基本结构

由景物发出的红外辐射经空间传输到红外装置上，红外装置的红外光学系统接受景物的红外辐射，并将其会聚在探测器上。探测器将入射的红外辐射转换成电信号。信号处理系统将探测器送来的电信号处理后便得出与景物温度、方位、相对运动角速度等参量有关的信号。红外装置取得景物方位信息的方式有两种：一种是调制工作方式，另一种是扫描工作方式。图 9 – 13 中的环节 M 为调制器或扫描器。若红外装置采用调制工作方式，则环节 M 为调制器。调制器用来对景物的红外辐射进行调制，以便确定被测景物的空间方位，调制器还配合着取得基准信号，以便送到信号处理系统作为确定景物空间方位的基准。若红外装置采用扫描方式工作，则环节 M 为扫描器，用它来对景物空间进行扫描，以便扩大观察范围及对景物空间进行分割，进而确定景物的空间坐标或摄取景物图像。扫描器也向信号处理系统提供基准信号及扫描空间位置同步信号以作信号处理的基准及协调显示。当红外装置需要对空间景物进行搜索、跟踪时，则需设置伺服机构。跟踪时，按信号处理系统输出的误差信号对景物进行跟踪；搜索时，需将搜索信号发生器产生的信号送入信号处理系统，经处理后用它来驱动伺服系统使其在空间进行搜索。对机械扫描系统而言，扫描器 M 和伺服机构这两个环节总是合并设置为一个环节。采用调制工作方式的红外装置可以对点目标实行探测、跟踪、搜索；采用扫描方式工作的红外装置，除了能对景物实行探测、跟踪、搜索外，还能显示景物的图像。经信号处理后的信息，可以直接显示记录、读出，也可以由传输系统发送至接收站再加工处理。

红外系统是包括景物红外辐射、大气传输以及红外仪器的整体。红外系统的研究内容为分析计算景物的红外辐射特征量以及这些量在大气中传输时的衰减状况，根据使用要求设计适用的红外仪器。

9.6.2   红外系统的类型

红外系统本质上是一个光学 – 电子系统，用于接收波长 0.75 ~ 1 000 μm 的电磁辐射。它的基本功能是将接收到的红外辐射转换成为电信号并利用它去达到某种实际应用的目的。例如，通过测定物体的红外辐射大小确定物体的温度等。

红外技术的应用是多方面的，所使用的红外系统各式各样。红外系统有以下几种分类方法。

①按功能分：可分为测辐射热计、红外光谱仪、搜索系统、跟踪系统、测距系统、警戒系统、通信系统、热成像系统和非成像系统等。

②按工作方式分：可分为主动系统和被动系统、单元系统和多元系统、光点扫描系统及

调制盘扫描系统、成像系统和非成像系统等。

③按应用领域分：可分为军用系统和民用系统。

④按探测器元件数分：可分为第一代红外系统、第二代红外系统和第三代系统。第一代红外系统建立在单元或多元探测器基础上，系统采用传统的光机扫描。第二代红外系统采用多元焦平面列阵器件，在这种系统中，像元数达到 1 000，其图像质量可与现代电视系统相比拟。但是，这种系统的探测器列阵的元数少于电视图像的像元数（100 000），因此在第二代热成像系统中还应用某种光机扫描部件。第三代红外系统中，焦平面的元数足够多，可覆盖整个视场，由电子扫描代替光机扫描，这种系统可称为真正的"凝视"系统。

9.6.3　红外仪器的基本特性

红外仪器最基本的功能是接受景物的红外辐射，测定其辐射量大小及景物的空间方位，进而计算出景物的辐射特征；至于红外搜索跟踪功能，则是在红外接收系统取得了景物基本特征信息后再由伺服机构加以完成的。红外接收系统的性能主要指视场、探测能力和探测精度三个方面。视场表示红外仪器探测景物的空间范围。视场较大则相应的空间噪声增大，处理全视场信号所需时间较长或所需处理速度较快，因而会对仪器的探测能力及探测精度有所影响。探测能力包括红外仪器的作用距离、温度分辨率及检测性能等项参数，标示着仪器对景物探测的灵敏度。探测精度则指对空间景物的空间分辨率及目标的定位精度。探测灵敏度和探测精度是红外仪器的两项基本特性，它们由仪器的结构参数决定，同时也受仪器外部及内部的噪声和干扰制约。

红外仪器工作在电磁波谱的红外波段，波长较无线电波短，所以红外仪器的空间分辨率较微波雷达及毫米波雷达的高，但不及可见光仪器。大气分子及大气浮悬物对辐射的散射随透过的辐射波长而异。辐射波长增长时，散射影响将逐渐减弱，因此红外辐射透过霾雾的能力较可见光强。雷达的工作波长较长，因而具有全天候工作能力，这是红外仪器所不及的。被动状态下工作的红外仪器工作较隐蔽，受干扰影响也较小。综上可见，红外仪器在中近距离的目标精确探测跟踪中受到特别的重视。

9.6.4　红外仪器的应用

1. 红外仪器的应用领域

红外仪器在工业、农业、交通、科学研究、国防等部门应用十分广泛。按红外仪器的工作性质可分为以下四类。

（1）探测、测量装置

此装置用于辐射通量测定、景物温度测量、目标方位的测定以及光谱分析等。具体的仪器有辐射计、测温仪、方位仪以及光谱仪等。在目标探测、遥感、非接触温度测定、化学分析等方面广泛应用。

（2）成像装置

此装置用于观察景物图像及分析景物特性。具体的仪器有热像仪、热图检验仪、卫星红外遥感装置等。在目标观测、气象观测、农作物监测、矿产资源勘探、电子线路在线检测、军事侦察等方面广泛应用。

（3）跟踪装置

此装置用于对运动目标进行跟踪、测量及监控。具体的仪器有导弹红外导引头、机载红外前视装置、红外跟踪仪等。在导弹制导、火力控制、入侵防御、交通监控、天文测量等方面广泛应用。

（4）搜索装置

此装置用于在大视场范围搜寻红外目标。具体仪器有森林探火仪、红外报警器等，在森林防火、入侵探测等方面广泛应用。

2. 红外仪器需求情况分析

红外仪器可在夜间工作，具有一定的气象适应性，工作隐蔽性好，结构较简便，成本较低，因而在军事应用方面具有独特的地位，尤其重要的是，红外仪器在探测灵敏度及探测精度方面更具有较大的优越之处；红外仪器属于被动测量系统，测量灵敏度及精度均较高，因此在气象、农业、工业、科学研究等方面深受器重；在民用报警、家电遥控等方面，红外仪器由于结构简便、价格低廉，所以应用前景广阔。

科学技术的进展，促进了科学研究及军事应用对红外仪器在使用性能方面有更高的需求，主要表现在以下几个方面。

（1）高探测灵敏度

探测目标的距离过去仅为几千米，现在逐渐增至 10～30 km 甚至几百千米，因而对探测灵敏度的要求大为提高。最小可探测辐照度从 10^{-8} W/cm^2 提高到 10^{-13}～10^{-14} W/cm^2；噪声等效温差也因使用要求增高而从通常的几度呈 1～2 个量级下降。

（2）高定位跟踪精度

20 世纪 50 年代以前的制导系统定位跟踪精度通常为角分量级，现代的精确制导系统则要求 10～20 角秒的定位、跟踪精度。

（3）抗干扰能力

为了减弱自然界及人工干扰的影响，红外仪器必须具有较强的抗干扰功能及自适应能力（智能化能力）。

上述需要的变化，促使红外仪器在工作机制、结构设计、信号处理方法等方面进行必要的改进。探测器从单元发展到多元线阵以至面阵，单元面积逐渐趋小；从信号调制机制转换到扫描机制；从单一视场转换到可变视场；从简单信息量到多信息量获取与处理，是红外仪器发展的必然趋势。

9.6.5　目标红外探测系统

探测系统是用来探测目标并测量目标的某些特征量的系统。根据功用及使用的要求不同，探测系统大致可以分为以下五类：

①辐射计，用来测量目标的辐射量，如辐射通量、辐射强度、辐射亮度及发射率；

②光谱辐射计，用来测量目标辐射量的光谱分布；

③红外测温仪，用来测量辐射体的温度；

④方位仪，用来测量目标在空间的方位；

⑤报警器，用来警戒一定的空间范围，当目标进入这个范围以内时，系统发出报警信号（灯或警钟）。

其他如气体分析仪、水分测定器、油污分析器等都是利用红外光谱或辐射量的分析做成的仪器，基本上可归于①、②类。森林探火、火车热油探测基本上属于测温仪。

应该指出的是，上述不同类型的红外探测系统，它们在结构组成、工作原理等方面都有很多相同之处，往往在一种探测系统的基础上，增加某些元部件、扩展信号处理电路的某些功能后，便可以得到另一种类型的探测系统。例如，辐射计和测温仪，它们相同之处都是测目标（辐射体）的辐射功率。不同的是，辐射计是由测得的辐射功率和测量时的限制条件计算出各种辐射量；而测温仪则是根据测得的辐射功率求出辐射体的温度。因此，只要深入地理解某些有代表性的探测系统的工作原理，就不难理解其他类型的探测系统。

1. 探测系统的组成及基本工作原理

被动式的红外探测系统，都是利用目标本身辐射出的辐射能对目标进行探测的。为把分散的辐射能收集起来，系统必须有一个辐射能收集器，这就是通常所指的光学系统。光学系统所汇聚的辐射能，通过探测器转换为电信号，放大器把电信号进一步放大。因此，光学系统、探测器及信号放大器是探测系统最基本的组成部分。在此基础上，若把辐射能进行一定的调制，加上环境温度补偿电路以及线性化电路等，即可以做成测温仪。若把光学系统所会聚的辐射能进行位置编码，使目标辐射能中包含目标的位置信息，这样由探测器输出的电信号中也就包含了目标的位置信息，再通过方位信号处理电路进一步处理，即可得到表示目标方位的误差信号，这便是方位探测系统的基本工作原理，其基本组成方块图如图 9 – 14 所示。图中的位置编码器可以是调制盘系统、十字叉或 L 形系统，也可以是扫描系统。

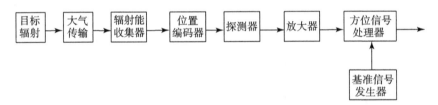

图 9 – 14　方位探测系统的基本组成方块图

2. 对探测系统的基本要求

从探测系统的功用来考虑，对探测系统主要有以下两点要求。

（1）有良好的检测性能和高的灵敏度

对于方位仪、报警器、辐射计一类的探测系统，要求灵敏度高。所谓系统的灵敏度，就是指系统检测到目标时所需要的最小入射辐射能，它可以用最低入射辐射通量或最低辐照度等来表示。对点目标而言，系统所接收到的辐射能与距离平方成反比，因此系统的灵敏度实际上就决定了系统的最大作用距离。方位仪或报警器通常是在距目标较远的地方工作，对这类仪器的作用距离是有一定要求的，也就是对它们的灵敏度有一定要求。对测温仪一类的探测系统，则要求一定的温度灵敏度。

红外系统对目标的探测是在噪声干扰下进行的，这些噪声干扰包括系统外部的来自背景的干扰和系统内部探测器本身的噪声干扰。为了能从噪声干扰中更多地提取有用信息，为了把噪声干扰造成的系统误动作的可能性降到最小，探测系统的虚警概率要低，发现概率要高。对报警器来说，这方面的指标要求应更高些。

（2）测量精度要高

对于辐射计、测温仪一类的探测系统，要求对辐射量或温度的测量有一定的准确度，即有一定的精度要求，如目前国内生产的各种类型的测温仪，精度（相对误差）一般在±0.5%～±2%，稍差些的达到±5%。对于方位仪来说，则要求一定的位置测量精度。根据方位仪使用的场合不同，对精度的要求也不同，如果用于测角系统，测角精度一般为秒级。

要满足上述一些基本的技术指标要求，需要通过合理的设计方案的选择、优良的元器件的选用以及严格的加工制作、装调工艺过程来保证。

3. 目标方位探测系统

采用调制盘作为位置编码器的方位探测系统，其结构组成原理示意图如图9－15所示。来自目标的红外辐射，经光学系统聚焦在调制盘平面上，调制盘由电动机带动相对于像点扫描，像点的能量被调制，由调制盘射出的红外辐射通量中包含了目标的位置信息。由调制盘射出的红外辐射经探测器转换成电信号，该电信号经放大器放大后，送到方位信号处理电路。方位信号处理电路的作用，是把包含目标方位信息的电信号进一步变换处理，取出目标的方位信息，最后系统输出的是反映目标方位的误差信号。

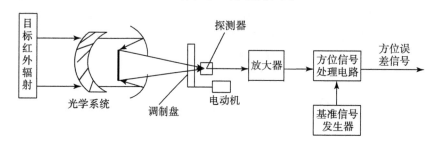

图9－15 调制盘方位探测系统结构组成原理示意图

这种方位探测系统各部分的结构形式都与调制盘的类型有关。调制盘可采用调幅、调制和脉冲编码等形式。光学系统通常采用折反式或透射式两种形式。当采用圆锥扫描的调幅或调频调制盘时，由于光学系统中有运动部件，故多采用折反式光学系统，次反射镜扫描旋转的工作方式；当采用圆周平移扫描或脉冲编码式调制盘时，像质要求较高，故多采用透射式光学系统。有些探测系统中的光学系统，可同时采用透射式和折反式两种形式，如用于一种反坦克导弹中的红外测角仪，其光学系统有两种视场，大视场采用透射式光学系统，小视场采用折反式光学系统，两个形式一样的调制盘分别位于两个光学系统的焦平面上。近距离上为捕获目标采用大视场，远距离上为降低背景噪声干扰采用小视场，当导弹接近目标到一定距离时，两种视场自动切换。

9.6.6 红外跟踪系统

1. 跟踪系统的功能

跟踪系统用来对运动目标进行跟踪。当目标运动时，便出现了目标相对于系统测量基准的偏离量，系统测量元件测量出目标的相对偏离量，并输出相应的误差信号送入跟踪机构，跟踪机构便驱动系统的测量元件向目标方向运动，消除其相对偏离量，使测量基准对准目标，从而实现对目标的跟踪。

红外跟踪系统与测角机构组合在一起，便组成红外方位仪。它通过装在跟踪机构驱动轴上的角传感器测量跟踪机构的转角，来标示目标的相对方位。这样在方位仪跟踪目标时，便可以测出目标相对角速度和目标相对方位。方位仪常用于地面或空中的火控系统中，为火控系统的计算机提供精确的目标位置信息和速度信息，从而提高火炮的瞄准精度。红外跟踪系统在导弹的制导系统中应用越来越广泛。红外制导最早应用于空对空导弹，近 20 多年来在技术上不断改进，目前已出现了以美国的 AIM - 9L、法国的 R550 等为代表的典型格斗导弹。红外地对空导弹，如苏联的萨姆 -7、美国的针刺型都在常规战争中发挥了威力。以美国幼畜型为代表的空对地导弹，采用了红外成像制导，它可以在一定恶劣气候下昼夜使用。红外成像制导在反坦克导弹中也得到了很好的应用。红外跟踪系统还可用于预警探测系统中，对入侵的飞机和弹道导弹进行捕获和跟踪。

2. 跟踪系统的组成

红外跟踪系统包括方位探测系统和跟踪机构两大部分。方位探测系统由光学系统、调制盘（或扫描元件）、探测器和信号处理电路四部分组成。有时把方位探测系统（除信号处理电路）与跟踪机构组成的测量头统称为位标器。根据方位探测系统的类型不同，跟踪系统又可分为调制盘跟踪系统、十字叉跟踪系统和扫描跟踪系统。

3. 对跟踪系统的基本要求

（1）跟踪角速度及角加速度

跟踪角速度及角加速度是指跟踪机构能够输出的最大角速度及角加速度，它表明了系统的跟踪能力。系统的跟踪角速度从每秒几度至几十度不等，角加速度一般在 $10°/s^2$ 以下。

（2）跟踪范围

跟踪范围是指在跟踪过程中，位标器光轴相对跟踪系统纵轴的最大可能偏转范围。一般可达 $\pm 30°$，有些高达 $\pm 65°$。

（3）跟踪精度

系统跟踪精度是指系统稳定跟踪目标时，系统光轴与目标视线之间的角度误差。系统的跟踪误差包括失调角、随机误差和加工装配误差。系统稳定跟踪一定运动角速度的目标，就必然有相应的位置误差，这个位置误差还与系统参数有关。随机误差是由仪器外部背景噪声以及内部的干扰噪声造成的。加工装配误差则是由仪器零部件加工及装校过程中产生的误差造成的。

用于高精度跟踪并进行精确测角的红外跟踪系统，要求其跟踪精度在 $10°$ 以下。一般用途的红外搜索跟踪装置，跟踪精度可在几角分以内，而导引头的跟踪精度可在几十角分之内。

（4）对系统误差特性的要求

红外自动跟踪系统同其他自动跟踪系统一样，是一个闭环负反馈控制系统。为使整个系统稳定、动态性能好及稳定误差小，满足跟踪角速度及精度要求，对方位探测系统的输出误差特性曲线应有一定要求。具体如下：

①盲区小，精跟踪要求无盲区；

②要求线性区有一定宽度，即有一定的跟踪视场，线性段斜率大，系统工作灵敏；

③要求捕获区有一定的宽度，以防止目标丢失。

跟踪系统的基本要求确定后，就要求系统有相应的结构形式。例如，要求跟踪角速度大的系统，要求跟踪机构输出功率大，往往采用电动机做跟踪机构；要求跟踪精度高的系统，往往采用无盲区的调制盘或十字叉探测系统。

9.6.7 红外搜索系统

1. 搜索系统的任务

搜索系统是以确定的规律对一定空域进行扫描以探测目标的系统。当搜索系统在搜索空域内发现目标后,即给出一定形式的信号,标示出发现目标。搜索系统经常与跟踪系统组合在一起而成为搜索跟踪系统,要求系统在搜索过程中发现目标以后,能很快地从搜索状态转换成跟踪状态,这一状态转换过程又称为截获。搜索系统就扫描运动来说,与方位探测系统中的扫描系统完全相同,但搜索系统要求瞬时视场比较大,测量精度可以低些。

2. 红外搜索系统的组成及工作原理

图9-16是一般的红外搜索跟踪装置的组成方框图,其中虚线方框内为搜索系统,点画线方框内为跟踪系统,搜索系统由搜索信号发生器、状态转换机构、放大器、测角机构和执行机构组成。跟踪系统由方位探测器、信号处理器、状态转换机构、放大器和执行机构组成。图中的方位探测器和信号处理器一起组成方位探测系统,该方位探测系统可以是调制盘系统、十字叉系统或扫描系统。

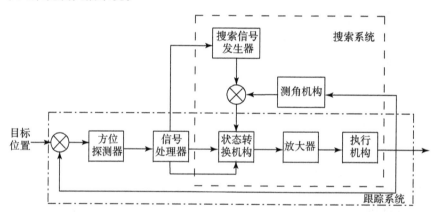

图9-16 红外搜索跟踪装置的组成方框图

状态转换机构最初处于搜索状态,搜索信号发生器发出搜索指令送到执行机构,带动方位探测系统进行扫描。测角元件输出与执行机构转角 φ 成比例的信号,该信号与搜索指令相比较,比较后的差值去控制执行机构,执行机构的运转规律随着搜索指令变化。搜索系统与跟踪系统都是伺服系统,两者的输入信号不同,前者输入的是预先给定的搜索指令,后者输入的是目标的方位误差信息。

3. 对搜索系统的基本要求

(1)搜索视场

搜索视场是指在搜索一帧的时间内,光学系统瞬时视场所能覆盖的空域范围。这个范围通常用方位和俯仰的角度(或弧度)来表示。

$$搜索视场 = 光轴扫描范围 + 瞬时视场$$

瞬时视场是指光学系统静止时,所能观察到的空域范围。

(2)重叠系数

为防止在搜索视场内出现漏扫的空域,确保在搜索视场内能有效地探测目标,相邻两行瞬时视场要有适当的重叠。

重叠系数是指搜索时，相邻两行光学系统瞬时视场的重叠部分 δ 与光学系统瞬时视场 $2r$ 之比，即

$$K = \frac{\delta}{2r} \tag{9-33}$$

式中　K——重叠系数，对长方形瞬时视场系统来说，重叠系数 $K = \dfrac{\delta}{\beta}$，其中 β 为长方形瞬时视场的长度；

　　　　r——圆形瞬时视场的半径。

对于调制盘系统来说，重叠系数可取大一些；对长方形瞬时视场，重叠系数可小些。

（3）搜索角速度

搜索角速度是指在搜索过程中，光轴在方位方向上每秒钟转过的角度。在光轴扫描范围为定值的情况下，搜索角速度越高，帧时间就越短，就越容易发现搜索空域内的目标。但搜索角速度太高，又会造成截获（即从搜索转为跟踪）目标困难。

9.6.8　红外热成像技术

红外热成像技术是利用红外探测器和光学成像物镜接收被测目标的红外辐射能量分布图形，反映到红外探测器的光敏元件上，从而获得红外热像图。这种热像图与物体表面的热分布场相对应，热图像上面的不同颜色代表被测物体的不同温度。

实质上，红外热成像技术是一种波长转换技术，即把红外辐射图像转换为可视图像的技术，它利用景物自身各部分辐射的差异获得图像的细节，通常采用 $3 \sim 5 \ \mu m$ 和 $8 \sim 14 \ \mu m$ 两个波段，这是由大气透红外性质和目标自身辐射所决定的。热成像技术既克服了主动红外夜视需要依靠人工热辐射并由此产生容易自我暴露的缺点，又克服了被动微光夜视完全依赖于环境自然光和无光不能成像的缺点。

20 世纪 40 年代，热成像的研究出现了两种不同的途径：一种是发展具有分立探测器的光机扫描系统，另一种是发展诸如红外光导摄像管一类的非光机扫描成像器件。50 年代，随着快速时间响应探测器件（如 InSb）的出现，实时快帧速热像仪应运而生，相继研制出了几种实时的光机扫描热像仪。60 年代以后是热成像技术飞速发展的时期。据统计，1960—1974 年，仅美国就研制出了 60 余种快速光机扫描热成像系统。1970 年前后，美国、苏联及一些西方国家相继在若干种军用飞机上安装了红外前视装置。民用方面，热像仪已广泛地应用于医疗诊断、油、气管道监漏、电力设备监视、金属、冶金工业测温等。

热成像技术的发展过程是与红外探测器的发展密切相关的，可以说红外探测器是热成像技术的核心，探测器的技术水平决定了热成像的技术水平。在热成像技术发展的早期，由于当时使用的红外探测器响应时间较长，热电器件的灵敏度低、响应慢，因此不可能出现实时显示的热像仪。20 世纪 60 年代以后出现了多种工作在 $3 \sim 5 \ \mu m$、$8 \sim 14 \ \mu m$ 波段的红外探测器，其性能也能满足热成像技术的基本要求，因此热成像技术开始得到了飞速发展。

红外热成像技术可分为制冷式和非制冷式两种类型，前者又有一代、二代、三代之分，后者使用非制冷阵列热电探测器，被称为第四代红外成像技术。

9.7　红外技术在军事上的应用

红外技术首先是在军事应用中发展起来的，这是因为红外技术用于军事目标的侦察、搜索、跟踪和通信等方面有独特的优点：

①红外辐射看不见，保密性好；

②能白天和黑夜使用，适合夜战需要；

③采用被动接收系统，不易受干扰；

④可以揭示伪装的目标；

⑤分辨率比微波的好。

红外成像技术在军事上有着重要的应用，已成为现代战争中多种武器的关键技术。因此国内外都非常重视红外成像技术的发展。半个世纪以来，红外成像技术作为现代高新技术，在侦察、监视、瞄准、射击指挥和制导等方面的应用要求越来越高，因此得到了惊人的发展，显示出了极为辉煌的前景。目前已经经历了三代，并且发展到了非制冷焦平面阶段。

红外热成像仪器和系统具有透过烟雾、尘、雾、雪以及识别伪装的能力，不受战场上强光、眩光干扰而致盲，可以进行远距离、全天候观察。这些特点使它特别适合于军事应用。正因为如此，一些技术发达的国家，特别是美、英、法、俄等国竞相研究热成像技术，以巨大的人力、物力进行开发，发展十分迅速。

自1991年海湾战争以来，红外夜视热成像技术更加受到关注和重视。许多国家为加强自身防御能力和提高夜战水准，不仅把热成像技术作为现代先进武器装备的重要技术纳入国防发展战略和计划，而且加大了对热成像研制经费的投入，因此使得红外热成像技术不仅在军事上而且在民用上都得到了迅猛发展。

红外技术在军事上的典型应用是在导弹中广泛采用的红外制导技术。

利用目标的红外辐射引导导弹自动接近目标，这就是红外制导技术。红外制导一般由导引头、电子装置、操纵装量和舵转动机构等部分组成。导引头是导弹能自动跟踪目标的最重要部分，好像是导弹的"眼睛"，它只要感受到目标的红外辐射，就能控制导弹飞向目标。来自目标的红外辐射通过整流罩被光学系统聚焦到调制盘上，调制盘依据目标方向的不同将射入的红外辐射按一定规律调制成不同的信号作用于探测器上，把非目标的红外源（如云层）过滤掉，检出有用的目标信号。探测器把目标的红外辐射转变为电信号，由电子装置放大并与基准信号比较得到误差信号，分别送入操纵系统和舵转动机构，带动舵面以纠正导弹的飞行方向，使导弹对准目标，跟踪目标，直到击中目标为止。

图9-17所示是典型的红外空对空导弹示意图，导弹寻的制导主要有光电寻的制导、雷达寻的制导和红外寻的制导三种。红外制导的优点是不易受干扰，准确度高，结构简单，成本低，可探测超低空目标等。每平方厘米只要有七亿分之一瓦的红外功率就足以把导弹引向目标，灵敏度较高。导引距离可从500 m到20 km。空对空导弹一般长约数米，质量为50~150 kg，射程为10 km左右。

红外地对空导弹通常和雷达配合，先用雷达搜索，搜索到目标后转用红外跟踪。

红外地对地导弹，如重型反坦克导弹，长不到1 m，质量为6.3 kg，射程1 000 m。

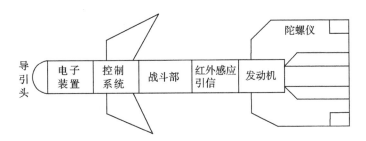

图 9－17　典型的红外空对空导弹示意图

复合空对地导弹，为了全天候攻击目标，出现了一种组合近距导弹，它由激光制导、电视制导和红外成像制导三种方式合成。

红外对抗就是消除目标和背景之间红外辐射的差别，使目标表面具有与背景相似的红外辐射特性，使敌方的红外侦察装备识别不出来，达到隐蔽的目的。

红外辐射的最大弱点是不易透过烟雾、云层、雨雪等，可利用这类自然条件达到隐蔽自己的目的。最简单而又常用的方法是插些新鲜树枝，在某些场合涂上一层泥巴或穿上伪装服。为了防御高空侦察，还发明了一种塑料薄膜。

还可以采用施放烟雾来隐蔽目标。在飞机尾部装有红外报警器，发现敌机或导弹时，就发出报警信号，并传给离合器自动发射闪光弹，形成假目标将导弹引入。

还有一种红外对抗装置，它装在机尾。当报警器探测到导弹已在飞机排气的锥体范围内时，干扰装置被触发，发射出强的红外辐射，破坏导弹的自动跟踪，使导弹脱离原来的路线。

红外夜视、雷达以及导弹易受红外对抗和电子对抗措施的引诱而失败，因此，目前发展了红外反对抗措施，它是红外技术发展的必然趋势。目前反红外对抗的方法有以下几方面：

①利用多光谱技术同时成像，能有效地反伪装，因为反红外涂料只对某一波段伪装，对其他波段不能伪装；

②多重制导，在红外制导失败后，无线电制导立即发挥作用，将导弹引向目标，或者采用其他方式制导。

思考题

1. 热探测器与光子探测器相比较各有什么优缺点？

2. 探测器的工作性能由特定工作条件下的性能参数来确定，那么，影响响应度、噪声等效功率、探测率的工作条件有哪几方面？

3. 由探测器各性能参数的定义可归结回答哪几个问题？

4. 用什么性能参数来描述探测器对微弱信号的探测能力？是如何定义的？

5. 叙述热探测器器件的工作原理。

6. 从辐射开始经一定响应时间到达一稳定状态的这一过程，在热释电探测器与其他光电类和热敏类探测器中有什么不同？

7. 热敏电阻型红外探测器与光电导型红外探测器在应用电路中的作用是完全相同的，但它们的物理过程却不一样，试说明之。

8. 简述光电导探测器的探测机理。

9. 比较本征型与非本征型探测器的优缺点。

10. 半导体 P–N 结光伏器件的基本原理是什么？考虑自偏压、零偏压和反向偏压三种情况。

11. 说明光磁电效应和霍尔效应有哪些相类似之处和主要区别。

12. 简述 MOS 结构与 CCD 器件的工作原理。

13. 光子探测器一般都处于低温工作状态，这可以提高器件的探测率，为什么？

14. InSb 样品，在 300 K 下工作，器件宽及厚分别为 1 mm 及 10 μm，如入射光波长 $\lambda = 6.6$ μm，外场 $E = 5$ V/cm，求响应度。

15. 红外仪器主要由哪几部分组成？各有何功用？

16. 红外仪器按其工作性质可分为哪几类？它们分别由哪几部分组成？几种红外系统有何功用？试举例说明之。

第 10 章
全球卫星定位技术

卫星导航是通过接收导航卫星发送的导航定位信号，将导航卫星作为动态已知点，为用户提供实时的三维位置信息、速度信息和时间信息，从而完成各种导航任务。全球卫星定位系统目前在轨运行和正在组建的主要有四大系统，即美国的 GPS 系统、俄罗斯的 GLONASS 系统、中国的北斗系统和欧盟的 Galileo 系统。

目前全球应用最为广泛的是美国的第二代卫星导航系统，该系统也是全球首先投入使用的系统，并且命名为全球卫星定位系统（Global Positing System，GPS）。1994 年 3 月，美军全部完成了 GPS 21 颗工作卫星和 3 颗在轨备用卫星的发射计划。

苏联为在军事上与美国抗衡，也研制了与 GPS 类似的格洛纳斯全球导航卫星系统（GLONASS），俄罗斯的全球定位系统的 21 颗工作星、3 颗备用星也于 1996 年 1 月部署完毕。目前，俄罗斯发射了三代格洛纳斯导航系统卫星，分别是"格洛纳斯""格洛纳斯 – M"和"格洛纳斯 – K"。"格洛纳斯 – K"卫星于 2011 年开始发射，预计于 2020 年完成组网，其中仅 2014 年就发射了 3 颗该类卫星。

中国北斗卫星导航系统（BeiDou Navigation Satellite System，BDS）是中国自行研制的全球卫星导航系统，是继美国的 GPS 系统、俄罗斯的 GLONASS 系统之后第三个成熟的卫星导航系统。北斗卫星导航系统空间星座由 35 颗卫星组成，可为全球各类用户提供公开服务。系统于 2012 年 12 月 27 日完成区域阶段部署，可为亚太大部分地区提供公开服务，同日，北斗系统空间信号接口控制文件正式版 1.0 正式公布，北斗导航业务正式对亚太地区提供无源定位、导航、授时服务。目前北斗卫星导航系统覆盖亚太地区，服务于中国及周边数个国家。

2015 年 3 月 30 日，中国首颗新一代北斗导航卫星成功发射，这是北斗卫星系统的第 17 颗北斗导航卫星。作为北斗系统全球组网的首发星，这颗卫星具有更高的定位、授时精度，更强的在轨自主运行能力，卫星结构也更加轻盈小巧。

欧洲卫星导航系统（European GNSS）通常被称为伽利略卫星导航系统（GALILEO），是欧空局与欧盟在 1999 年合作启动的，由欧盟主导的新一代民用全球卫星导航系统，其民用信号精度最高可达 1 m。该系统的最终方案是由 2 个地面控制中心和 30 颗卫星组成，其中 27 颗工作星，3 颗备份星，预定于 2020 年实现全部卫星组网。2015 年 3 月 27 日，伽利略卫星导航系统的第 7 颗和第 8 颗卫星被发射升空并进入预定轨道。伽利略系统目前发展中遇到的问题是受各组建方的协同问题，系统组建进度明显滞后，它建造完成之后，将成为第四个全球卫星导航系统。

10.1　GPS 系统及其定位原理

如图 10 – 1 所示，GPS 工作星均匀分布在高度为 20 000 km 与赤道面呈 55° ~ 60°倾角的

6 个圆形轨道平面上，每个轨道面有 4 颗工作卫星。在地表和近地空间的用户可随时收到至少 4 颗 GPS 卫星发出的导航数据，每颗卫星的导航数据包含着该星的位置信息。

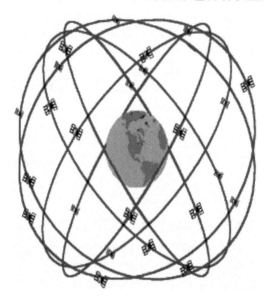

图 10 -1　GPS 系统卫星空间布局示意图

GPS 信号是由全球定位系统（GPS）卫星上振荡器所产生的信号，而所有 GPS 信号都由一个基本频率 $f_0 = 10.23$ MHz 组成。它包含的两个相关的载波信号分别为

$$L_1(t) = A_1\cos(2\pi f_1 t + \varphi_1) \qquad (10-1)$$

$$L_2(t) = A_2\cos(2\pi f_2 t + \varphi_2) \qquad (10-2)$$

其中 φ_1 和 φ_2 描述了相位噪声。载波信号的频率 f_1 和 f_2 为基本频率 f_0 的整数倍。

$$f_1 = 154\,f_0 = 1\,575.42 \text{ MHz}$$

$$f_2 = 120\,f_0 = 1\,227.60 \text{ MHz}$$

卫星信号的组成可分为以下三部分。

①载波：上述的载波信号 L_1 和 L_2，其信号频率分别为 1 575.42 MHz 和 1 227.60 MHz。

②散布序列：两类伪随机噪声码（Pseudo Random Noise，PRN），分为 C/A 码（Coarse/Acquisition Code）和 P 码（Precise Code）。P 码目前仍然是美国军方所用，大众所用的 GPS 接收机采用的是 C/A 码。

③导航资料：从地面站传至各卫星，再透过卫星传至接收机，利用导航资料的资讯，得到伪距（Pseudo Range），再利用至少 4 颗以上卫星的伪距定位，求得接收机在 WGS84 标准下的 X、Y、Z 坐标。WGS84（World Geodetic System 1984）是为 GPS 系统使用而建立的坐标系统。

GPS 系统采用多星高轨测距体制，以距离作为基本观测量，通过对 4 颗卫星同时进行伪距离测量即可推算出接收机的位置。现代的测距方法多用无线电信号在所测量距离上的延迟（传播时间）来推算距离。

GPS 伪距距离公式为

$$\rho' = \rho + C \cdot \Delta t_R \qquad (10-3)$$

其中，ρ' 是实际得到的观测量（已经加入了卫星钟差修正），通常称为伪距；ρ 是卫星至接收机的真实距离；Δt_R 为接收机的钟差，一般用户很难以足够的精度测得接收机的钟差，可以将其看作一个待定参数。这样由 4 颗卫星的参数就可以将下式方程中 4 个参数解出来。

$$\rho' = \sqrt{(x - x_i)^2 + (y - y_i)^2 + (z - z_i)^2} + C \cdot \Delta t_R \qquad (10-4)$$

其中，x、y、z 表示接收机的三维坐标（未知量）；x_i、y_i、z_i 表示第 i 颗卫星的坐标（已知量）。

通过 GPS 进行定位计算的误差源主要包括以下六方面。

（1）星历数据误差

星历数据误差是由卫星广播电文中的卫星位置不准确引起的，大致将产生 2.1 m 的伪距测量误差。

（2）卫星钟误差

GPS 卫星上装有原子钟，尽管它的稳定度十分高，但还是存在着漂移，它使卫星广播电文中的时间信息不准确。

（3）电离层误差

电离层误差是由于 GPS 信号穿过电离层时，传播速度与在真空中时不同而引起的。它使调制信号（伪随机码和导航电文）发生时延，载波相位则发生超前。

（4）对流层误差

对流层也引起 GPS 电波传播速度偏离真空速度。温度、压力和湿度都会影响 GPS 电波的传播速度。

（5）多径传播误差

多径传播误差是由于卫星发射的信号经过某个地方反射后与直接信号一起进入用户 GPS 接收机造成的。反射信号一般所经路径比直接信号长，而且反射时载频还要发生相位移，因此在接收机中会造成相关峰畸变，从而导致伪距测量误差。

（6）接收机测量误差

接收机测量误差包括由热噪声造成的码环跟踪误差，各通道不一致产生的误差，以及由软件产生的误差。在现代接收机设计中，这些误差都可以控制到很小。

根据差分 GPS 基准站发送的信息方式，可将差分 GPS 定位分为三类，即位置差分、伪距差分和相位差分。这三类差分方式的工作原理是相同的，即都是由基准站发送改正数，由用户站接收并对其测量结果进行改正，以获得精确的定位结果。所不同的是，发送该正数的具体内容不一样，其差分定位精度也不同。

（1）位置差分原理

这是一种最简单的差分方法，任何一种 GPS 接收机均可改装和组成这种差分系统。安装在基准站上的 GPS 接收机观测 4 颗卫星后便可进行三维定位，解算出基准站的坐标。由于存在着轨道误差、时钟误差、SA 影响、大气影响、多径效应以及其他误差，解算出的坐标与基准站的已知坐标是不一样的，存在误差。基准站利用数据链将此改正数发送出去，由用户站接收，并且对其解算的用户站坐标进行改正。最后得到的改正后的用户坐标已消去了基准站和用户站的共同误差，如卫星轨道误差、SA 影响、大气影响等，提高了定位精度。以上先决条件是基准站和用户站观测同一组卫星的情况。位置差分法适用于用户与基准站间距离在 100 km 以内的情况。

（2）伪距差分原理

伪距差分是目前用途最广的一种技术。几乎所有的商用差分 GPS 接收机均采用这种技术。国际海事无线电委员会推荐的 RTCM SC - 104 也采用了这种技术。在基准站上的接收机要求得到它至可见卫星的距离，并将此计算出的距离与含有误差的测量值加以比较。利用在基准站上观测所有卫星，根据基准站已知坐标和各卫星的坐标，求出每颗卫星每一时刻到基准站的真实距离。再与测得的伪距比较，得出伪距改正数，将其传输至用户接收机，提高定位精度。这种差分能得到米级的定位精度。与位置差分相似，伪距差分能将两站公共误差抵消，但随着用户到基准站距离的增加又出现了系统误差，这种误差用任何差分法都是不能消除的。用户和基准站之间的距离对精度有决定性影响。

（3）载波相位差分原理

差分 GPS 的出现，能实时给定载体的位置，精度为米级，满足了引航、水下测量等工程的要求。位置差分、伪距差分、伪距差分相位平滑等技术已成功地用于各种作业中。随之而来的是更加精密的测量技术：载波相位差分技术。载波相位差分技术又称为 RTK 技术（Real Time Kinematic），是建立在实时处理两个测站的载波相位基础上的。它能实时提供观测点的三维坐标，并达到厘米级的高精度。

与伪距差分原理相同，由基准站通过数据链实时将其载波观测量及站坐标信息一同传送给用户站。用户站接收 GPS 卫星的载波相位与来自基准站的载波相位，并组成相位差分观测值进行实时处理，能实时给出厘米级的定位结果。实现载波相位差分 GPS 的方法分为两类：修正法和差分法。前者与伪距差分相同，基准站将载波相位修正量发送给用户站，以改正其载波相位，然后求解坐标。后者将基准站采集的载波相位发送给用户台进行求差解算坐标。前者为准 RTK 技术，后者为真正的 RTK 技术。

10.2　北斗定位与导航技术

我国自主建立的北斗卫星导航系统依据"先区域，后全球"的建设思想，系统建设分为北斗一代和北斗二代两个阶段，其中，北斗一代后面改称为"北斗卫星导航试验系统"，北斗二代即为正在运行的北斗卫星导航系统（BDS），简称北斗系统。

10.2.1　北斗卫星导航试验系统

20 世纪 70 年代以来，美国和俄罗斯相继发展了各自的卫星导航系统，即美国的 GPS 全球定位系统和俄罗斯的 GLONASS 全球导航卫星系统。为了满足我国国民经济和国防建设需要，我国科研人员结合我国国情，于 1983 年提出了利用两颗地球同步静止卫星实现区域性导航定位并兼有简短报文通信的双向导航定位系统，并在 1989 年进行了系统的演示试验，1994 年系统工程正式启动。

2000 年 10 月 31 日和 12 月 21 日，我国相继成功地发射了北斗系统的第一颗和第二颗导航定位试验卫星，这标志着我国已经拥有了自主卫星导航定位系统，即"北斗一号"。2003 年 5 月 25 日，我国在西昌发射中心用"长征三号"运载火箭成功地将第三颗导航卫星送入太空，作为"北斗一号"的备用卫星。2004 年，北斗卫星导航定位系统正式运营。

"北斗一号"双星导航定位系统由空间段、地面段、用户段三部分组成，如图 10 - 2 所示。

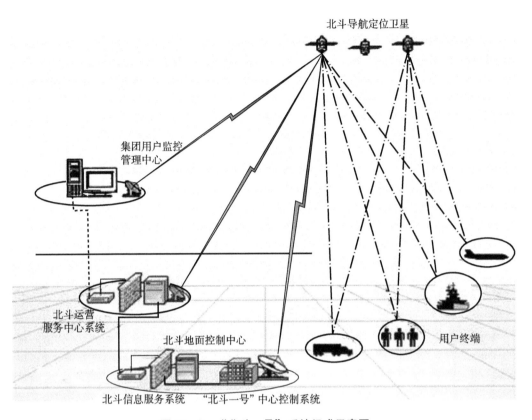

图 10-2 "北斗一号" 系统组成示意图

（1）空间段

空间段由距离地面高度 36 000 km 的地球同步轨道上的两颗工作卫星和一颗备用卫星构成，两颗工作卫星分别位于东经 80°和东经 140°，升交点赤经相差 60°。卫星的主要任务是完成中心控制系统和用户收发机之间的双向无线电信号转发，具体任务包括：接收地面中心的各种控制指令，向地面中心发送卫星工作状态信息，接收地面中心站信号并转发给导航用户，接收来自导航用户发送的信号并转发给地面中心站，将地面中心解算出的用户坐标发送给用户。

（2）地面段

地面段包括主控站、测轨站、气压测高站和校准站，负责对双向导航定位系统进行控制和管理。

主控站位于北京，是整个系统的控制中心，由信号收发分系统、信号处理分系统、时间分系统、监控分系统和信道监控分系统组成。其主要完成的任务有：向卫星发射遥控指令，接收来自卫星的遥测信号；控制各测轨站的工作，收集它们的测量数据，对卫星进行测轨、定位，结合卫星的动力学、运动学模型，制作卫星星历；实现中心与用户间的双向通信，测量信号在中心、卫星、用户间往返的传播时间，实现用户的精确定位；收集来自测高站的海拔数据和校准站的系统误差校正数据；实现用户和用户之间的短报文通信；等等。

测轨站用于确定卫星的空间位置，其设置在位置坐标已知的地点，3 个测轨站分别设置在佳木斯、喀什和湛江。

测高站利用气压高度计测量测高站所在地的海拔，所测得的数据粗略代表该地周围 100～200 km 地区的海拔，所测得的数据通过卫星发送到主控站。

校准站用于产生用户的定位数据修正值，其位置坐标为准确已知，利用系统测得的定位数据减去其实际位置数据得到差值，为其周围 100～200 km 的用户提供定位修正值。

（3）用户段

用户段主要指"北斗一号"接收机，该接收机同时具备定位、通信和授时功能。由于系统的定位采用有源体制在用户容量、定位精度和定位/通信频度方面有一定的限制。北斗卫星系统运营服务中心为授权用户提供一个类似手机号的 ID 识别号，用户按照 ID 号注册登记后方可正常使用。根据北斗用户机的应用环境和功能的不同，可分为普通型、通信型、授时型、指挥型和多模型用户机。

"北斗"双星定位系统构成示意图如图 10－3 所示。首先由中心控制系统向卫星 1 和卫星 2 同时发送询问信号，经卫星转发器向服务区内的用户广播。用户响应其中一颗卫星的询问信号，并同时向两颗卫星发送响应信号，经卫星转发回中心控制系统。中心控制系统接收并解调用户发来的信号，然后根据用户的申请服务内容进行相应的数据处理。对定位申请，中心控制系统测出两个时间延迟：一是从中心控制系统发出询问信号，经某一颗卫星转发到达用户，用户发出定位响应信号，经同一颗卫星转发回中心控制系统的延迟；二是从中心控制发出询问信号，经上述同一卫星到达用户，用户发出响应信号，经另一颗卫星转发回中心控制系统的延迟。

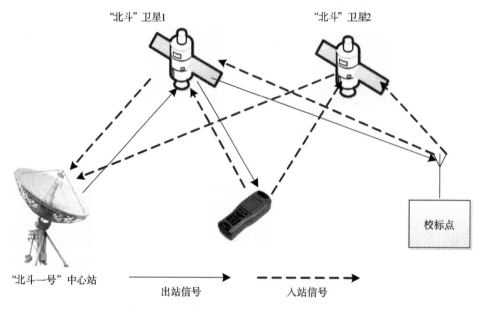

图 10－3　"北斗"双星定位系统构成示意图

由于中心控制系统和两颗卫星的位置均是已知的，因此，由上面两个延迟量可以算出用户到第一颗卫星的距离，以及用户到两颗卫星距离之和，从而知道用户处于一个以第一颗卫星为球心的一个球面和以两颗卫星为焦点的椭球面之间的交线上。另外，中心控制系统从存储在计算机内的数字化地形图查寻到用户高程值，又可知道用户处于某一与地球基准椭球面平行的椭球面上，从而中心控制系统可最终计算出用户所在点的三维坐标，这个坐标经加密由出站信号发送给用户。

北斗卫星导航试验系统的主要技术指标如下。

①服务区域：覆盖范围东经 70°~145°，北纬 5°~55°。

②用户容量：系统可以为以下用户提供每小时 54 万次的服务。一类用户机为便携式，每 5~10 min 服务一次，同时使用的用户容量为 10 000~20 000 个；二类用户机包括车载、船载和直升机载型，每 10~60 s 服务一次，同时使用的用户容量为 900~5 500 个；三类用户机为机载和高速运动型，每 1~5 s 服务一次，同时使用的用户容量为 20~100 个。

③动态性能和环境条件：系统适合于用户机载体瞬时速度小于 1 000 km/h 的动、静态用户使用。陆上各类用户机在公路上行进时，在树木有轻微遮挡的条件下能正常使用。

④简短报文通信能力：一般 72 B/次（即 36 个汉字/次），经核准的用户利用连续传送方式最多 240 B/次（即 120 个汉字/次）。

⑤定位响应时间：一类用户机：<5 s；二类用户机：<2 s；三类用户机：<1 s。在无遮挡条件下，一次性定位成功率不低于 95%。

⑥定位精度：平面位置精度 20 m（不设校标区域 100 m），高程控制精度 10 m。

⑦授时精度（相对于控制中心时间系统）：单向授时精度为 100 ns；双向传递精度为 20 ns。

10.2.2　BDS 北斗卫星导航系统

受限于定位体制和卫星数量，"北斗一号"在信号覆盖范围、定位精度、隐蔽性、系统容量等方面有诸多不足。为了满足我国国防和经济对日益增长的导航需求，我国于 2004 年开始筹建了性能更为先进的 BDS 全球卫星导航系统。BDS 卫星导航系统的工作原理类似于美国的 GPS，采用无源定位的方式，其用户数量不受限制。此外，BDS 作为北斗的第二代卫星导航系统，能够兼容北斗一代系统，保留其报文通信功能。

截至 2012 年年底，在轨工作卫星有 5 颗地球静止轨道（GEO）卫星、4 颗中圆地球轨道（MEO）卫星和 5 颗倾斜地球同步轨道（IGSO）卫星，完成了亚太区域的信号覆盖。2013 年 12 月，中国卫星导航系统管理办公室发布了《北斗卫星导航系统空间信号接口控制文件》（公开服务信号 2.0 版），定义了北斗卫星导航系统空间星座和用户终端之间公开服务信号 B1I 和 B2I 的相关内容。同时还公布了《北斗卫星导航系统公开服务性能规范》（1.0 版），规定了现阶段的北斗卫星导航系统公开服务性能。根据这两个文件，北斗卫星导航系统已经实现了区域服务能力，现阶段，北斗系统服务区示意图如图 10-4 所示，包括南纬 55°到北纬 55°，东经 70°到东经 150°的大部分区域，具备了向亚太地区提供导航服务的能力。

1. 参考系统

BDS 采用的地球参考系为 2000 中国大地坐标系（CGCS2000），其坐标原点位于地球质心；Z 轴指向国际地球自转服务组织（IERS）定义的参考极（IRP）方向；X 轴指向 IERS 定义的参考子午面（IRM）与通过原点且同 Z 轴正交的赤道面的交线；Y 轴与 Z 轴和 X 轴构成右手直角坐标系。

CGCS2000 原点也用作 CGCS2000 椭球的几何中心，Z 轴用作该旋转椭球的旋转轴。CGCS2000 椭球的参数见表 10-1。

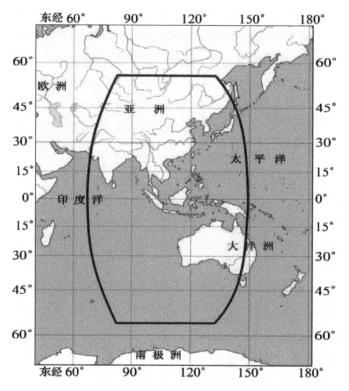

图 10-4　北斗系统服务区示意图

表 10-1　CGS2000 椭球的参数

参数	数值
长半轴 a/m	6 378 137.0
地球（包含大气层）引力常数 $\mu/（\mathrm{m}^3 \cdot \mathrm{s}^{-1}$）	$3.986\,004\,418 \times 10^{14}$
扁率 f	$1/298.257\,222\,101$
地球自转角速度 $\varOmega_e/（\mathrm{rad} \cdot \mathrm{s}^{-1}$）	$7.292\,115\,0 \times 10^{-5}$

北斗系统的时间基准为北斗时（BDT）。BDT 采用国际单位制（SI）秒为基本单位连续累计，不闰秒，历元起始时刻为 2006 年 1 月 1 日协调世界时（UTC）00 时 00 分 00 秒，采用周和周内秒计数。BDT 通过 UTC（NTSC）与国际 UTC 建立联系，BDT 与 UTC 的偏差保持在 100 ns 以内（模 1 s）。BDT 与 UTC 之间的闰秒信息在导航电文中播报。

2. 系统结构

北斗系统基本组成包括空间段、地面控制段和用户段。

（1）空间段

目前空间段包括在轨工作的 5 颗地球静止轨道（GEO）卫星、4 颗中圆地球轨道（MEO）卫星和 5 颗倾斜地球同步轨道（IGSO）卫星。GEO 卫星的轨道高度为 35 786 km，分别定点于东经 58.75°、80°、110.5°、140° 和 160°；IGSO 卫星的轨道高度同样为 35 786 km，轨道倾角为 55°，分布在 3 个轨道面内，升交点赤经分别相差 120°，其中 3 颗卫星的星下点轨迹重合，交叉点经度为东经 118°，其余两颗卫星星下点轨迹重合，交叉点经度为东经95°；4 颗 MEO 卫星轨道高度为21 528 km，轨道倾角55°，回归周期为7 天13 圈，相位从 Walker 24/3/1 星座中选择，第一轨道面升交点赤经为0°，4 颗 MEO 卫星位于第一轨道面7、8 相位和第二轨道面3、4 相位。北斗卫星导航系统星座示意图如图 10 – 5 所示。

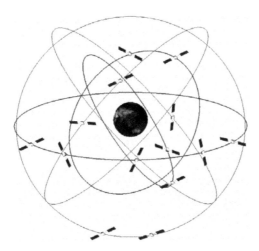

图 10 – 5　北斗卫星导航系统星座示意图

（2）地面控制段

地面控制段负责系统导航任务的运行控制，主要由主控站、时间同步/注入站和监测站等组成。

主控站是北斗系统的运行控制中心，主要任务包括：收集各时间同步/注入站、监测站的导航信号观测数据，进行数据处理，生成卫星导航电文，等等；负责任务规划与调度和系统运行管理与控制；负责星地时间观测比对，向卫星注入导航电文参数；卫星有效载荷监测和异常情况分析；等等。

时间同步/注入站主要负责完成星地时间同步测量，向卫星注入导航电文参数。

监测站对卫星导航信号进行连续观测，为主控站提供实时观测数据。

（3）用户段

用户段包括多种类型的北斗用户终端，包括与其他导航系统兼容的终端，主要任务是接收 BDS 卫星播发的信号，转换为用户关心的服务，如定位、导航、授时等。BDS 空间段提供了许多不同的频率、测距码和导航电文等，接收机制造商综合考虑接收机的功耗、尺寸、价格等因素，选择合适信号的处理方式为用户提供最佳的性能。

3. 信号结构

北斗系统的 B1、B2 信号由 I、Q 两个支路的"测距码 + 导航电文"正交调制在载波上构成。B1、B2 信号表达式分别为

$$S_{B1}^j(t) = A_{B1I} C_{B1I}^j(t) D_{B1I}^j(t) \cos(2\pi f_1 t + \varphi_{B1I}^j) + A_{B1Q} C_{B1Q}^j(t) D_{B1Q}^j(t) \sin(2\pi f_1 t + \varphi_{B1Q}^j)$$

$$(10 - 5)$$

$$S_{B2}^j(t) = A_{B2I} C_{B2I}^j(t) D_{B2I}^j(t) \cos(2\pi f_2 t + \varphi_{B2I}^j) + A_{B2Q} C_{B2Q}^j(t) D_{B2Q}^j(t) \sin(2\pi f_2 t + \varphi_{B2Q}^j)$$

$$(10 - 6)$$

式中　上角标 j——卫星编号；

下标 I——I 支路；

下标 Q——Q 支路；

A——信号幅度；

C——信号测距码；

D——调制在测距码上的数据码；

f——载波频率；

φ——载波初相。

B1I 和 B2I 信号测距码的码速率为 2.046 Mcps，码长为 2 046。两个信号测距码均由两个线性序列 G1 和 G2 模二和产生平衡 Gold 码后截短 1 码片生成。G1 和 G2 序列分别由两个 11 级线性移位寄存器生成，其生成多项式为

$$G1(X) = 1 + X + X^7 + X^8 + X^9 + X^{10} + X^{11} \tag{10-7}$$

$$G2(X) = 1 + X + X^2 + X^3 + X^4 + X^5 + X^8 + X^9 + X^{11} \tag{10-8}$$

其中，G1 序列的初始相位为 01010101010，G2 序列初始相位为 01010101010，B1I 和 B2I 信号测距码发生器示意图如图 10-6 所示。

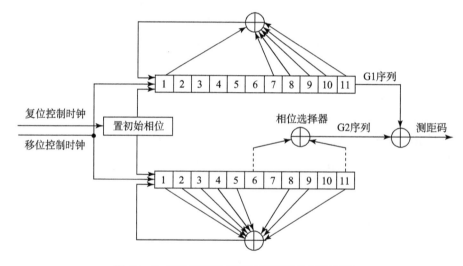

图 10-6 B1I 和 B2I 信号测距码发生器示意图

通过对产生 G2 序列的移位寄存器不同抽头的模二和可以实现 G2 序列相位的不同偏移，与 G1 序列模二和后可生成不同卫星的测距码，分别代表不同的卫星。

4. 信号特性

北斗系统采用右旋圆极化（RHCP）L 波段信号。B1I 信号的标称载波频率为 1 561.098 MHz，B2I 信号的标称载频率为 1 207.140 MHz。卫星发射信号采用正交相移键控（QPSK）调制。当卫星仰角大于 5°，在地球表面附近的接收机右旋圆极化天线为 0 dB 增益时，卫星发射的导航信号到达接收机天线输出端 I 支路的最小保证电平为 -163 dBW。信号复用方式为码分多址（CDMA）。在 1 dB 时，卫星信号的工作带宽分别为 4.092 MHz（以 B1I 信号载波频率为中心）和 20.46 MHz（以 B2I 信号载波频率为中心）；在 3 dB 时，卫星信号的工作带宽分别为 16 MHz（以 B1I 信号载波频率为中心）和 36 MHz（以 B2I 信号载波频率为中心），带外抑制≥15 dB，$f_0 \pm 30$ MHz（f_0 指 B1I 信号或 B2I 信号的载波频率）。卫星信号工作带宽

（1 dB）内，带内杂波与未调制载波相比至少抑制 50 dB。信号相关性为：B1、B2 信号 I、Q 支路的 4 路测距码相位差（包含发射通道时延差）随机抖动小于 1 ns（1σ）；B1I、B2I 信号载波与其载波上所调制的测距码间起始相位差随机抖动小于 3°（1σ）（相对于载波）；I、Q 支路载波相位调制正交性小于 5°（1σ）。基准设备时延含在导航电文的钟差参数 a_0 中，不确定度小于 0.5 ns（1σ）。B1I、B2I 信号的设备时延与基准设备时延的差值分别由导航电文中的 T_{GD1} 和 T_{GD2} 表示，其不确定度小于 1 ns（1σ）。

5. 导航电文

根据速率和结构不同，导航电文分为 D1 导航电文和 D2 导航电文。其中 MEO/IGSO 卫星的 B1I 和 B2I 信号播发 D1 导航电文，GEO 卫星的 B1I 和 B2I 信号播发 D2 导航电文。D1 导航电文速率为 50 b/s，并调制有速率为 1 kb/s 的二次编码，内容包括基本导航信息（本卫星基本导航信息、全部卫星历书信息、与其他系统时间同步信息）；D2 导航电文速率为 500 b/s，内容包括基本导航信息和增强服务信息（北斗系统的差分及完好性信息和格网点电离层信息）。

①D1 导航电文由超帧、主帧和子帧组成。每个超帧为 36 000 b（比特），历时 12 min，由 24 个主帧组成；每个主帧为 1 500 b，历时 30 s，由 5 个子帧组成；每个子帧为 300 b，历时 6 s，由 10 个字组成，每个字为 30 b。其结构如图 10-7 所示。

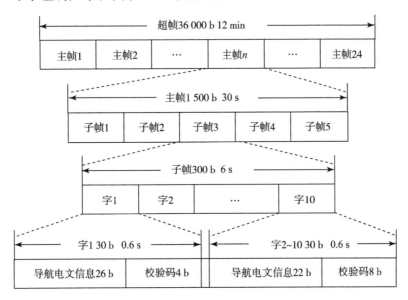

图 10-7 D1 导航电文帧结构

每主帧的子帧 1~子帧 3 播发基本导航信息，周期为 30 s，每小时更新一次；子帧 4 和子帧 5 播发全部卫星历书信息和与其他系统时间同步信息，重复周期为 12 min，更新周期小于 7 d。子帧 5 的页面 11~24 为预留页面。

②D2 导航电文也由超帧、主帧和子帧组成。每个超帧为 180 000 b，历时 6 min，由 120 个主帧组成；每个主帧由 5 个子帧组成；每个子帧由 10 个字组成，每个字 300 b，历时 0.06 s。其结构如图 10-8 所示。

每主帧的子帧 1 播发基本导航信息，由 10 个页面分时发送，子帧 2~4 播发北斗系统完

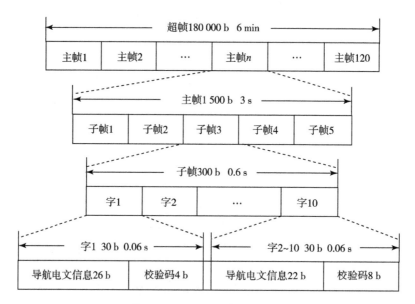

图 10-8 D2 导航电文帧结构

好性及差分信息，由 6 个页面分时发送，子帧 5 播发全部的卫星历书、格网点电离层信息和与其他系统时间同步信息，由 120 个页面分时发送。主帧结构及内容如图 10-9 所示。

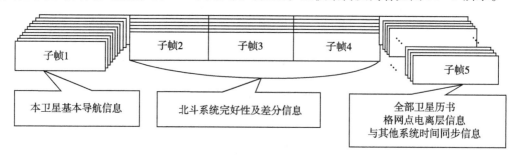

图 10-9 主帧结构及内容

关于北斗卫星导航系统的详细参数参见中国卫星导航系统管理办公室发布的《北斗卫星导航系统空间信号接口控制文件》和《北斗卫星导航系统公开服务性能规范》。

10.2.3 北斗卫星导航系统的定位原理

北斗卫星导航系统的定位原理与 GPS 系统是相同的。

35 颗卫星在离地面 2 万多千米的高空上，以固定的周期环绕地球运行，使得在任意时刻，在地面上的任意一点都可以同时观测到 4 颗以上的卫星。

由于卫星的位置精确可知，在接收机对卫星观测中，可得到卫星到接收机的距离，利用三维坐标中的距离公式，利用 3 颗卫星，就可以组成 3 个方程式，解出观测点的位置 (X, Y, Z)。考虑到卫星的时钟与接收机时钟之间的误差，实际上有 4 个未知数，即 X、Y、Z 和钟差，因而需要引入第 4 颗卫星，形成 4 个方程式进行求解，从而得到观测点的经纬度和高程。

事实上，接收机往往可以锁住 4 颗以上的卫星，这时，接收机可按卫星的星座分布分成若干组，每组 4 颗，然后通过算法挑选出误差最小的一组用作定位，从而提高精度。

卫星定位实施的是"到达时间差"（时延）的概念：利用每一颗卫星的精确位置和连续发送的卫星上原子钟生成的导航信息获得从卫星至接收机的到达时间差。

卫星在空中连续发送带有时间和位置信息的无线电信号，供接收机接收。由于传输的距离因素，接收机接收到信号的时刻要比卫星发送信号的时刻延迟，通常称之为时延。因此，也可以通过时延来确定距离。卫星和接收机同时产生同样的伪随机码，一旦两个码实现时间同步，接收机便能测定时延；将时延乘以光速，便能得到距离。

每颗卫星上的计算机和导航信息发生器非常精确地了解其轨道位置和系统时间，而全球监测站网保持连续跟踪卫星的轨道位置和系统时间。位于地面的主控站与其运控段一起，至少每天一次对每颗卫星注入校正数据。注入数据包括星座中每颗卫星的轨道位置测定和星上时钟的校正。这些校正数据是在复杂模型的基础上算出的，可在几个星期内保持有效。

卫星导航系统时间是由每颗卫星上原子钟的铯和铷原子频标保持的。这些星钟精确到世界协调时（UTC）的几纳秒以内，UTC 是由美国海军观象台的"主钟"保持的，每台主钟的稳定性为若干个 10^{-13} s。卫星早期采用两部铯频标和两部铷频标，后来逐步改变为更多地采用铷频标。通常，在任一指定时间内，每颗卫星上只有一台频标在工作。

卫星导航原理：卫星至用户间的距离测量是基于卫星信号的发射时间与到达接收机的时间之差，称为伪距。为了计算用户的三维位置和接收机时钟偏差，伪距测量要求至少接收来自 4 颗卫星的信号。

由于卫星运行轨道、卫星时钟存在误差，大气对流层、电离层对信号的影响，使得民用的定位精度只有数十米量级。为提高定位精度，普遍采用差分定位技术（如 DGPS、DGNSS），建立地面基准站（差分台）进行卫星观测。利用已知的基准站精确坐标，与观测值进行比较，从而得出一个修正数，并对外发布。接收机收到该修正数后，与自身的观测值进行比较，消去大部分误差，得到一个比较准确的位置。试验表明，利用差分定位技术，定位精度可提高到米级。

10. 2. 4　北斗卫星导航系统的应用

目前，北斗卫星导航系统的推广工作正在有条不紊地推进，北斗卫星导航系统建成后将为我国的国民经济建设和国防事业发挥重大作用，并将与 GPS、GLONASS、Galileo 等国际导航系统共同发挥作用，为全球用户提供定位导航服务。

2014 年 11 月，国家发展和改革委员会批复 2014 年北斗卫星导航产业区域重大应用示范发展专项，成都市、绵阳市等入选国家首批北斗卫星导航产业区域重大应用示范城市。

在 2014 年 11 月 17 日至 21 日的会议上，联合国负责制定国际海运标准的国际海事组织海上安全委员会，正式将中国的北斗系统纳入全球无线电导航系统。这意味着继美国的 GPS 和俄罗斯的 GLONASS 后，中国的导航系统已成为第三个被联合国认可的海上卫星导航系统。

北斗卫星导航系统将在以下几个方面发挥越来越重要的作用。

（1）个人位置服务

当进入不熟悉的地方时，可以使用装有北斗卫星导航接收芯片的手机或车载卫星导航装置找到要走的路线。

（2）气象应用

北斗导航卫星气象应用的开展，可以促进中国天气分析和数值天气预报、气候变化监测和预测，也可以提高空间天气预警业务水平，提升中国气象防灾减灾的能力。除此之外，北斗导航卫星系统的气象应用对推动北斗导航卫星创新应用和产业拓展也具有重要的影响。

（3）道路交通管理

卫星导航将有利于减缓交通阻塞，提升道路交通管理水平。通过在车辆上安装卫星导航接收机和数据发射机，车辆的位置信息就能在几秒钟内自动转发到中心站。这些位置信息可用于道路交通管理。

（4）铁路智能交通

卫星导航将促进传统运输方式实现升级与转型。例如，在铁路运输领域，通过安装卫星导航终端设备，可极大缩短列车行驶间隔时间，降低运输成本，有效提高运输效率。未来，北斗卫星导航系统将提供高可靠性、高精度的定位、测速、授时服务，促进铁路交通的现代化，实现传统调度向智能交通管理的转型。

（5）海运和水运

海运和水运是全世界最广泛的运输方式之一，也是卫星导航最早应用的领域之一。在世界各大洋和江河湖泊行驶的各类船舶大多都安装了卫星导航终端设备，使海上和水路运输更为高效和安全。北斗卫星导航系统将在任何天气条件下，为水上航行船舶提供导航定位和安全保障。同时，北斗卫星导航系统特有的短报文通信功能将支持各种新型服务的开发。

（6）航空运输

当飞机在机场跑道着陆时，最基本的要求是确保飞机相互间的安全距离。利用卫星导航精确定位与测速的优势，可实时确定飞机的瞬时位置，有效减小飞机之间的安全距离，甚至在大雾天气情况下，可以实现自动盲降，极大提高飞行安全和机场运营效率。通过将北斗卫星导航系统与其他系统的有效结合，将为航空运输提供更多的安全保障。

（7）应急救援

卫星导航已广泛用于沙漠、山区、海洋等人烟稀少地区的搜索救援。在发生地震、洪灾等重大灾害时，救援成功的关键在于及时了解灾情并迅速到达救援地点。北斗卫星导航系统除导航定位外，还具备短报文通信功能，通过卫星导航终端设备可及时报告所处位置和受灾情况，有效缩短救援搜寻时间，提高抢险救灾时效，大大减少人民生命财产损失。

（8）指导放牧

2014年10月，北斗系统开始在青海省牧区试点建设北斗卫星放牧信息化指导系统，主要依靠牧区放牧智能指导系统管理平台、牧民专用北斗智能终端和牧场数据采集自动站，实现数据信息传输，并通过北斗地面站及北斗星群中转、中继处理，实现草场牧草、牛羊的动态监控。2015年夏季，试点牧区的牧民就能使用专用北斗智能终端设备来指导放牧。

（9）军事应用

北斗卫星导航定位系统的军事功能与GPS的类似，例如：运动目标的定位导航，为缩短反应时间的武器载具发射位置的快速定位，人员搜救、水上排雷的定位需求，等等。这项功能应用在军事上，意味着可主动进行各级部队的定位，也就是说，大陆各级部队一旦配备北斗卫星导航定位系统，除了可供自身定位导航外，高层指挥部也可随时通过北斗系统掌握部队位置，并传递相关命令，对任务的执行有相当大的助益。换言之，大陆可利用北斗卫星导航定位系统执行部队指挥与管制及战场管理。

10.3　GPS 导航技术在军事上的应用

由于 GPS 具有全能性（陆、海、空、天）、全球性、全天候、实时性和连续性的优点，可以实现定位、导航、定时等功能，并可以提供使用者的精确三维坐标、速度和时间等一系列信息，被广泛应用于各类巡航导弹中。随着 GPS 接收机的小型化、低功耗化和低成本化，在现代引信设计中也逐渐得到应用。

1. 弹道修正引信

基于 GPS 技术的引信装置作用原理简单，设计方便，它主要利用其内置的 GPS 模块获取弹丸在空中实时的位置等信息，而引信的数据处理单元对上述信息进行处理获得弹体的实际弹道，然后对比实际弹道与设计弹道得到弹道偏差，根据计算获得弹道偏差，发出相应指令以控制舵机带动舵面做出偏转动作，从而改变弹体的飞行轨迹，以此实现弹道修正。

海湾战争后，美、英等国开始掀起弹道修正引信的高潮，重点发展项目是低成本强力弹药（Low Cost Competent Munitions，LCCM）。强力弹药为火炮弹药的一个分支，介于常规弹药和"灵巧"弹药之间，目的是在完成远距离面射武器使命时，具有足够的精度，而又保持接近于常规弹的低成本。另外，还期望利用某种高精度强力弹药作为点射武器对付诸如掩体之类难探测的大型点目标。

强力弹药计划分三个发展阶段。

第一阶段是研制"GPS 定位引信"，这种引信具有对落点进行定位的功能，但没有弹道修正功能。引信对弹丸落点定位并由引信中的发射机将落点坐标传回炮位，然后起爆弹丸。射手将从 GPS 引信得到的实际落点与预定的目标位置比较，对射击诸元进行修正，再进行后续的射击。GPS 定位引信的概念是由美陆军研究所（ARL）于 20 世纪 80 年代末期提出的，随后许多国家开始效仿。GPS 定位引信由美国于 1991 年成功地进行了射击试验。一般来说，这种校射弹药是最便宜的，只需在校射弹上安装一发 GPS 定位引信。在射程约 40 km 时，能将弹药的误差减少到无控弹药的 $1/3 \sim 1/2$。

强力弹药的第二阶段是研制"一维弹道修正引信"，即由引信对距离误差进行修正。其基本原理是，火炮射击瞄准比目标更远的一个点，而目标的距离坐标在发射前已装入引信。发射后，引信中的小型 GPS 接收机不断对弹丸进行定位，检测实际飞行弹道，预报落点，并与事先装入引信的目标位置进行比较，选择一个最佳时间，控制引信上的阻尼装置张开，通过改变弹丸降弧段的弹道使弹丸实际落点尽可能地接近目标中心。一维弹道修正引信的试验已取得成功，射程为 50 km 或更远时，能将弹药的误差降低到无控弹药 $1/6 \sim 1/3$。

美国陆军于 1996 年开始研制迫弹和榴弹一维弹道修正引信，主要是在原引信上增加装有包含 GPS 接收机、微型处理机和弹道修正装置的弹道修正模块。1999 年对安装弹道修正模块的引信样机进行了外场试验，获得成功。美陆军迫弹一维弹道修正引信样机是在标准迫弹 M525 引信基础上改进的，全装的弹道修正引信样机将原引信体延长了 1.6 in，该空间主要用于安装弹道修正装置和电子组件，电子组件的体积为 $1~\text{in}^3$。电子组件的主要功能是确定张开弹道修正装置阻尼片的时间。

自 20 世纪末，许多国家就尝试将 GPS 技术嵌入炮弹引信中，从而实现在射弹飞行过程中对弹道进行修正。典型产品有美国洛克韦尔－柯林斯和英国、法国等多家公司参与研制的"斯塔尔"（Smart Trajectory Artillery Round，STAR）（图 10 – 10）、法国地面武器工业集团研制的"桑普拉斯"（Sampras）、德国迪尔弹药系统公司的"TCF"（Trajectory Correction Fuse）以及瑞典博福斯防御公司的"布洛姆萨"（Bromsa）、德国 DIEHL 公司和南非 DENEL 公司联合研制的 155 mm 一维弹道修正引信等。这些弹道修正方法均采用一维修正引信，即只在射程上进行弹道修正。弹箭在发射时，弹身管被抬高到大于射击目标要求的角度，从而保证射程大于目标的实际距离。在弹丸上升段的某一个点上，或在弹道的最高点上，弹载的 GPS 接收装置接收到定位数据后根据当前弹道计算出弹丸的弹着点。修正引信内的高速处理器将弹着点与炮弹应该命中的点进行比较，根据比较结果确定修正的距离。

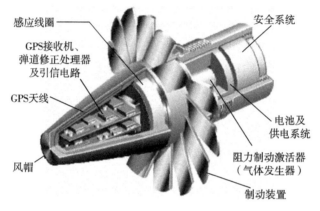

图 10 – 10　弹道修正引信

强力弹药的第三阶段是研制"二维弹道修正引信"，即由引信对距离误差和方向误差同时进行修正。二维弹道修正引信的发展主要基于 GPS、ASIC、MEMS 和灵巧结构技术的成熟。美、英等国均在大力开展 INS/GPS 弹道修正引信的研究。在引信中，除装有微型 GPS 接收机外，还装有微型惯性测量组合（MIMU），它实际上是一个捷联惯导系统。美国利用 MEMS 技术已经将 3 个自由度陀螺和 3 个加速度传感器集成在 2 cm×2 cm×0.5 cm 的体积内，其质量仅 10 g，功耗 1 mW。通过引信上的 MIMU 对弹丸飞行姿态进行检测，通过 GPS 对弹丸飞行轨迹进行检测，二者的组合可以更加精确地预报弹丸落点，并通过装在引信上的小型鸭舵，在弹道初始段就开始对弹道进行修正。在射程超过 100 km 时，能将弹药的误差减少为原来的 1/10 ~ 1/3。

20 世纪 80 年代末，美国陆军研究室就开始探索 GPS 和二维修正系统。美国雷锡恩公司研制的 127 mm EX – 171 ERGM 增程简易制导火箭弹，采用 GPS/INS 制导系统和鸭舵控制系统，最大射程为 120.7 km，精度达到 20 m。英国宇航系统公司旗下的美国联合防御工业公司宣称，已于 2005 年 6 月在尤马试验场成功地进行了二维弹道修正引信样弹的实弹射击演示，有能力在 1 年内将产品交付军方。这是二维弹道修正引信的首次亮相。该引信由联合防御公司、博福斯防御公司、洛克韦尔·柯林斯公司以及 BT 引信制造公司联合研制。该引信适用于陆军现有的 155 mm 和 105 mm 炮弹。试验采用 M795 式 155 mm 练习弹，对射击结果分析表明，使用此二维弹道修正引信后设计精度达到了 50 m 以内，是常规炮弹精度的 3 倍。

我国对弹道修正引信的研究起步较晚，在 1994 年开始弹道修正技术概念研究，国内许多的科研机构和研究所对弹道修正与提高落点精度技术表现出极大的兴趣，并开展了广泛的研究，近年来取得较大的成绩，研制出多个型号的弹道修正弹。

此外，还可以将 GPS 与磁阻传感器相结合组成磁探测组合导航系统，应用于弹道修正引信中，可以同时提供弹丸空中位置和姿态的信息，极大地简化了弹道修正系统的结构，使其具有更高的可靠性。

2. 定高引信

GPS 技术可应用于定高引信。定高引信是一种能够控制弹药在预设的最佳高度上引爆的引信，可以使弹药对目标造成最大的毁伤效能。确定引爆最佳高度需要引信能获得弹头高度、相对目标速度矢量以及弹道倾角三种信息。如果将带有天线和信息处理的 GPS 接收机装入弹体上，则在弹体飞行过程中，GPS 接收机将实时给出弹头在空间飞行的位置坐标及其运动速度和时间，弹头相对地面的高度可借助于坐标系统的变换实时给出。同时，GPS 系统还可以根据运动速度矢量，通过坐标变换实时测得运动弹道相对地球表面任意点为基准的平面夹角，即弹道倾角。当飞行高度达到预定位置时，引爆系统送出引爆信号引爆战斗部。采用定高引信，可以使引信在复杂的战场环境下保证弹体在最佳高度控制子母弹的母弹开仓，以及保证弹药在最佳高度起爆，从而达到最佳的毁伤效能。

3. 火炮校射引信

远程野战炮群必须保证炮弹准确命中目标。野战炮的误差源很多，有些误差是野战炮系统本身无法预测的。炮群在齐射前，发射一枚装有 GPS 火炮校射引信的炮弹，用于计算炮弹的准确落地点，然后由弹道计算机计算其偏差，用于修正发射弹道。GPS 火炮校射引信的主要部分是一颗装有 GPS 转发器的炮弹，炮弹在空中飞行时，接收到 GPS 信号，并将 GPS 信号转发给地面炮位，炮群利用该信号计算出炮弹飞行的实际弹道和实际落点，以修正整个野战炮群，保证火炮的精度。

4. GPS/INS 组合导航

惯性导航系统（Inertial Navigation System，INS）是应军事需求而发展起来的一个高新综合性应用技术的产物，它具有自主、隐藏、实时及不受地域时间和气候条件限制的特点，是现代航天飞行器、火箭、导弹、飞机、舰船、潜艇和陆地战车领域必备的设备与支撑技术。在现代武器系统中，惯性系统的水平对武器系统的精度、杀伤力、机动性、快速反应能力、生存能力等战术技术指标具有决定性的影响。因此，惯性系统的性能水平成为武器系统的精良程度和现代化程度的主要标志之一。

导航系统工作原理主要有三种，即利用惯性陀螺元件、姿态传感测量元件、磁测量元件，它们具有各自的特点，可以单独使用，也可以组合使用。导航系统利用惯性陀螺元件可以测得运动部件的加速度和角加速度等 6 个自由度的惯性量；利用姿态传感测量元件可以测得运动部件的俯仰角和滚翻角的姿态信息；利用磁测量元件可以测得运动部件的航向信息，可以是两维平面信息，也可以是三维空间信息。

现在战争武器的发展方向是用 GPS/INS 组合精密制导。单用 GPS 制导的优点是费用十分低廉，缺点是易被干扰，而一旦被干扰，则会完全失去制导信息。惯导的优点是不怕干扰，但在武器行程较长的场合不适用，因为惯导的误差随时间而积累，会造成精度太差。也有高精度惯导，但精度越高，价格越高。在 GPS/INS 组合系统中，武器系统航程的大部分时间里，导航精度取决于 GPS，如果在接近目标的阶段遇上干扰，GPS 将停止工作，而此后一段时间，由于组合的误差模型还继续有效，导航的精度还是比较高的，以后才逐渐变为按惯导的漂移率而降低。

正是由于 GPS/INS 组合导航具有很高的导航精度和抗干扰能力，在世界武器生产先进的国家大量使用了这项导航技术。GPS/INS 组合导航系统在军事上的应用包括各种海陆空作战平台、弹道导弹、巡航导弹、炸弹，甚至炮弹均已开始装备 GPS 或 GPS/INS 组合导航系统。这将使武器命中精度大为提高，极大地改变了未来作战方式。美军大量装备了利用 GPS/INS 的平台和武器，包括防区外陆地攻击导弹（SLAM）、战斧 Block Ⅲ 巡航导弹（TLAM – Ⅲ）、战斧 Block Ⅳ 巡航导弹（TLAM – Ⅳ）、联合直接攻击弹药（JDAM）、联合防区外武器（JSOW）、CBU – 15 和 AGM – 30 精确滑翔炸弹、ATACMS 弹道导弹、常规空射巡航导弹（ALCM – C）以及 B – 1B、B – 2、F – 15E、F16、F – 18、F – 117、F – 22 等作战飞机。

5. 各种需要精确定位与时间信息的战术操作

各种需要精确定位与时间信息的战术操作，如陆上、海上的布雷、扫雷，越过雷区，物资与人员的空投，敌情侦察，海上和陆上的搜索与救援，无人驾驶飞行器的控制与回收，火炮前方观测员的定位，火炮及雷达阵地快速布列，军用地图快速测绘，以及卫星测控与跟踪，等等。

在高空侦察以精确测定目标位置时，GPS 也有重要作用。TV/BDA 是被设计成可在目标区飘浮的视频侦察系统，它安装在远程野战炮弹体上，当弹丸飞行到预定位置，伞翼展开视频摄像机进入飘浮状态，开始搜索目标，并向地面接收机发回彩色视频图像。

相对于对启动速度和更新速率不高、使用环境宽松的民用环境，基于 GPS 或 BDS 的卫星导航技术应用于引信，特别是常规武器弹药引信中面临的主要问题包括弹体共型天线的设计、要求快速启动、抗高过载以及高弹速的适应性问题。

与民用环境不同，为减小 GPS/BDS 接收机天线对弹体运动的影响，在导弹或常规武器弹药中，GPS/BDS 接收天线在很多情况下都需要与弹体共型，同时还要保证极高的信号接收灵敏度。

对于使用 GPS/BDS 定位的引信来说，由于从弹体发射到引信作用的时间较短，最短仅几秒钟，无论是用于弹道修正引信还是定高引信，都需要 GPS/INS 接收机在极短的时间内完成启动和精确定位，以保证引信的探测实时性和作用可靠性。一项有效的措施是在可能的情况下，于发射前的适当时机启动接收机，并向引信注入当前位置信息，以简化定位解算算法，保证引信能够快速解算出相关信息。

此外，GPS/BDS 引信还需要面临弹体发射时的高过载和极高的弹体飞行速度，要求在高过载时 GPS/BDS 接收模块不会损坏，在高速飞行时能及时解算出弹体的实时位置，这些都给引信中应用 GPS/BDS 导航定位技术带来较大的挑战。

思考题

1. 全球卫星定位系统主要有哪几种？分别处于哪个阶段？

2. 利用 GPS 进行定位计算的误差源有哪些？

3. 描述北斗卫星导航系统的信号结构。

4. INS/GPS 组合导航有何优势？

5. GPS 应用于引信面临哪些问题？

第11章
目标识别技术

11.1 概述

目标探测主要研究目标信号的采集手段以及信号的预处理等问题。在采用各种探测技术探测到某种信号之后，就要对信号进行识别，从而判断其属于哪一类目标。这就涉及目标信号的特征提取和目标识别问题。图 11 – 1 所示为目标探测识别流程图。本章首先介绍相关的基本概念，然后对信号的特征以及特征提取和选择进行论述，最后探讨目标识别技术的应用和相关问题。

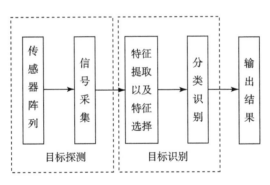

图 11 – 1　目标探测识别流程图

11.1.1　目标识别及其基本概念

目标识别是人类最重要的基本活动之一，人类在日常生活、社会活动、科学研究以及学习、工作等活动中无时无处不在进行着目标识别。例如，儿童在认读识字卡片上的数字时，将它们区分为 0 ~ 9 中的某一个，这是对数字符号的识别；在读书看报时，人们进行的是文字识别活动；上班坐汽车找汽车停靠站点是对事物形状和特征的识别；做某种试验时对示波器显示波形的观察是一个波形识别的过程；医生给病人看病需要对病情进行识别；在人群中寻找某一个人是对人的形体及其特征的识别行为。诸如此类的例子还有许多，总之，目标识别就是人类实现对各种事物或现象的分析、描述、判断和识别的过程。

目标识别属于模式识别的范畴。要弄清楚模式识别的具体含义，必须首先了解模式和模式识别这两个基本概念，下面具体叙述。

为了能让机器执行和完成识别任务，必须首先将关于分类识别对象的有用信息输入计算机中。为此，应对分类识别对象进行科学的抽象，建立它的数学模型，用以描述和代替识别对象。我们称这种对象的描述为模式。无论是自然界中物理、化学或生物等领域的对象，还是社会中的语言、文字等，都可以进行科学的抽象，具体而言，可以对它们进行量测，得到表征它们特征的一组数据，为了使用方便，将它们表示成矢量形式，称为特征矢量；也可以将对象的特征属性作为基元，用符号表示，从而将它们的结构特征描述成一个符号串、图或某个数学式子。通俗地讲，模式就是事物的代表，是事物的数学模型之一，它的表示形式是矢量、符号串、图或数学关系。模式和集合的概念是分不开的，只要认识这个集合中的有限数量的事物或现象，就可以识别属于这个集合任意多的事物或现象。

所谓模式识别，是指根据研究对象的特征或属性，以计算机为中心的机器系统运用一定的分析算法认定它的类别，系统应使分类识别的结果尽可能地符合真实情况。

模式识别是 20 世纪 60 年代初迅速发展起来的一门学科，是一门综合性、交叉性学科。在理论上它涉及代数学、矩阵论、概率论、图论、模糊数学、最优化理论等众多学科知识，在应用上它又与其他许多领域的工程技术密切相关，其内涵可以概括为信息处理、分析和决策等。对模式识别的理论和方法的研究推动了人工智能的发展，扩大了计算机应用的可能性。目前，模式识别已经成功地应用于工业、农业、国防、科研、公安、生物医学、气象、天文学等领域，如我们熟知的信件分拣、指纹识别、生物医学的细胞或组织分析、遥感图片的机器判读、系统的故障诊断、具有视觉的机器人、武器制导寻的系统、汽车自动驾驶系统以及文字和语言的识别等。可以预言，随着理论和技术的不断完善，模式识别的功能将会越来越强，应用也会越来越广泛。

11.1.2　模式识别系统

一个较为完整的模式识别系统框图如图 11-2 所示。虚线上部是识别过程，虚线下部是

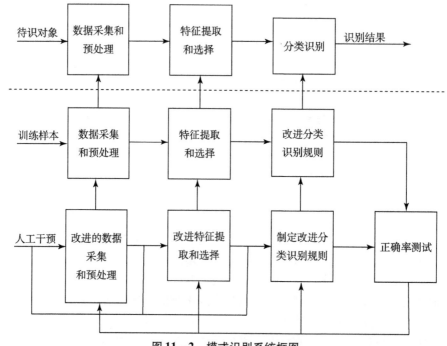

图 11-2　模式识别系统框图

学习、训练过程。当采用的分类识别方法以及应用的目的不同时，具体的分类识别系统和过程将有所不同。

下面对识别系统的主要环节做简单介绍。

（1）数据采集和预处理

为了使计算机能够对各种现象进行分类识别，要用计算机可以运算的符号来表示所研究的对象。通常输入对象的信息有下列三种类型。

①二维图像。例如文字、指纹、地图、照片等对象。

②一维波形。例如声和地震动信号、脑电图、心电图等。

③物理参量和逻辑量。例如疾病诊断中病人的体温、各种化验数据，或对症状有无的描述。

通过测量、采样和量化，可以用矩阵或矢量表示二维图像或一维波形，这就是数据获取过程。

预处理的目的是去除噪声、加强有用的信息，并对输入测量仪器或其他因素所造成的退化现象进行复原。

（2）特征提取和选择

由图像或波形所获得的数据量是相当大的，如一个文字图像可以有几千个数据，一个坦克声信号波形也可能有几千个数据，一个卫星遥感图像的数据量更大。为了有效地实现分类识别，应该对原始数据进行变换，得到最能反映分类本质的特征，这就是特征提取和选择的过程。一般把原始数据组成的空间叫作测量空间，把进行分类识别的空间叫作特征空间，通过变换，可以把在维数较高的测量空间中表示的模式变为在维数较低的特征空间中表示的模式。

（3）学习和训练

为了让机器具有分类识别功能，首先应该对它进行训练，将人类的识别知识和方法以及关于分类识别对象的知识输入机器中，产生分类识别的规则和分析程序。这个过程相当于机器学习。一般这一过程要反复进行多次，不断地修正错误、改进不足，其工作内容主要包括修正特征提取方法、特征选择方案、判决规则方法及参数，最后使系统正确识别率达到设计要求。目前，这一过程通常是人机交互的。

（4）分类识别

分类识别就是在特征空间中用某种方法把被识别对象归为某一类别。基本做法是在样本训练集的基础上确定某个判决规则，使按这种判决规则对被识别对象进行分类所造成的错误识别率最小或引起的损失最小。

11.2　信号的特征提取和选择

11.2.1　基本概念

特征提取和选择的基本任务是从众多特征中找出那些最有效的特征。特征提取和选择的好坏极大地影响到分类器的设计和性能，因此对它应给予足够的重视。

可以把特征分为三类：物理的、结构的和数学的。人们通常利用物理和结构特征来识别对象，因为这样的特征容易被触觉、视觉以及其他感觉器官所发现。但是，在使用计算机构造识别系统时，应用这些特征有时候比较复杂，因为一般来说用硬件去模拟人类感觉器官是很复杂的，而机器在抽取数学特征的能力方面则比人强得多。这种数学特征的例子有统计平均值、相关系数、协方差阵的特征值和特征向量等。

模式识别的前提是获取目标的特征信息，即获得有助于识别的原始信息数据；模式识别的关键是对原始信号进行适当的处理，从原始信号众多特征中求出那些对分类识别最有效的特征，以实现特征空间维数的压缩，即特征提取和选择。特征提取和选择方法的优劣极大地影响着分类器的设计与性能，因此，必须对特征提取和选择问题进行研究。

特征选择与提取是模式识别中最关键也是最复杂的环节，它是高度面向具体问题的，它一般以在分类中使用的某种判决准则为规则，要求所提取的特征在这种判决准则下的分类错误最小，它没有统一的理论，只有具体问题具体分析。如果识别对象的重要特征能够被计算机逐个识别，那么对象本身可以通过统计判决进行分类的方法得到最后识别，这种方法相当于对每一特征进行识别。例如，对识别对象的形态特征和其他物理特征的提取就相当于对形态与其他物理特征分析的研究。但特征提取还有完全不同的另外一种类型，如把待识别目标信号在不同频带内的分量作为它的特征信号，这种方法在实际应用中效果非常显著。第一种方法要求对目标信号的特征非常明确，它实质上是特征识别问题；而第二种方法对于目标信号的特征并不明确，它只是根据一般原则考虑特征提取，这种特征提取方法较简单，但如果要弄清所提取的特征反映了信号的什么性质，有时是很难回答的。

目标的特征提取和选择是一个过程，涉及几个步骤。为了方便起见，下面对特征提取和选择过程涉及的几个常用术语进行说明。

①特征形成。根据被识别对象产生出一组基本特征，这种基本特征是可以用仪表或传感器测量出来的，如识别对象是事物或某种过程时；它也可以是计算出来的，如识别对象为波形或数字图像时。这样产生出来的特征称为原始特征，这种过程即为特征形成过程。

②特征提取。原始特征的数量可能会很多，换句话说，样本处于一个高维空间，可以通过映射或变换的方法用低维空间来表示样本，这个过程叫作特征提取。映射或变换后的特征称为二次特征，它们是原始特征的某种组合（通常是线性组合）。

③特征选择。从一组特征中挑选出一些最有效的特征从而达到降低特征空间维数的目的，这个过程称为特征选择。

特征提取与选择有如下两条基本途径。

①当实际用于分类识别的特征数目 d 给定后，直接从已经获得的 n 个原始特征中选出 d 个特征 x_1，x_2，$\cdots$，x_d，使可分性判据 J 的值满足下式

$$J(x_1,x_2,\cdots,x_d) = \max[J(x_{i1},x_{i2},\cdots,x_{id})]$$

式中，x_{i1}，x_{i2}，$\cdots$，x_{id} 是 n 个原始特征中的任意 d 个特征，此即为直接寻找 n 维特征空间中的 d 维子空间。这类方法称为直接法，主要有分支定界（BAB）法、顺序前进（SFS）及广义顺序前进（GSFS）法、顺序后退（SBS）及广义顺序后退（GSBS）法等。

②在使判据 J 取最大条件下，对 n 个原始特征进行变换降维，即对原 n 维特征空间进行坐标变换，再取子空间。这类方法称为变换法，主要有基于可分性判据的特征提取和选择、基于误判概率的特征提取和选择、离散 K–L 变换法（DKLT）、基于决策界的特征提取和选择等。

设 $\{\boldsymbol{\alpha}_1,\ \boldsymbol{\alpha}_2,\ \cdots,\ \boldsymbol{\alpha}_n\}$ 是 n 维特征空间 $\boldsymbol{E}^n$ 的一个基底，矢量 $\boldsymbol{x}$ 是对象在 $\boldsymbol{E}^n$ 中关于 $\{\boldsymbol{\alpha}_i\}$ 的一个观测，则 $\boldsymbol{x}$ 可表示为

$$\boldsymbol{x} = \sum_{i=1}^{n} a_i\boldsymbol{\alpha}_i$$

在此基底 $\{\boldsymbol{\alpha}_i\}$ 上的 $\boldsymbol{x}$ 的各个分量（坐标）$\{a_i\}$ 称为对象的特征（值）。

特征提取与选择的实质是在 $\boldsymbol{E}^n$ 中找出一个子空间 W，对象的新特征是通过 $\boldsymbol{x}$ 向子空间投影得到的。令 $\boldsymbol{W}$ 是 m 维子空间，是由 m 个线性无关的矢量 $\boldsymbol{\beta}_1,\ \boldsymbol{\beta}_2,\ \cdots,\ \boldsymbol{\beta}_m$ 张成的，即

$$\boldsymbol{W} = \mathrm{Span}\{\boldsymbol{\beta}_1,\boldsymbol{\beta}_2,\cdots,\boldsymbol{\beta}_m\}\quad(m < n)$$

假设 $\boldsymbol{\beta}_i$（$i=1,\ 2,\ \cdots,\ m$）之间是正交的，在 W 中，对象的新特征可以通过 $\boldsymbol{x}$ 在 $\{\boldsymbol{\beta}_i$ 上的投影 $\{b_i = \boldsymbol{x}^{\mathrm{T}}\boldsymbol{\beta}_i\}$ 给出。令

$$\hat{x} = \sum_{i=1}^{m} b_i\boldsymbol{\beta}_i$$

$\hat{x}$ 是原始空间 $\boldsymbol{E}^n$ 中 $\boldsymbol{x}$ 的一个近似。

在直接选择法中，则有 $\boldsymbol{\beta}_i = \boldsymbol{\alpha}_i$，即坐标系不变，只是在原坐标系中选出较少的分量表示原模式，即变成纯粹的特征选择问题。在用变换法提取和选择特征时，是在某种准则下，通过变换产生新的坐标系 $\{\boldsymbol{\beta}_i\}$，原来模式 $\boldsymbol{x}$ 在 $\boldsymbol{\beta}_i$（$i=1,\ 2,\ \cdots,\ m$）上的投影作为原模式新的特征分量，用其中一部分或全部重新表示原模式，即特征的再次提取和选择问题。

11.2.2　最优特征提取和选择算法

1. 算法原理

寻求全局最优的特征选择的搜索过程可用一个树结构来描述，称其为搜索树或解树。总的搜索方案是沿着树自上而下、从右至左进行，由于树的每个节点代表一种特征组合，所以所有可能的组合都可以被考虑。因为利用了可分性判据的单调性，采用分支定界策略使得在实际上并不计算某些特征组合而又不影响全局寻优，同时，因为搜索先从结构简单的部分开始，所以这种特征选择算法效率很高。

图 11-3 所示为从 6 个特征中选出两个特征的例子，以此来说明从 n 个特征中选出 d 个特征 $S(n,d)$ 的原理和方法。

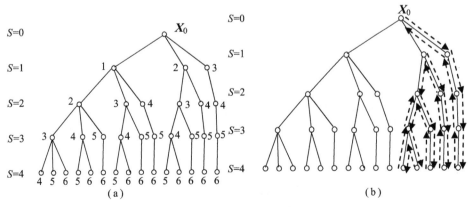

图 11-3　从 6 个特征中选择两个特征

（a）搜索树；（b）搜索回溯示意图

  树的每个节点表示一种特征组合。根节点代表所有特征的组合，在此为 $\{x_1, x_2 \cdots, x_6\}$。子节点代表的特征比父节点代表的特征少一个，同父的各子节点代表从父节点的特征组合中丢弃不同的一个特征后余下的特征，节点上的标记 k 表示被丢弃的特征的序号，这个节点所代表的特征是从其父节点特征组中去掉 x_k 所余下的特征。如节点 A 表示已去掉 x_2、x_3 后的特征组合 $\{x_1, x_4, x_5, x_6\}$。各叶节点代表各种不同的 d 个特征的组合，表示特征提取后的一个可能解，这里表示两个特征。$S(n, d)$ 共有 C_n^d 个叶节点。沿树的纵向看，每去掉一个特征称为树的一级，由于从 n 个特征中要选出 d 个特征，因此全树有 $n - d$ 级，根节点为 0 级，叶节点为 $n - d$ 级。级也称为深度，用 s 表示，$s = 0, 1, 2, \cdots, n - d$。具有深度 s 的节点代表 $n - s$ 个特征。用 X_l 表示含 l 个特征的特征集，$\overline{X}_s$ 表示舍弃 s 个特征后余下的特征，Ψ_s 表示可供第 s 级当前节点的下一级选择舍弃的特征的集合，r_s 表示这个集合中元素的数目，q_s 表示当前节点的子节点数。由于在第 s 级某当前节点的每个子节点要舍弃 Ψ_s 中互不相同的一个特征，从而对于这个节点在确定它的下一级（$s + 1$ 级）可以丢弃一个特征的实际方案数（即子节点数）时，必须使这一级任意子节点丢弃一个特征后 $\overline{X}_{s+1}$ 至少还剩下 $(n - d) - (s + 1)$ 个特征以供后面每级丢弃一个特征，对某子节点数来说，它及其左边同父节点已丢弃的特征以后不再在要丢弃的特征组之内，所以子节点数 $q_s = r_s - (n - d - s - 1)$。例如，在 0 级，$\Psi_0 = \{x_1, x_2, \cdots, x_6\}$，$r_0 = 6$，$q_0 = 6 - (4 - 0 - 1) = 3$，即对于 0 级，有 3 个子节点，左、中、右子节点舍弃的特征分别为 x_1、x_2、x_3。所谓第 s 级当前节点，是指尚未搜索过的最右边的节点。例如对于 $s = 1$，左边节点 $\Psi_1 = \{x_2, x_3, x_4, x_5, x_6\}$，中间节点 $\Psi_1 = \{x_3, x_4, x_5, x_6\}$，右边节点 $\Psi_1 = \{x_4, x_5, x_6\}$。对于同父的各子节点，从左至右 Ψ_1 逐次减少一个特征，最右边的那个节点总有 $q_s = 1$，即最右边节点总是只有一个子节点。

  通过树结构分析，可以将搜索树 $S(n, d)$ 定义成一个四元组

$$T(n, d) = (N, E, R, L)$$

其中，N 表示节点集合 $\{\eta\}$；E 是边集，其元素 $e(\eta, \eta_c)$ 表示父、子节点所代表特征的关系，子节点 η_c 代表的特征是从其父节点 η 代表的特征中去掉一个后留下的特征；R 是根节点，它代表 n 个特征组成的集合 X_n；L 是叶节点集，每个元素代表 d 个特征的组合，是一个可能解。

  为了能够迭代构造搜索树，令 $N^s = \{\eta \mid \eta \in N, \eta$ 的深度不大于 $s\}$，$E^s = \{e(\eta, \eta_c) \mid e \in E, \eta, \eta_c \in N^s\}$；$L^s \subset N^s$ 是子树叶节点集，叶节点具有 s 深度，于是可以定义 $T(n, d)$ 的一个 s 深度子树

$$T^s(n, d) = (N^s, E^s, R^s, L^s)$$

  显然，它是 $T(n, d)$ 去掉深度大于 s 的节点和相应边后的结构，即 $T^s(n, d) = T(n, n - s)$。当在规定根节点、叶节点代表的特征数目而生成树之后不再考虑节点特征因素时，即只考虑树结构，并令 $\widetilde{T}^s(n, d)$ 表示 $T^s(n, d)$ 的树结构，易知 $T(n, d)$ 的子树 $T^s(n, d)$ 和 $T(d + s, d)$ 的树结构相同，即

$$\widetilde{T}^s(n, d) = \widetilde{T}(d + s, d)$$

从而有

$$\widetilde{T}^0(n, d) = \widetilde{T}(d, d)$$

$$\widetilde{T}^1(n, d) = \widetilde{T}(d + 1, d)$$

$$\cdots$$

$$\tilde{T}^s(n,d) = \tilde{T}(d+s,d)$$

$$\tilde{T}^{n-d}(n,d) = \tilde{T}(n,d)$$

从以上分析可以得出运用递推方法产生解树 $T(n,d)$ 的步骤。

① $\tilde{T}^0(n,d) = (N^0,E^0,R^0,L^0)$，这里 $N^0 = \{R^0\}$，$E^0 = \varnothing$，根节点 R^0 代表特征组 $\{x_1,x_2\cdots,x_d\}$。

② 令 $\tilde{T}^s(n,d) = (N^s,E^s,R^s,L^s)$，则 $\tilde{T}^{s+1}(n,d) = (N^{s+1},E^{s+1},R^{s+1},L^{s+1})$，$R^{s+1} = \{R^s,x_{d+s+1}\}$，$N^{s+1} = N^s + L^{s+1}$，$E^{s+1} = E^s + E'$，$L^{s+1}$ 中的元素代表从 $d+s+1$ 个特征中选择 d 特征的组合，E' 表示新增加的边集。向 $\tilde{T}^s(n,d)$ 的 N^s 每个节点所代表的特征组中加上第 l 个特征 x_l，$l = d+s+1$，于是原来 L^s 的每个节点含有 $d+1$ 个特征，从节点 $\eta \in L^s$ 所代表的特征组中逐个丢弃一个特征 x_j，$j = k+1,\cdots,d+s+1$，产生这个节点的各个子节点，这里 k 为该节点 η 的标号，从而产生 L^{s+1} 以及 E'。解树 $T(n,d)$ 有 C_{d+s}^d 个具有深度 s 的节点，而它共有 $|N| = C_{n+1}^{d+1}$ 个节点。

只有一个子节点的节点称为 1 度节点（如图 11-4（a）中用虚线连接的节点）。若一个节点有两个或两个以上的子节点，1 度子节点一定是它父节点最右边的子节点，每个深度不大于 $n-d-2$ 的节点都有且只有一个最右边的 1 度子节点。令 N_1 是所有 1 度节点的集合，则

$$|N_1| = \sum_{s=0}^{n-d-2} C_{d+s}^d = C_{n-1}^{d+1}$$

在解树 T 中，1 度节点构成了解树 T 的串结构子树，由于可能的解节点只在这个串子树的端点上，所有这些子树都可被修剪，移去这些 1 度节点可以得到 T 的最小解树 T_M，如图 11-4（b）所示的最小搜索树。

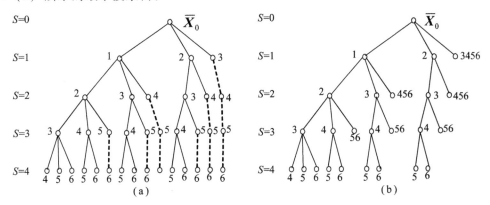

图 11-4　搜索树

（a）$S(6,2)$ 的搜索树；（b）最小搜索树

搜索过程在总体上是由上至下、从右到左地进行的。在这个过程中包含几个子过程：向下搜索、更新界值、向上回溯、停止回溯再向下搜索。开始时置界值 $B = 0$，首先从树的根节点沿最右边的一支自上而下搜索。对于一个节点，它的子树最右边的一支总是无分支的，即是 1 度节点或叶节点（0 度节点）。此时可直接到达叶节点，计算该节点代表的特征组的

可分性判据 $J(\bar{\boldsymbol{X}}_{n-d})$，更新界值，令 $B = J(\bar{\boldsymbol{X}}_{n-d})$，然后向上回溯。一旦遇到有分支的那个节点，则停止回溯转入向下搜索。例如回溯到 $q_{s-1} > 1$ 的那个节点，则转入 s 深度的左边的最近的那个节点，使该节点成为当前节点。按上所述，从这一节点向下首先对它最右边的子树搜索。在搜索过程中，当某节点的 J 值不大于当前界值 B 时，就停止向下搜索，开始回溯；否则，搜索到叶节点，如果该叶节点代表的特征的可分性判据 J 值大于 B，则更新界值，令 $B = J$；否则，不更新界值。显然，到达叶节点后都要向上回溯。重复上述过程，直到进行到 J 值不大于当前界值 B 为止。

确定搜索树可以采用递推的方法，由子树通过不断地添加一个特征并由子树的叶节点"长"出新的叶节点的方法产生搜索树。此外，还可以采用下面的方法，为了能确定树结构，即确定在回溯结束后转入搜索时的节点的子节点数，要求知道该节点的 $\boldsymbol{\Psi}_s$，因此，在回溯过程中，每次向上一级（$s-1$ 级）回溯时，都要把原来节点的 $\boldsymbol{\Psi}_s$ 加上那个节点所舍弃的特征。此例中沿最右一支回溯中，在根节点才有分支，因此，再向下搜索时 $s=1$ 的当前节点的 $\boldsymbol{\Psi}_1 = \boldsymbol{\Psi}_1' + x_3 = (x_4, x_5, x_6) + x_3 = (x_3, x_4, x_5, x_6)$，$\boldsymbol{\Psi}_1'$ 为当前节点的同父右边近邻的节点的 $\boldsymbol{\Psi}_1$。

分支定界法效率很高的原因在于：

①利用了判据 J 值的单调性，如树上某节点 A 的可分性判据值 $J_A \leqslant B$，可知 A 的子树上各节点的 J 值都不会大于 B，于是节点 A 的子树各节点都不必去搜索，这就是所谓的分支定界，从而有相当多的特征组合不需要计算而仍然能够求得全局最优解；

②树的右边比左边结构简单，而搜索过程恰好是从右到左进行的。在此基础上，为了提高效率，对于单支，可以直接跳跃到叶节点。

2. BAB 算法

上面介绍了分支定界法的思想和原理，下面给出一种该方法的算法，即 BAB 算法。

设当前处于某一级 i 的某一节点，对于从 $k = 0,1,\cdots,i-1$ 各级的所有子节点所舍弃的特征已求出并已存在存储器中，用 $Q_i = (x_1^{i+1}, x_2^{i+1}, \cdots, x_{q_i}^{i+1})$ 表示第 i 级当前节点的 q_i 个子节点所舍弃的特征，下面步骤有关符号的含义和前述相同。置根节点处 $r_0 = n$，$\boldsymbol{\Psi}_0$ 是全部特征集合，$\bar{\boldsymbol{X}}_0 = \boldsymbol{\Psi}_0$，$B = 0$，$i = 0$。

①产生子节点及其代表的特征组合。

a. 用公式 $q_i = r_i - (n - d - i - 1)$ 算出 q_i；

b. 按下列关系

$$J(\bar{\boldsymbol{X}}_i - x_1^{i+1}) \leqslant J(\bar{\boldsymbol{X}}_i - x_2^{i+1}) \leqslant \cdots \leqslant J(\bar{\boldsymbol{X}}_i - x_{r_i}^{i+1}) \qquad x_j^{i+1} \in \boldsymbol{\Psi}_i, j = 1, 2, \cdots, r_i$$

求出 $Q_i = (x_1^{i+1}, x_2^{i+1}, \cdots, x_{q_i}^{i+1})$；

c. 从 $\boldsymbol{\Psi}_i$ 中去掉 Q_i，并修改 r_i，即

$$\boldsymbol{\Psi}_{i+1} = \boldsymbol{\Psi}_i - Q_i$$
$$r_{i+1} = r_i - q_i$$

②检验子节点相应的判据值是否小于界值 B。

若 $q_i = 0$，则转至第④步；否则，若 $J(\bar{\boldsymbol{X}}_i - x_{q_i}^{i+1}) < B$，则置 $l = q_i$，然后转至第③步；否则，从 $\bar{\boldsymbol{X}}_i$ 中去掉 $x_{q_i}^{i+1}$ 得到 $\bar{\boldsymbol{X}}_{i+1}$，即

$$\bar{\boldsymbol{X}}_{i+1} = \bar{\boldsymbol{X}}_i - x_{q_i}^{i+1}$$

若 $i+1 = n-d$ ，则转到第⑤步；否则，置 $i=i+1$ ，然后转到第①步；

③把 $x_{q_i}^{i+1}$ 放回 Ψ_{i+1} 中，即 $\Psi_{i+1} = \Psi_{i+1} + x_{q_i}^{i+1}$ ， $r_{i+1} = r_{i+1} + 1$ ，置 $l=l-1$ ， $q_i = q_i - 1$ ；若 $l=0$ ，则转到第②步，否则转到第③步。

④回溯。

置 $\Psi_i = \Psi_{i+1}$ ， $r_i = r_{i+1}$ ， $i=i-1$ ，若 $i=-1$ ，则终止计算，否则将 $x_{q_i}^{i+1}$ 放入当前特征集，即 $\bar{X}_i = \bar{X}_{i+1} + x_{q_i}^{i+1}$ ，置 $l=1$ ，转到第③步。

⑤更新界值。

置 $B=J(\bar{X}_{n-d})$ ，把 $\bar{X}_{n-d}$ 作为当前最好的特征组 X_d ，置 $l=q_i$ ，转到第③步。

上述方法虽然从原理上节约了大量的计算某些特征组合的时间，但实际上还要计算大量的 $\bar{X}_j$（ $j=1$ ，2，…， $n-d-1$ ），因此，在 d 很小或很接近 n 时，穷举搜索法可能更为有效；即使从理论上来说 J 满足单调性，但可能由于用有限样本估计判据 J 的某些参量或各类分布，可能使 J 的单调性受到不同程度的破坏。

11.3　目标识别技术

11.3.1　统计模式识别

统计模式识别是模式识别的基本方法之一。统计决策理论对模式分析和分类的设计有着实际的指导意义。统计模式识别有多种方法，限于篇幅，这里只介绍贝叶斯决策理论。

在连续情况下，假设要识别对象有 n 种特征观察值 $x_1, x_2, \cdots, x_n$ ，这些特征的所有可能的取值范围构成了 n 维特征空间，称 $\boldsymbol{x} = [x_1,\ x_2,\ \cdots,\ x_n]^{\mathrm{T}}$ 为 n 维特征向量。这里 T 是转置符号。

这些假设说明了要研究的分类问题有 c 个类别，各类别状态用 ω_i 来表示， $i=1$ ，2，…， c ；对应于各个类别 ω_i 出现的先验概率 $P(\omega_i)$ 以及类条件概率密度函数 $P(x \mid \omega_i)$ 是已知的。如果在特征空间已观察到某一向量 $\boldsymbol{x}$ ， $\boldsymbol{x} = [x_1,\ x_2,\ \cdots,\ x_n]^{\mathrm{T}}$ 就是 n 维特征空间上的某一个点，则应该把 x 分到哪一类去才最合理呢？这就是下面要研究的问题。

下面介绍几种常用的统计判决准则及其相关问题。

1. 基于最小错误率的贝叶斯决策

在模式分类问题中，人们往往希望尽量减少分类的错误，从这样的要求出发，利用概率论中的贝叶斯公式，就能得出使错误率为最小的分类规则，称为基于最小错误率的贝叶斯决策。

在讨论一般理论之前，先举一个例子——癌细胞的识别——来说明解决问题的过程。假设每个要识别的细胞已经过预处理。抽取其中的 d 个表示细胞基本特性的特征，成为一个 d 维空间的向量 $\boldsymbol{x}$ ，识别的目的是区分是正常细胞还是异常细胞。用决策论的术语来讲就是将 x 归类于两种可能的自然状态之一，如果用 ω 表示状态，则

$$\omega = \omega_1 \quad 表示正常$$
$$\omega = \omega_2 \quad 表示异常$$

类别的状态是一个随机变量，而某种状态出现的概率是可以估计的。例如，根据医院细胞病理检查的大量统计资料可以对某一地区正常细胞和异常细胞出现的比例做出估计，这就

相当于在识别前已知正常状态的概率 $P(\omega_1)$ 和异常状态的概率 $P(\omega_2)$。这种由先验知识在识别前就得到的概率 $P(\omega_1)$ 和 $P(\omega_2)$ 称为状态的先验概率。如果已经知道：状态先验概率 $P(\omega_i)$，$i=1$，2，类条件概率密度 $P(x\mid\omega_i)$，$i=1$，2，则利用贝叶斯公式

$$P(\omega_i\mid x) = \frac{P(x\mid\omega_i)P(\omega_i)}{\sum_{j=1}^{2}P(x\mid\omega_j)P(\omega_j)} \qquad (11-1)$$

得到的条件概率 $P(\omega_i\mid x)$ 称为状态的后验概率。这样，基于最小错误率的贝叶斯决策规则为：如果 $P(\omega_1\mid x) > P(\omega_2\mid x)$，则把 x 归类于正常状态 ω_1，反之，$P(\omega_1\mid x) < P(\omega_2\mid x)$，则把 x 归类于异常状态 ω_2。

2. 基于最小风险的贝叶斯决策

在模式分类的决策中，使错误率达到最小是重要的。但实际上有时需要考虑一个比错误率更为广泛的概念——风险，而风险又是和损失紧密相连的。仍以癌细胞识别为例来说明有关的概念。我们对细胞的分类不仅要考虑到尽可能做出正确的判断，而且还要考虑到做出错误判断时会带来什么后果，诊断中如果把正常细胞判为异常，固然会给患者带来精神上的负担，但是如果本来就是异常情况却错判为正常，就会使早期的癌变患者失去进一步检查的机会，造成严重的后果。显然这两种不同的错误判断所造成损失的严重程度是有显著差别的，后者的损失比前者更严重。最小风险贝叶斯决策正是考虑各种错误造成损失不同而提出的一种决策规则。下面我们用决策论的观点进行讨论。

决策论中称采取的决定为决策或行动，称所有可能采取的各种决策组成的集合为决策空间或行动空间，以 A 表示。而每个决策或行动都将带来一定的损失，它通常是决策和自然状态的函数。可以用决策表来表示以上的关系。一般决策表见表 $11-1$。

表 11 - 1　一般决策损失表

决策	自然状态					
	ω_1	ω_2	$\cdots$	ω_j	$\cdots$	ω_c
α_1	$\lambda(\alpha_1,\omega_1)$	$\lambda(\alpha_1,\omega_2)$	$\cdots$	$\lambda(\alpha_1,\omega_j)$	$\cdots$	$\lambda(\alpha_1,\omega_c)$
α_2	$\lambda(\alpha_2,\omega_1)$	$\lambda(\alpha_2,\omega_2)$	$\cdots$	$\lambda(\alpha_2,\omega_j)$	$\cdots$	$\lambda(\alpha_2,\omega_c)$
$\vdots$	$\vdots$	$\vdots$	$\vdots$	$\vdots$		$\vdots$
α_i	$\lambda(\alpha_i,\omega_1)$	$\lambda(\alpha_i,\omega_2)$	$\cdots$	$\lambda(\alpha_i,\omega_j)$	$\cdots$	$\lambda(\alpha_i,\omega_c)$
$\vdots$	$\vdots$	$\vdots$	$\vdots$	$\vdots$	$\vdots$	$\vdots$
α_a	$\lambda(\alpha_a,\omega_1)$	$\lambda(\alpha_a,\omega_2)$	$\cdots$	$\lambda(\alpha_a,\omega_j)$	$\cdots$	$\lambda(\alpha_a,\omega_c)$

如果将以上概念用数学符号表示，则可设

①观察 x 是 d 维随机向量：

$$x = [x_1,\ x_2,\ \cdots,\ x_d]^{\mathrm{T}}$$

式中，x_1，x_2，$\cdots$，x_d 为一维随机变量。

②状态空间 Ω 由 c 个自然状态（c 类）组成：

$$\Omega = \{\omega_1,\ \omega_2,\ \cdots,\ \omega_c\}$$

③决策空间由 a 个决策 $\alpha_i, i = 1,2,\cdots,a$ 组成

$$A = \{\alpha_1, \ \alpha_2, \ \cdots, \ \alpha_a\}$$

其中，a 和 c 不同是由于除了对 c 个类别有 c 种不同的决策外，还允许采取其他决策，如采取"拒绝"的决策，这时就有 $a = c + 1$。

④损失函数为 $\lambda(\alpha_i, \omega_j)$，$i = 1,2,\cdots,a$；$j = 1,2,\cdots,c$。$\lambda$ 表示当真实状态为 ω_j 而所采取的决策为 α_i 时所带来的损失，这样可以得到一般决策表。

在已知先验概率 $P(\omega_j)$ 及类条件概率密度 $P(x \mid \omega_j), j = 1,2,\cdots,c$ 的条件下进行讨论。

根据贝叶斯公式，后验概率为

$$P(\omega_j \mid x) = \frac{P(x \mid \omega_j)P(\omega_j)}{P(x)} \tag{11-2}$$

式中　$P(x) = \sum_{i=1}^{c} P(x \mid \omega_i)P(\omega_i)$。

由于引入了"损失"的概念，在考虑错判所造成的损失时，就不能只根据后验概率的大小来做决策，而必须考虑所采取的决策是否使损失最小。对于给定的 x，如果采取决策 α_i，从决策表可见，对应于决策 α_i，λ 可以在 c 个 $\lambda(\alpha_i, \omega_j)$，$j = 1,2,\cdots,c$ 值中任取一个，其相应概率为 $P(\omega_j \mid x)$。因此，在采取决策 α_i 情况下的条件期望损失 $R(\alpha_i \mid x)$ 为

$$R(\alpha_i \mid x) = E[\lambda(\alpha_i, \omega_j)] = \sum_{j=1}^{c} \lambda(\alpha_i, \omega_j)P(\omega_j \mid x), \quad i = 1,2,\cdots,a \tag{11-3}$$

在决策论中又把采取决策 α_i 的条件期望损失 $R(\alpha_i \mid x)$ 称为条件风险。由于 x 是随机向量的观察值，对于 x 的不同观察值，采取决策 α_i 时，其条件风险的大小是不同的。所以，究竟采取哪一种决策将随 x 的取值而定。这样决策 α 可以看成随机向量 x 的函数，记为 $\alpha(x)$，它本身也是一个随机变量，可以定义期望风险 R 为

$$R = \int R(\alpha(x) \mid x)P(x)\mathrm{d}x \tag{11-4}$$

式中，$\mathrm{d}x$ 是 d 维特征空间的体积元，积分是在整个特征空间进行的。

期望风险 R 反映对整个特征空间上所有 x 的取值采取相应的决策 $\alpha(x)$ 所带来的平均风险；而条件风险 $R(\alpha_i \mid x)$ 只是反映了对某一 x 的取值采取决策 α_i 所带来的风险。显然要求采取的一系列决策行动 $\alpha(x)$ 使期望风险 R 最小。

在考虑错判带来的损失时，我们希望损失最小。如果在采取每一个决策或行动时，都使其条件风险最小，则对所有的 x 做出决策时，其期望风险也必然最小。这样的决策就是最小风险贝叶斯决策。

最小风险贝叶斯决策规则为

$$\text{如果 } R(\alpha_k \mid x) = \min_{i=1,\cdots a} R(\alpha_i \mid x)，\text{则 } \alpha = \alpha_k$$

对于实际情况来说，最小风险贝叶斯决策可按下列步骤进行：

①在已知 $P(\omega_j)$，$P(x \mid \omega_j), j = 1,2,\cdots,c$ 及给出待识别的 x 的情况下，根据贝叶斯公式计算出后验概率

$$P(\omega_i \mid x) = \frac{P(x \mid \omega_i)P(\omega_i)}{\sum_{j=1}^{2} P(x \mid \omega_j)P(\omega_j)}, \quad j = 1,\cdots,c \tag{11-5}$$

②利用计算出的后验概率及决策表，按式（11-3）计算出采取 α_i , $i = 1,2,\cdots,a$ 的条件风险 $R(\alpha_i \mid x)$

$$R(\alpha_i \mid x) = \sum_{j=1}^{c} \lambda(\alpha_i \mid \omega_j)P(\omega_j \mid x) , \quad i = 1,2,\cdots,a$$

③对上式得到的 a 个条件风险值 $R(\alpha_i \mid x)$, $i = 1,2,\cdots,a$ 进行比较，找出使条件风险最小的决策 α_k , 即

$$R(\alpha_k \mid x) = \min_{i=1,\cdots a} R(\alpha_i \mid x) \tag{11-6}$$

则 α_k 就是最小风险贝叶斯决策。

3. 序贯分类法

前面所讲方法中都认为 d 个特征都同时给出且不考虑获取特征所花的代价。在有些实际问题（如医疗诊断）中，特征的获取要花一定代价，这样除了考虑错分会造成损失外，还应考虑获取特征所花的代价。可能会有这样的情况，获取了 k 个特征（$k<d$）后就做判决分类更为合理。这是因为其余 $d-k$ 个特征的加入使分类错误降低而造成的代价的减少补偿不了获取这些特征所花费的代价。

解决上述问题的方法可用序贯分类方法，就是先用一部分特征来分类，逐步加入特征以减少分类损失。而每步都要衡量加入新特征所花代价与所降低分类损失的大小，以便决定是继续再加新特征还是停止。为此，可以分别计算停止损失 ρ_s 和继续损失 ρ_c 并加以比较。

设观测了 k 个特征得到取值分别为 $x_1 = \xi_1, x_2 = \xi_2,\cdots,x_k = \xi_k$ 就做决策，停止损失是：

$$\rho_s(\xi_1,\cdots,\xi_k) = \min_{i=1,\cdots,c} \sum_{j=1}^{c} \lambda(\alpha_i,\omega_j)P(\omega_j \mid \xi_1,\xi_2,\cdots,\xi_k) \tag{11-7}$$

如果观测第 $k+1$ 个特征所需要的代价是 $g(k+1)$, 而条件 $x_1 = \xi_1, x_2 = \xi_2,\cdots,x_k = \xi_k$ 下第 $k+1$ 步的最小代价的期望值为

$$\int \rho_{\min}(\xi_1,\xi_2,\cdots,\xi_k,\xi_{k+1})p(x_{k+1} \mid \xi_1,\xi_2,\cdots,\xi_k)\mathrm{d}x_{k+1} \tag{11-8}$$

则在第 k 步的继续损失为

$$\rho_c(\xi_1,\xi_2,\cdots,\xi_k) = g_{k+1} + \int \rho_{\min}(\xi_1,\xi_2,\cdots,\xi_k,\xi_{k+1})p(x_{k+1} \mid \xi_1,\xi_2,\cdots,\xi_k)\mathrm{d}x_{k+1}$$

$$\tag{11-9}$$

这里第 k 步的最小代价 $\rho_{\min}$ 由式（11-10）定义

$$\rho_{\min}(\xi_1,\xi_2,\cdots,\xi_k) = \min\{\rho_s(\xi_1,\xi_2,\cdots,\xi_k),\rho_c(\xi_1,\xi_2,\cdots,\xi_k)\} \tag{11-10}$$

由此可得

$$\rho_{\min}(\xi_1,\xi_2,\cdots,\xi_k) =$$

$$\min \begin{cases} \rho_c(\xi_1,\xi_2,\cdots,\xi_k) = g_{k+1} + \int \rho_{\min}(\xi_1,\xi_2,\cdots,\xi_k,\xi_{k+1})p(x_{k+1} \mid \xi_1,\xi_2,\cdots,\xi_k)\mathrm{d}x_{k+1} \\ \min_{i=1,\cdots,c} \sum_{j=1}^{c} \lambda(\alpha_i,\omega_j)P(\omega_j \mid \xi_1,\xi_2,\cdots,\xi_k) \end{cases}$$

$$\tag{11-11}$$

显然，为了计算 $\rho_{\min}(\xi_1,\xi_2,\cdots,\xi_k)$, 必须计算第 $k+1$ 步的最小损失，依此类推，直到首先求出

$$\rho_s(\xi_1,\cdots,\xi_k,x_{k+1},\cdots,x_d) = \min_{i=1,\cdots,c}\sum_{j=1}^{c}\lambda(\alpha_i,\omega_j)P(\omega_j\mid\xi_1,\xi_2,\cdots,\xi_k,x_{k+1},\cdots,x_d)$$

才能得到第 k 步的最小损失，当停止损失等于最小损失时，就做出分类决策。

很容易看到这种方法的计算量和存储容量都要求很大，因此发展了一系列次优的序贯方法，其主要的假定是在第 k 步做决策时只要考虑到 $k+v$ 步，即决策一定停止在第 k 步和第 $k+v$ 步之间，例如可以取 v 等于 2，这就大大减少了计算工作量。

11. 3. 2　句法结构模式识别

统计模式识别用模式特性的一组测量值来组成特征向量，用决策理论划分特征空间来进行分类识别。句法模式识别采用模式的结构信息和形式语言中的规则对对象进行分类识别。如果所给出的模式或待识别样本可以表示成前后有关联的符号串（或前后、上下有关联的"树状"符号单元组合等），便可以用句法方法来做识别。

对于句法模式识别来说，可以将模式用多层或树状结构信息来描述，也就是说，一个模式可以用较简单的子模式来描述，依此类推，直到得到最简单的子模式，这种子模式称为"基本元素"，简称"基元"。

在句法模式识别中，模式由语言中的句子来表示，而语言由文法来定义。有时把用一组模式基元及其组合关系来提供模式结构描述的语言称为"模式描述语言"。支配基元组合成模式的规则称为"模式文法"。模式的结构信息的另一种表示方法是"关系图"，其节点代表子模式，分支代表子模式之间的关系。下面对文法和语言的定义做一简要介绍。

定义 1：文法是个四元组 $G = (V_N, V_T, P, S)$ ，其中

① V_N 是非终止符的有限集。

② V_T 是终止符的有限集，它和 V_N 不相交。

③ P 是 $(V_N\cup V_T)^*V_N(V_N\cup V_T)^*\times(V_N\cup V_T)^*$ 的有限子集。其中，$(V_N\cup V_T)^*$ 表示在 $(V_N\cup V_T)^*$ 上包含所有字符串的集合。P 中的元素 (α,β) 可以写成 $\alpha\to\beta$ ，称为产生式。

④ S 是 V_N 中的一个显式符号，称为起始符。

定义 2：由文法 G 生成的语言用 $L(G)$ 来表示，它是由 G 生成的句子的集合。从而有

$$L(G) = \{x\mid x\in V_T^*, 且\ S\overset{*}{\Rightarrow}x\} \tag{11-12}$$

其中，$\Rightarrow$ 符在 $(V_N\cup V_T)^*$ 上定义为：如果 $\alpha\beta\gamma$ 在 $(V_N\cup V_T)^*$ 之中，且 $\beta\to\delta$ 是 P 中的一条产生式，则有 $\alpha\beta\gamma\Rightarrow\alpha\delta\gamma$ 。而 $\overset{*}{\Rightarrow}$ 表示 $\Rightarrow$ 的自反和传递的闭包。

若 P 中所有生成式的形状为 $A\to\alpha$ ，则文法 G 是上下文无关的文法，这里 A 在 V_N 中，而 α 在 $(V_N\cup V_T)^*$ 中。由上下文无关文法产生的语言称为上下文无关语言。

由于模式基元是模式的基本分量，假定它们是易于识别的。但是，在某些实际应用中情况不一定如此。例如，笔画被认为是描述手写体字的好基元，但是笔画不容易被机器所抽取。在选择模式基元时，常常要求在它的容易识别性和可用于作为模式的基本部分这二者之间折中。

目前对基元选择问题没有一般解。对于线状模式以及用边界或笔画来描述的模式，常常采用线段作为基元。表征基元的信息可以认为是与它有关的语义信息或用来进行基元识别的

特征。通过对模式的结构描述和语义的说明，可以确定子模式或模式本身的语义信息。对于用区域来描述的模式，建议用半平面作为基元。形状和纹理度量常常用于区域的描述。

在选定基元之后，下一步就是构成文法，该文法将产生用来描述所研究模式的语言。如果所选基元很简单，可能必须采用更复杂的文法来进行模式描述。反之，用复杂的基元可能只需相当简单的文法即可进行模式识别。设计句法模式识别系统时，考虑基元复杂性和模式文法复杂性之间的相互影响是十分重要的。许多专用的模式描述文法已经广泛应用于各类模式识别系统，下面论述几种常用的模式文法。

1. 树状文法

定义 3：令 $\mathbf{N}^+$ 是严格的正整数集，设 U 是总体树域（具有由 $\mathbf{N}^+$ 产生的恒等元素 "0" 和二元运算符 "·" 的自由半群）。

定义 4：一个有阶的字母表是一个对 $\langle \Sigma, r \rangle$，其中 Σ 是符号的有限集，而

$$r : \Sigma \to N = \mathbf{N}^+ \cup \{0\} \tag{11-13}$$

对于 $a \in \Sigma$，$r(a)$ 称为 a 的阶。设 $\Sigma_N = r^{-1}(n)$。

定义 5：一棵在 Σ 上定义的树是一个函数 $\alpha : D \to \Sigma$，D 是一个树域，而

$$r[\alpha(a)] = \max\{i \mid a \cdot i \in D\} \tag{11-14}$$

树 α 的域用 $D(\alpha)$ 来表示。令 T_Σ 表示 Σ 上所有树的集合。

定义 6：设 α 是一棵树，a 是 $D(\alpha)$ 的一个成员；α 在 a 上的子树 α/a 定义为

$$\alpha/a = \{(b,x) \mid (a \cdot b)x \in \alpha\} \tag{11-15}$$

定义 7：在 $< V_T, r' >$ 上的规则树文法是一个四元组

$$G_t = (V, r', P, S) \tag{11-16}$$

它满足下列条件：

① $< V, r' >$ 是一个有限的有阶字母表，包括 $V_T \subseteq V$，以及 $r'/V_T = r$；$V - V_T = V_N$ 为非终止符集。

② P 是形式如 $\phi \to \psi$ 的生成式的有限集，其中 ϕ, ψ 是 $< V, r' >$ 上的树。

③ S 是 T_V 的一个有限子集，其中，T_V 是字母表 V 上的树的集。

定义 8：$\alpha \overset{a}{\Rightarrow} \beta$ 在 G_t 中，当且仅当在 P 中存在一个生成式 $\phi \to \psi$，使得 ϕ 是 α 在 a 上的一棵子树，用 ψ 代替在 a 处的 ϕ，所得到的是 β。在 G_t 中有 $\alpha \Rightarrow \beta$，当且仅当存在一个 $a \in D(\alpha)$ 时，使得 $\alpha \overset{a}{\Rightarrow} \beta$。

定义 9：$\alpha \overset{a}{\Rightarrow} \beta$ 在 G_t 中，当且仅当存在 $\alpha_0, \alpha_1, \cdots, \alpha_m (m > 0)$ 时，使得 $\alpha = \alpha_0 \Rightarrow \alpha_1 \Rightarrow \cdots \Rightarrow \alpha_m = \beta$ 在 G_t 中。序列 $\alpha_0, \alpha_1, \cdots, \alpha_m$ 称为从 α 到 β 的导出或演绎，m 是演绎的长度。

定义 10：$L(G_t) = \{\alpha \in T_{VT} \mid$ 存在 $Y \in S$ 使 $Y \overset{*}{\Rightarrow} \alpha$ 在 G_t 中$\}$ 称为由 G_t 产生的语言。

2. 网状文法

网状文法是二维文法中的一种。由一个网状文法所产生的句子是在节点上带有符号的有向图。

定义 11：一个网状文法 G 是一个四元组

$$G = (V_N, V_T, P, S) \tag{11-17}$$

式中　V_N ——非终止符集；

　　　V_T ——终止符集；

S——一个"初始"网集；

P——网状产生式或重写规则的集。

一个网状产生式定义为 $\alpha \rightarrow \beta, E$，其中 α 和 β 是网，而 E 是 β 的一个嵌套结构。如果想用另外的子网 β 来代替网 ω 中的 α，就需要规定怎样把 β 嵌入到 ω 中以代换 α，嵌套的定义必须与网 ω 无关，因为我们打算在包含 α 作为子网的任何网中都能够用 β 来代换 α。一般来说，E 由一个逻辑函数的集合组成，这些函数规定 $\omega \rightarrow \alpha$ 的每个节点是否连接到 β 的每个节点。

从概念上说，最简单形式的识别是"模板匹配"。描述输入模式的句子和代表每个原型或参考模式的句子进行匹配。基于所选定的"匹配"准则或"相似性"准则，输入模式被分入和输入最相匹配的原型所在的模式。如果在识别时要求有完整的模式描述，必须进行剖析或句法分析。

目前，有许多适用于上下文无关语言的剖析算法，这里简单介绍 Earley 剖析算法。

输入：上下文无关文法 $G = (N, \Sigma, P, S)$ 以及输入串

$$x = a_1, a_2, \cdots, a_n$$

输出：剖析表 $I_0, I_1, \cdots, I_n$。

步骤如下：

（1）构造 I_0

①如果 P 中有 $S \rightarrow \alpha$，则把项目 $[S \rightarrow \cdot \alpha, 0]$ 加进 I_0 中。执行步骤②和③直到没有新的项可以加入 I_0 中为止。

②如果在 I_0 中有 $[B \rightarrow \gamma \cdot, 0]$，则对所有 $[A \rightarrow \alpha \cdot B\beta, 0]$，把 $[A \rightarrow \alpha B \cdot \beta, 0]$ 加到 I_0 中。

③假定 $[A \rightarrow \alpha \cdot B\beta, 0]$ 是 I_0 中一个项目，对 P 中所有形如 $B \rightarrow \gamma$ 的产生式，把项目 $[B \rightarrow \cdot \gamma, 0]$ 加到 I_0 中，倘若本项目原来不在 I_0 中。

（2）根据 $I_0, I_i, \cdots, I_{j-1}$ 构造 I_j

①对于每个在 I_{j-1} 中的 $[B \rightarrow \alpha \cdot a\beta, i]$，$a = aj$，把项目 $[B \rightarrow \alpha a \cdot \beta, i]$ 加到 I_j 中，执行步骤②和③直到没有可增加的新项目为止。

②设 $[A \rightarrow \alpha \cdot, i]$ 为 I_j 中的项目。在 I_i 中寻找形如 $[B \rightarrow \alpha \cdot A\beta, k]$ 的项目，对找到的每一项，把项目 $[B \rightarrow \alpha \cdot A\beta, k]$ 加到 I_j 中。

③设 $[A \rightarrow \alpha \cdot B\beta, i]$ 为 I_j 中的项目。对于 P 中的所有 $B \rightarrow \gamma$，把 $[B \rightarrow \gamma, j]$ 加到 I_j 中。

一般而言，为了识别而进行的剖析过程是非确定性的，所以效率低下。通过使用特殊类型的语言，如有限状态语言和确定性的语言来描述模式，可以提高剖析的效率。近来，已经构造出专门的剖析器，它采用序贯过程或其他启发式方法来提高句法模式识别的效率。

11.3.3　神经网络模式识别

人工神经网络是在现代神经科学研究成果的基础上提出的，用非常简单的计算 – 处理单元（即神经元）进行互联构成的非线性网络系统，具有学习、记忆、计算能力以及各种智能处理能力，在不同程度上模拟人脑神经系统的信息处理、存储、检索功能，反映了人脑功能的基本特征。网络的信息处理由神经元之间的相互作用来实现；知识与信息的存储表现为网络互联元件间分布式的物理联系；网络学习识别则取决于各神经元连接权系数的动态演化过程。它的主要特征是连续时间非线性动力学特征，而实际上它是一个超大规模非线性连续

时间自适应信息处理系统。目前，人工神经网络已在模式识别、智能控制、非线性优化、自动目标识别、语音识别以及信号处理等方面取得了巨大成绩。神经网络的基本处理单元是人工神经元，人工神经元的基本结构如图 11 - 5 所示。

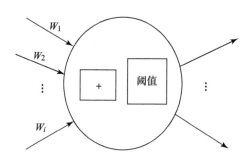

图 11 - 5　人工神经元的基本结构

图 11 - 5 中，W_i（$i = 1, 2, \cdots$）是输入端的连接权值；输入乘以权值，然后相加，把所有的总和与阈值电平相比。当总和高于阈值时，输出 1；当总和低于阈值时，输出 0。

人工神经网络的数学描述如下。

本神经元的输入为

$$\sum_{i=1}^{n} W_i X_i$$

处理单元的输出为

$$y = f\left(\sum_{i=1}^{n} \omega_i x_i - \theta\right)$$

f 为神经元的激发函数或功能函数。所有神经元可以在没有外部同步信号作用的情况下执行大容量的并行运算。

激发函数一般具有非线性特征，常用神经网络输入/输出特性有三种：阈值型、分段线性型、Sigmoid 型，分别如图 11 - 6 所示。

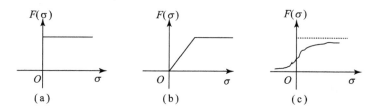

图 11 - 6　常用神经网络输入输出特性

(a) 阈值型；(b) 分段线性型；(c) Sigmoid 型

神经网络的学习规则主要有无导师学习和有导师学习。前一种的学习过程是通过不断给系统提供动态输入信息流，以便使网络的各个单元成为具有不同输入特性的特征检测器，从而将事件空间分为有用的多个区域；后一种方法在学习时先给网络提供一个输入模式，然后通过网络对期望输出的最佳估计响应由导师给出正确的模式，这种方法更接近大脑的工作特点，训练速度较慢，但识别率较高。

人工神经网络中最著名的是以自适应信号处理理论为基础发展起来的前向多层神经网络及其逆推学习（BP）算法。BP 网络是一种多层映射网络，它采用最小均方差的学习方式，反向传播算法。由于它可以解决感知机学习算法不能解决的某些问题，而且网络的学习可以收敛，所以获得广泛应用。BP 网络不仅有输入节点和输出节点，而且还有一层或多层隐节点。输入信号先向前传递到隐节点，经过作用后，再把隐节点的输出信息传递到输出节点，最后给出输出结果。节点的激发函数一般选用 Sigmoid 型函数。BP 算法的学习过程由正向传播和反向传播组成。在正向传播过程中，输入信息从输入层经隐层逐层处理后，传至输出层。每一层神经元的状态只影响下一层神经元的状态。如果在输出层得不到期望输出，那么就转为反向传播，把误差信号沿原连接途径返回，并通过修改各层神经元的权值，使误差信号最小。图 11 - 7 所示为典型的 BP 网络结构。

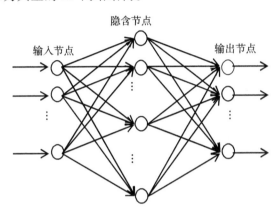

图 11 - 7　典型的 BP 网络结构

BP 网络使用了优化中的梯度下降法，把学习、记忆问题用迭代求解权等价，利用加入隐节点使优化问题的可调参数增加，从而可以得到更精确的解。BP 网络中隐节点数目的选取，目前主要依据经验进行，一般在输入节点不多的情况下，隐节点数为输入节点数的 3 ~ 5 倍。BP 网络一个突出的缺点是存在局部最小点和训练时间较长。

BP 学习算法如下。

步骤 1：将全部权值与节点的阈值预置为一个小的随机值。

步骤 2：加载输入和输出。

在 n 个输入节点上加载一 n 维输入向量 X，并指定每一输出节点的期望值 t_i。若该网络用于实现 m 种模式的分类器，则除了表征与输入相对应模式类的输出节点期望值为 1 以外，其余输出节点的期望值均应指定为 0。每次训练可从样本集中选取新的同类或不同类样本，直到权值对各类样本均达到稳定。实际上，为了保证好的分类效果，准备足够数量的各类样本常常是必要的。

步骤 3：计算实际输出 $y_1, y_2, \cdots, y_m$。

现在是假设将 m 类模式分类，所以应按 Sigmoid 型函数，即 $f(x) = \dfrac{1}{1 + e^{-(x-\theta)}}$（其中 θ 为阈值），计算各输出节点 $i(i = 1, 2, \cdots, m)$ 的实际输出 y_i。

步骤 4：修正权值。

权值修正是采用最小均方联想机的算法思想，其过程是从输出节点开始，反向地向第一隐含层传播由总误差诱发的权值修正，这就是"反向传播"的由来。下一时刻的互连权值 $W_{ij}(t + 1)$ 由式（11 - 18）给出

$$W_{ij}(t + 1) = W_{ij}(t) + \eta \delta_j x_i'　　　　　　(11 - 18)$$

式中　j——本结点的序号；

　　　i——隐含层或输入层节点的序号；

　　　x_i'——或者是节点 i 的输出或者是外部输入；

　　　η——增益项；

　　　δ_j——误差项，其取值有两种情况：

①若 j 为输出节点，则

$$\delta_j = y_j(1 - y_j)(t_j - y_j) \tag{11-19}$$

式中　t_j——输出节点 j 的期望值；

　　　y_j——该节点的实际输出值。

②若 j 为内部隐含节点，则

$$\delta_j = x_j'(1 - x_j') \sum_k \delta_k W_{jk} \tag{11-20}$$

式中　k——j 节点所在层之上各层的全部节点。

内部节点的阈值以相似的方式修正，即把它们设想为从辅助的恒定值输入所得到的互连权。

此外，若加入动量项，则往往能使收敛加快，并使权值的变化平滑。这时 $W_{ij}(t+1)$ 由式（11-21）给出

$$W_{ij}(t+1) = W_{ij}(t) + \eta\delta_j x'_i + \alpha\big[W_{ij}(t) - W_{ij}(t-1) \big] \tag{11-21}$$

其中，$0 < \alpha < 1$。

步骤5：在达到预定误差精度或循环次数后退出，否则转到步骤2重复以上过程。

11.3.4　模糊模式识别

模糊模式识别理论是由 Zadeh 在 1965 年提出的。它是对一类客观事物和性质更合理的抽象和描述，是传统集合理论的必然推广。所谓的模糊，是指事物的性态或类属不分明，其根源是事物之间存在过渡性的事物或状态，使它们之间没有明确的分界线。要了解模糊的概念，必须区分普通集合和模糊集合的不同。

集合是数学的一个基本概念，它是近代数学的基础。我们在研究具体问题时，常将研究对象限定在某一范围之内，这个范围称为"论域"，论域中的各个事物称为论域中的元素。由此可以给出集合的定义。

定义1：给定论域 U 及某一性质 P，U 中具有性质 P 的元素的全体称为一个集合，简称集，记为

$$A = \{x \mid P(x)\} \tag{11-22}$$

式中　$P(x)$——x 具有性质 P。

在普通集合中，一个元素要么属于一个集合，要么不属于这个集合，二者必居其一。如果 x 属于 A，记为 $x \in A$，否则，记为 $x \notin A$。一个集合可以用特征函数来表征。记 A 是论域 U 上的一个集合，它由映射 $C_A : u \to \{0,1\}$ 唯一确定。对 $\forall x \in U$，令特征函数

$$C_A(x) = \begin{cases} 1, & x \in A \\ 0, & x \notin A \end{cases} \tag{11-23}$$

$C_A(x)$ 在 x_0 处的取值 $C_A(x_0)$ 称为 $x_0 \in U$ 对 A 的隶属度。

任意集合 A 都有唯一的一个特征函数，同时任一特征函数都唯一地确定一个集合 A，集合 A 可由它的特征函数 $C_A(x)$ 唯一确定，A 是由隶属度等于 1 的元素组成的。显然，这里元素的归属是明确的。如果将普通集合论里特征函数的取值范围由集合 $\{0,1\}$ 推广到闭区间 $[0，1]$，就可引出模糊集的定义。

定义 2：相对论域 U 上的一个集合 A，对于任意 $x \in U$，都指定了一个数 $\mu_A(x) \in [0，1]$ 用以表示 x 属于 A 的程度，即有映射

$$\mu_A(x):U \to [0,1]$$
$$x \to \mu_A(x) \tag{11-24}$$

由 $\mu_A(x)$ 所确定的集合 A 称为 U 上的一个模糊（子）集，$\mu_A(x)$ 称为 A 的隶属函数，对某一 $x \in U$，$\mu_A(x)$ 称为 x 对 A 的隶属度。

上述定义表明，一个模糊集完全由其隶属函数刻画，隶属函数 $\mu_A(x)$ 唯一地确定一个模糊集。$\mu_A(x)$ 的值越接近 1，表示 x 属于 A 的程度越高；$\mu_A(x)$ 的值越接近于 0，表示 x 属于 A 的程度越低。

模糊集有几种表示方法，一般可表示为

$$A = \{(x,\mu_A(x)),x \in U\} \tag{11-25}$$

如果 U 是可数有限集，A 可表示为

$$A = \sum_i \mu_A(x_i)/x_i \quad x_i \in U \tag{11-26}$$

或将 A 表示为模糊矢量形式，设论域有 n 个元素 $x_1,x_2,\cdots,x_n$，它们的次序已确定，则有

$$A = \{\mu_A(x_1),\mu_A(x_2),\cdots,\mu_A(x_n)\} \tag{11-27}$$

若 U 是无限不可数集，则可表示为

$$A = \int_U \mu_A(x)/x \tag{11-28}$$

需要注意的是，这里的 $\sum\limits_i$ 和 $\int\limits_U$ 并不是求和与积分，而是各个元素与隶属函数对应关系的一个总括，表示各元素的并。

与确定集一样，具有共同论语的模糊集也可以定义相等、包含以及集合运算，下面是几种典型的模糊集的运算。

（1）相等

设 $A,B \in F(U)$，当且仅当 $\forall x \in U$，有 $\mu_A(x) \geq \mu_B(x)$，则称 A 和 B 相等，记为 $A = B$。

（2）包含

设 $A,B \in F(U)$，若对于 $\forall x \in U$，都有 $\mu_A(x) \geq \mu_B(x)$ 成立，则称 A 包含 B，或者称 B 是 A 的子集，记为 $A \supseteq B$。

（3）并

设 $A,B \in F(U)$，A 和 B 的并集仍是一模糊集，记为 $A \cup B$，它的隶属函数为

$$\mu_{A \cup B}(x) = \max[\mu_A(x),\mu_B(x)] = \mu_A(x) \bigvee \mu_B(x)$$

（4）交

设 $A,B \in F(U)$，A 和 B 的交集记为 $A \cap B$，它的隶属函数为

$$\mu_{A \cup B}(x) = \min[\mu_A(x), \mu_B(x)] = \mu_A(x) \wedge \mu_B(x)$$

（5）补

设 $A \in F(U)$，模糊集 A 的补集 A^c 的隶属函数为

$$\mu_{A^c}(x) = 1 - \mu_A(x)$$

模糊集合隶属函数的确定，无论是理论上还是实践上都是非常重要的。隶属函数的确定通常有以下几种方法：专家确定法、借用已有的客观尺度、统计法、对比排序法和综合加权法等。下面给出一些常用的隶属函数。

1. 矩形分布

（1）偏小型

$$\mu_A(x) = \begin{cases} 1 & 0 \leqslant x \leqslant a \\ 0 & x > a \end{cases}$$

（2）偏大型

$$\mu_A(x) = \begin{cases} 0 & x < a \\ 1 & x \geqslant a \end{cases}$$

（3）中间型

$$\mu_A(x) = \begin{cases} 0 & x < a \\ 1 & a \leqslant x \leqslant b \\ 0 & x > b \end{cases}$$

2. 梯形分布

（1）偏小型

$$\mu_A(x) = \begin{cases} 1 & 0 \leqslant x < a \\ \dfrac{b-x}{b-a} & a \leqslant x \leqslant b \\ 0 & x > b \end{cases}$$

（2）偏大型

$$\mu_A(x) = \begin{cases} 0 & x < a \\ \dfrac{x-a}{b-a} & a \leqslant x < b \\ 1 & x \geqslant b \end{cases}$$

（3）中间型

$$\mu_A(x) = \begin{cases} 0 & x < a \\ \dfrac{x-a}{b-a} & a \leqslant x < b \\ 1 & b \leqslant x < c \\ \dfrac{d-x}{d-c} & c \leqslant x < d \\ 0 & x \geqslant d \end{cases}$$

3. K 次梯形分布

（1）偏小型

$$\mu_A(x) = \begin{cases} 1 & 0 \leqslant x < a \\ \left(\dfrac{b-x}{b-a}\right)^k & a \leqslant x < b \\ 0 & x \geqslant b \end{cases}$$

（2）偏大型

$$\mu_A(x) = \begin{cases} 0 & x < a \\ \left(\dfrac{x-a}{b-a}\right)^k & a \leqslant x < b \\ 1 & x \geqslant b \end{cases}$$

（3）中间型

$$\mu_A(x) = \begin{cases} 0 & x < a \\ \left(\dfrac{x-a}{b-a}\right)^k & a \leqslant x < b \\ 1 & b \leqslant x < c \\ \left(\dfrac{d-x}{d-c}\right)^k & c \leqslant x < d \\ 0 & x \geqslant d \end{cases}$$

4. Γ 型分布

（1）偏小型

$$\mu_A(x) = \begin{cases} 1 & 0 \leqslant x < a \\ \mathrm{e}^{-k(x-a)} & x \geqslant a(k > 0) \end{cases}$$

（2）偏大型

$$\mu_A(x) = \begin{cases} 0 & x < a \\ 1 - \mathrm{e}^{-k(x-a)} & x \geqslant a(k > 0) \end{cases}$$

（3）中间型

$$\mu_A(x) = \begin{cases} \mathrm{e}^{k(x-a)} & x < a \\ 1 & a \leqslant x \leqslant b(k > 0) \\ \mathrm{e}^{-k(x-b)} & x > b \end{cases}$$

5. 正态分布

（1）偏小型

$$\mu_A(x) = \begin{cases} 1 & 0 \leqslant x \leqslant a \\ \mathrm{e}^{-\left(\frac{x-a}{\sigma}\right)^2} & x > a \end{cases}$$

（2）偏大型

$$\mu_A(x) = \begin{cases} 0 & x < a \\ 1 - \mathrm{e}^{-\left(\frac{x-a}{\sigma}\right)^2} & x \geqslant a \end{cases}$$

（3）中间型

$$\mu_A(x) = \begin{cases} \mathrm{e}^{-\left(\frac{x-a}{\sigma}\right)^2} & x < a \\ 1 & a \leqslant x \leqslant b \\ \mathrm{e}^{-\left(\frac{x-a}{\sigma}\right)^2} & x > b \end{cases}$$

6. 哥西分布

（1）偏小型

$$\mu_A(x) = \begin{cases} 1 & 0 \leqslant x \leqslant a \\ \dfrac{1}{1 + \alpha(x-a)^\beta} & x > a(\alpha > 0, \beta > 0) \end{cases}$$

（2）偏大型

$$\mu_A(x) = \begin{cases} 0 & x < a \\ \dfrac{1}{1 - \alpha(x-a)^{-\beta}} & x \geqslant a(\alpha > 0, \beta > 0) \end{cases}$$

（3）中间型

$$\mu_A(x) = \frac{1}{1 + \alpha(x-a)^\beta} (\alpha > 0, \beta \text{ 正偶数})$$

模糊模式识别方法是利用模糊数学中的概念、原理与方法解决分类识别问题。下面介绍几种常用的模糊模式识别方法。

1. 最大隶属度原则方法

设 $A_i(i = 1, 2, \cdots, c)$ 是论域 U 上的模糊集，这里每个模糊集 A_i 表示一个模糊模式类 ω_i。论域中的各个元素 x 对每个 A_i 都有隶属度 $\mu_{A_i}(x)$。如果对于给定的 $x_i \in U$，有

$$\mu_{A_k}(x_j) = \max_i [\mu_{A_i}(x_j)] \tag{11-29}$$

则可以判定 $x_j \in A_k$，即判定 x_j 属于 ω_k 类。

为了能够运用最大隶属度原则，对于一个分类识别问题，可做如下处理。几个特征的值域分别作为论域，在其上定义若干有意义的类别属性，将它们作为模糊集，构造有关特征（值）关于这些属性的隶属函数，各类模糊集是属性模糊集的某些"运算"，即各类别的隶属函数是属性隶属函数的某种"综合"。对于一个待识别模式，将其各特征值代入各类隶属函数，运用最大隶属度原则进行分类。

2. 择近原则方法

择近原则涉及贴近度。贴近度用于表征模糊集之间彼此接近的程度，可定义如下：

定义 3：$F(U)$ 上的贴近度 ρ 是如下映射

$$\rho: F(U) \times F(U) \to [0, 1] \tag{11-30}$$
$$(A, B) \to \rho(A, B)$$

ρ 应满足：

①当 $A = B$ 时，$\rho(A, B)$ 取最大值 1；

②当 $A = U$，$B = \varnothing$ 时，$\rho(A, B)$ 取最小值 0；

③对任意 $A, B \in F(U)$，有 $\rho(A, B) = \rho(B, A)$；

④对任意 $A, B, C \in F(U)$，若 $A \subseteq B \subseteq C$ 或 $A \supseteq B \supseteq C$，均有 $\rho(A, B) \geqslant \rho(A, C)$。

为了能构造满足上述公理化的贴近度计算公式，必须先引入模糊集的内积和外积的概念。

对于有限论域 $U = \{x_1, x_2, \cdots, x_n\}$，各元素相对模糊集 A 和 B 的隶属度分别表示成矢量形式：$(\mu_A(x_1), \mu_A(x_2), \cdots, \mu_A(x_n)')$、$(\mu_B(x_1), \mu_B(x_2), \cdots, \mu_B(x_n)')$。类似于代数学的矢量内集，我们定义模糊集的内积，在这里将"加"和"乘"改为"取大"和"取小"，并且

可以推广到无限论域 U。连续的和离散的 A 和 B 的内积分别定义为

$$A \otimes B = \bigvee_{x \in U} (\mu_A(x) \wedge \mu_B(x))$$

$$A \otimes B = \bigvee_{i=1}^{n} (\mu_A(x_i) \wedge \mu_B(x_i))$$

内积的对偶运算为外积。A 和 B 的外积分别定义为

$$A \times B = \bigwedge_{x \in U} (\mu_A(x) \vee \mu_B(x))$$

$$A \times B = \bigwedge_{i=1}^{n} (\mu_A(x_i) \vee \mu_B(x_i))$$

模糊集的内积和外积有如下重要性质：

① $(A \otimes B)^c = A^c \times B^c$，$(A \times B)^c = A^c \otimes B^c$（ $\alpha \in [0,1]$，$\alpha^c = 1 - \alpha$ ）

② $A \otimes A^c \leqslant \dfrac{1}{2}$，　$A \times A^c \geqslant \dfrac{1}{2}$

③ $(A \cup B) \otimes C = (A \otimes C) \vee (B \otimes C)$

$(A \cap B) \times C = (A \times C) \wedge (B \times C)$

④ $A \subseteq B \rightarrow A \otimes C \leqslant B \otimes C$，　$A \times C \leqslant B \times C$

⑤ $\lambda \in [0,1]$，　$(\lambda A) \otimes B = \lambda \wedge (A \otimes B) = A \otimes (\lambda B)$

由模糊集的内积和外积的定义和性质可知，A、B 越贴近，则 $A \otimes B$ 越大，而 $A \times B$ 越小，即 $(A \times B)^c$ 越大，因此可以用它们来刻画贴近度。

定义 4：设 $A, B \in F(U)$，则称

$$\rho(A,B) = (A \otimes B) \wedge (A \times B)^c \tag{11-31}$$

为 A，B 的格贴近度。

还可以利用距离的概念定义贴近度，设 $U = \{x_1, x_2, \cdots, x_n\}$，或 $U = [a,b]$ 为实数域中的闭区间，令

$$d(A,B) = \Big[\sum_{i=1}^{n} \mid \mu_A(x_i) - \mu_B(x_i) \mid^m \Big]^{1/m}$$

$$d(A,B) = \Big[\int_a^b \mid \mu_A(x) - \mu_B(x) \mid^m \mathrm{d}x \Big]^{1/m}$$

则可定义贴近度

$$\rho(A,B) = 1 - c[d(A,B)]^{\alpha} \tag{11-32}$$

式中，α、c 为需要选择的参数。参数不同，所得的贴近度也不同，下面介绍两种常用的距离贴近度。

（1）欧氏贴近度

$$\rho(A,B) = 1 - \frac{1}{\sqrt{n}} \Big[\sum_{i=1}^{n} \mid \mu_A(x_i) - \mu_B(x_i) \mid^2 \Big]^{1/2}$$

$$\rho(A,B) = \frac{1 - \Big[\int_a^b \mid \mu_A(x) - \mu_B(x) \mid^2 \mathrm{d}x \Big]^{1/2}}{\sqrt{b-a}}$$

（2）海明贴近度

$$\rho(A,B) = 1 - \frac{1}{n} \sum_{i=1}^{n} \mid \mu_A(x_i) - \mu_B(x_i) \mid$$

$$\rho(A,B) = 1 - \frac{1}{b-a}\int_a^b |\mu_A(x) - \mu_B(x)|\, dx$$

当理解了贴近度的概念，就可以利用它及则近原则进行模式识别。设 A_i（$i=1, 2, \cdots, c$）是论域 U 上的 c 个模糊集，待识别对象 B 也是 U 上的模糊集，如果 $\rho(B, A_k) = \max\limits_i [\rho(B, A_i)]$，则称 B 与 A_k 最贴近，可以将 B 和 A_k 归于一个模糊集。为了能运用贴近度进行分类，通常模糊集用隶属函数表示，对有限论域，模糊集实际上是用模糊矢量表示，每个分量是各元素对该模糊集的隶属度，待分类的对象也用模糊矢量表示。下面给出两种实现方法。

①目标特征为论域，各特征为论域中的元素。各类或所有已知类别的模式和待识别模式看作模糊集，它们的各特征值归一化后作为隶属函数，从而产生各类与待识别模式的模糊矢量。

②这种途径通常用于待识别对象属于同一类的若干模式的情况。所有各类的个体作为论域中的元素，它们相对某一特征 i 具有归一化的特征值，由于各类个体在特征 i 上的表现是模糊的，可用其特征值作为关于特征 i 的模糊集的隶属度，从而可得 ω_j（$j=1, 2, \cdots, c$）类中元素相对特征 i 所拟作的模糊集 A_{ij} 的隶属函数 $\mu_{ij}(x)$。由已知来自同一类的待识别模式对特征 i 的归一化特征值，也可得到它的关于特征 i 的模糊集 A^i 的隶属函数，进而可算得 A^i 和 A_{ij}（$j=1, 2, \cdots, c$）的贴近度 $\rho(A^i, A_{ij})$。然后对各特征的信息综合起来，可以用"取最小"法，也可以用加权和

$$\rho(A,A_j) = \sum_{i=1}^n \alpha_i \rho(A^i, A_{ij})$$

式中，n 为特征数目；$\sum\limits_i \alpha_i = 1$。

若 $\rho(A, A_k) = \max\limits_i [\rho(A, A_j)]$，则待识别模式更贴近 ω_k 类。

3. 模糊 C-均值算法

令 $X = \{x_1, x_2, \cdots, x_n\}$，欲将这 N 个 n 维特征矢量 x_j（$j=1, 2, \cdots, N$）分成 c 类，分类结果用分划矩阵 $U = (u_{ij})_{c \times N}$ 表示。这个矩阵的阵元 u_{ij} 表示目标 x_j 属于 ω_i 类的程度或资格，因此 U 也称为隶属度矩阵，它的阵元 u_{ij} 应满足：$u_{ij} \in [0, 1]$；$0 < \sum\limits_{j=1}^N u_{ij} < N$，$\forall i$，即任一类都不是确定的空集，总是有一些模式以不同程度隶属于它，同时它也不是确定的全集 X；$\sum\limits_{j=1}^N u_{ij} = 1$，$\forall j$，即 X 中的每一个模式 x_j 属于各类的程度总和为 1。

FCM 算法在迭代寻优过程中，不断更新各类的中心及隶属度矩阵各元素的值，直到逼近下列准则函数的最小值

$$J_m(U,V) = \sum_{j=1}^N \sum_{i=1}^c u_{ij}^m d_{ij}^2 \qquad (11-33)$$

式中，$V = \{v_1, v_2, \cdots, v_c,\}$，$v_i$ 为 ω_i 类的中心矢量；权重 $m \in (1, +\infty)$；$d_{ij}^2 = (x_j - v_i)'A(x_j - v_i)$，$A$ 为某正定阵；$A=I$ 时，d_{ij} 为欧氏距离 $\|x_j - v_i\|$。上式的约束条件为 $\sum\limits_{i=1}^c u_{ij} = 1, \forall j$，运用拉格朗日乘数法，可得无约束的准则函数

$$F = \sum_{j=1}^{N} \sum_{i=1}^{c} u_{ij}^{m} d_{ij}^{2} - \sum_{j=1}^{N} \lambda_j \left(\sum_{i=1}^{c} u_{ij} - 1 \right) \tag{11-34}$$

式（11-34）取极小值的必要条件为

$$\frac{\partial F}{\partial u_{ij}} = m u_{ij}^{m-1} d_{ij}^{2} - \lambda_j = 0 \tag{11-35}$$

$$\frac{\partial F}{\partial \lambda_j} = -\left(\sum_{i=1}^{c} u_{ij} - 1 \right) = 0 \tag{11-36}$$

由式（11-35）可得

$$u_{ij} = (\lambda_j / m d_{ij}^{2})^{\frac{1}{m-1}} \tag{11-37}$$

代入式（11-36），可得

$$\sum_{i=1}^{c} u_{ij} = \left(\frac{\lambda_j}{m} \right)^{\frac{1}{m-1}} \sum_{i=1}^{c} \left(\frac{1}{d_{ij}^{2}} \right)^{\frac{1}{m-1}} = 1 \tag{11-38}$$

从而有

$$\left(\frac{\lambda_j}{m} \right)^{\frac{1}{m-1}} = \frac{1}{\sum_{i=1}^{c} \left(\frac{1}{d_{ij}^{2}} \right)^{\frac{1}{m-1}}} \tag{11-39}$$

将式（11-39）代入式（11-37），可得

$$u_{ij} = \frac{1}{\sum_{i=1}^{c} \left(\frac{d_{ij}}{d_{kj}} \right)^{\frac{2}{m-1}}} \tag{11-40}$$

考虑到 d_{ij} 可能为 0，对 $\forall j$，定义集合 I_j 和 $\overline{I_j}$：

$$I_j = \{ i \mid d_{ij} = 0 \}$$
$$\overline{I_j} = \{ 1, 2, \cdots, c \} - I_j$$

若 $I_j = \varnothing$，则

$$u_{ij} = \frac{1}{\sum_{i=1}^{c} \left(\frac{d_{ij}}{d_{kj}} \right)^{\frac{2}{m-1}}}$$

若 $I_j = \varnothing$，则 $\forall i \in \overline{I_j}$，令 $u_{ij} = 0$，并使得 $\sum_{i \in I_j} u_{ij} = 1$。类似地，可得聚类心更新算式，令

$$\partial J_m(U, V) / \partial \boldsymbol{v}_i = 0$$

可得

$$\sum_{j=1}^{N} u_{ij}^{m} \frac{\partial}{\partial \boldsymbol{v}_i} [(\boldsymbol{x}_j - \boldsymbol{v}_i)' A (\boldsymbol{x}_j - \boldsymbol{v}_i)]$$
$$= \sum_{j=1}^{N} u_{ij}^{m} [-2A (\boldsymbol{x}_j - \boldsymbol{v}_i)]$$
$$= 0$$

由此可得

$$\boldsymbol{v}_i = \sum_{j=1}^{N} u_{ij}^{m} x_j \Big/ \sum_{j=1}^{N} u_{ij}^{m} \tag{11-41}$$

11.3.5　数据融合识别技术

传感器信息融合又称数据融合，将经过集成处理的多传感器信息进行合成，形成一种对外部环境或被测对象某一特征的表达方式。传感器信息融合技术是对多种信息的获取、表示及其内在联系进行综合处理和优化的技术。传感器信息融合技术从多信息的视角进行处理及综合，得到各种信息的内在联系和规律，从而剔除无用的和错误的信息，保留正确的和有用的成分，最终实现信息的优化。它也为智能信息处理技术的研究提供了新的观念。

单一传感器只能获得环境或被测对象的部分信息段，而多传感器信息经过融合后能够完善、准确地反映环境的特征。经过融合后的传感器信息具有以下特征：信息冗余性、信息互补性、信息实时性、信息获取的低成本性。

信息融合起初被称为数据融合，起源于1973年美国国防部资助开发的声呐信号处理系统。当时主要应用于军事领域，被称为"情报综合"。20世纪80年代，为了满足军事领域中作战的需要，多传感器数据融合 MSDF（Multi - sensor Data Fusion）技术应运而生。1988年，美国将 C^3I 系统中的数据融合技术列为国防部重点开发的二十项关键技术之一。1991年美国已有54个数据融合系统引入到军用电子系统中去，其中87%已有试验样机、试验床或已被应用。由于信息融合技术在海湾战争中表现出的巨大潜力，在战争结束后，美国国防部又在 C^3I 系统中加入计算机，开发了以信息融合为中心的 C^4I 系统。此外，英国陆军开发了炮兵智能信息融合系统（AIDD）和机动与控制系统（WAVELL）。英国 BAE 系统公司还开发一种被称作"分布式数据融合"（Decentralized Data Fusion，DDF）的信息融合新技术。使传感器网络中的全部数据都被实时地综合和融合到了一幅单一的作战空间态势图中。欧洲五国还制订了联合开展多传感器信号与知识综合系统（SKIDS）的研究计划。法国也研发了多平台态势感知演示验证系统（TsMPF）。

随着对融合技术研究的深入和应用领域的扩大，其技术已经成功应用于军事和民用诸多领域。军事应用包括海上监视、战场情报、监视和目标识别，以及战略预警和防御等；民用领域的应用主要包括法律执行、遥感、设备的自动监控、医疗诊断和机器人技术等。

美国国防部从军事应用的角度将数据融合定义为这样一个过程，即把来自许多传感器和信息源的数据和信息加以联合（Association）、相关（Correlation）和组合（Combination），以获得精确的位置估计（Position Estimation）和身份估计（Identity Estimation），以及对战场情况和威胁及其重要程度进行适时的完成评价。数据融合系统中目标融合识别原理图如图 11 - 8 所示。

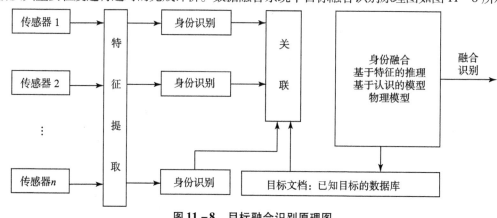

图 11 - 8　目标融合识别原理图

1. 传感器数据融合分类

根据数据融合的方式，可以把传感器数据融合分为组合、综合、融合和相关四种方式。

组合是由多个传感器组合成平行或互补方式来获得多组数据输出的一种处理方法，是一种最基本的方式，涉及的问题有输出方式的协调、综合以及传感器的选择。在硬件这一级上应用。

综合是信息优化处理中的一种获得明确信息的有效方法。例如，在虚拟现实技术中，使用两个分开设置的摄像机同时拍摄到一个物体的不同侧面的两幅图像，综合这两幅图像可以复原出一个准确的有立体感的物体的图像。

融合是当将传感器数据组之间进行相关或将传感器数据与系统内部的知识模型进行相关，而产生信息的一个新的表达式。

相关是通过处理传感器信息获得某些结果，不仅需要单项信息处理，而且需要通过相关来进行处理，获悉传感器数据组之间的关系，从而得到正确信息，剔除无用和错误的信息。相关处理的目的是对识别、预测、学习和记忆等过程的信息进行综合和优化。

2. 传感器数据融合的结构

传感器数据整合的结构如图 11 - 9 所示。

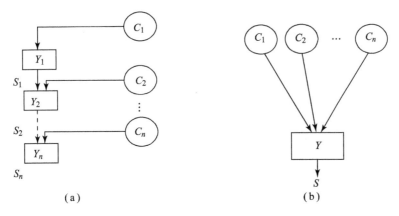

图 11 - 9　传感器数据融合的结构
(a) 串联；(b) 并联

从融合结构看，传感器数据融合的结构分为串联融合、并联融合和混合融合三种结构形式，串联结构如图 11 - 9 (a) 所示，并联结构如图 11 - 9 (b) 所示，混合融合是指多个传感器通过并联的形式组成若干个初级融合中心，这些初级融合中心再与若干个传感器的数据进行融合形成下一级融合中心，如此实现多级串联和并联混合融合的形式。C_1，C_2，$\cdots$，C_n 表示 n 个传感器，S_1，S_2，$\cdots$，S_n 表示来自各个传感器信息融合中心的数据，Y_1，Y_2，$\cdots$，Y_n 表示融合中心。

目标识别的数据融合包括三种层次，即数据级融合、特征级融合和决策融合。

(1) 数据级融合

在数据级融合方法中，对来自同等量级的传感器的原始数据直接进行融合，然后基于融合的传感器数据进行特征提取和身份估计。为了实现这种数据级的融合，所用传感器必须是同类型的或相同量级的。通过对原始数据进行关联，来确定已融合的数据是否与同一目标或实体有关。有了融合的传感器数据之后，就可以完成像单一传感器一样的识别处理过程。对于图像传感器，数据级融合一般涉及图像画面元素级的融合，因此，数据级融合也常称为像素级融合，采用的融合方法有逻辑滤波器、数学形态学、模拟退火、小波变换等，主要用于多源图像复合、图像分析和理解、同类雷达波形的直接合成等。

数据级融合对传感器的原始数据及预处理各阶段上产生的信息分别进行融合处理，尽可能多地保持了原始信息，能够提供其他两个层次融合所不具有的细微信息。其局限性主要在于融合是在信息最低层进行的，由于传感器的原始数据的不确定性、不完全性和不稳定性，要求在融合时有较高的纠错能力。

（2）特征级融合

在特征级融合方法中，每个传感器观测一个目标并完成特征提取以获得来自每个传感器的特征向量，然后融合这些特征向量并基于获得的联合特征向量来产生身份估计。在这种方法中，必须使用关联处理把特征向量分成有意义的群组。由于特征向量很可能是具有巨大差别的量，因此，位置级的融合信息在这一关联过程中通常是有用的。

特征级融合可分为目标状态信息融合和目标特性融合。目标状态信息融合主要应用于多传感器目标跟踪领域。融合系统首先对传感器数据进行预处理以完成数据配准。数据配准后，融合处理主要实现参数相关和状态矢量估计。目标特性融合是特征层联合识别，具体的融合方法仍是模式识别的相应技术，只是在融合前必须先对特征进行相关处理，对特征矢量进行分类组合。常用的特征级融合方法有扩展 Kalman 滤波、约束高斯 – 马尔可夫、分片统计等。在模式识别、图像处理和计算机视觉等领域，已经对特征提取和基于特征的分类问题进行了深入的研究，有许多方法可以借用。

（3）决策级融合

在决策级融合方法中，每个传感器都完成变换以获得独立的身份估计，然后再对来自每个传感器的属性分类进行融合。常用的决策级融合方法包括表决法、Bayes 统计推断、Dempster – Shafer 证据理论、推广的证据处理理论、模糊集法、人工神经网络、支撑向量机以及其他各种特定的方法。

决策级融合是在信息表示的最高层次上进行的融合处理。不同类型的传感器观测同一个目标，每个传感器在本地完成预处理、特征抽取、识别或判断，以建立对所观察目标的初步结论，然后通过相关处理、决策级融合判决，最终获得联合推断结果，从而直接为决策提供依据。因此，决策级融合是直接针对具体决策目标，充分利用特征级融合所得出的目标各类特征信息，并给出简明而直观的结果。决策级融合实时性最好，在一个或几个传感器失效时仍能给出最终决策，因此具有良好的容错性。

由此可见，目标识别的数据融合可在决策层、特征层或像素层等各个层次进行。像素层融合是最低层次的属性融合，即将各个图像传感器数据直接融合，而后对融合的数据进行特征提取。这一层次的信息融合能够提供其他层次的融合所不具备的细节信息。特征层融合是中间层次的融合，它是先对各个传感器的观测进行特征提取，产生特征矢量，再将这些特征矢量融合，并做出基于联合特征矢量的属性说明。该层次的融合是像素融合和决策层融合的折中形式，兼有二者的优缺点，具有较大的灵活性。决策层融合是最高层次的融合，这种方法是在传感器的观测基础上产生特征矢量，对这些特征矢量进行模式识别处理并做出相应的关于目标的属性说明，再将各图像传感器的属性说明数据进行关联和合成，得到该目标的一个联合的属性说明。

本节对目标的融合识别采用决策级融合方法。

3. 传感器信息融合的一般方法

传感器信息融合的过程为：首先将被测对象转换为电信号，然后经过 A/D 变换将它们转换为数字量。数字化后电信号需经过预处理，以滤除数据采集过程中的干扰和噪声。对经处理后的有用信号做特征抽取，再进行数据融合；或者直接对信号进行数据融合。最后，输出融合的结果。

传感器信息融合一般可分为嵌入约束法、证据组合法、人工神经网络法等三种方法。

（1）嵌入约束法

嵌入约束法是由多种传感器所获得的客观环境（即被测对象）的多组数据就是客观环境按照某种映射关系形成的像，信息融合就是通过像求解原像，即对客观环境加以了解。用数学语言描述就是，所有传感器的全部信息，也只能描述环境某些方面的特征，而具有这些特征的环境却有很多，要使一组数据对应唯一的环境（即上述映射为一一映射），就必须对映射的原像和映射本身加约束条件，使问题能有唯一的解。

嵌入约束法最基本的方法包括 Bayes 估计和卡尔曼滤波。

Bayes 估计是融合静态环境中多传感器低层数据的一种常用方法。其信息描述为概率分布，适用于具有可加高斯噪声的不确定性信息。假定完成任务所需的有关环境的特征物用向量 f 表示，通过传感器获得的数据信息用向量 d 来表示，d 和 f 都可看作随机向量。信息融合的任务就是由数据 d 推导和估计环境 f。

假设 $p(f, d)$ 为随机向量 f 和 d 的联合概率分布密度函数，则

$$p(f, d) = p(f|d) \cdot p(d) = p(d|f) \cdot p(f) \qquad (11-42)$$

其中，$p(f|d)$ 表示在已知 d 的条件下，f 关于 d 的条件概率密度函数；$p(d|f)$ 表示在已知 f 的条件下，d 关于 f 的条件概率密度函数；$p(d)$ 和 $p(f)$ 分别表示 d 和 f 的边缘分布密度函数。

已知 d 时，要推断 f，只须掌握 $p(f|d)$ 即可，即

$$p(f|d) = p(d|f) \cdot p(f)/p(d) \qquad (11-43)$$

式（11-43）即为概率论中的 Bayes 公式，是嵌入约束法的核心。

信息融合通过数据信息 d 做出对环境 f 的推断，即求解 $p(f|d)$。由 Bayes 公式知，只须知道 $p(f|d)$ 和 $p(f)$ 即可。因为 $p(d)$ 可看作使 $p(f|d) \cdot p(f)$ 成为概率密度函数的归一化常数，$p(d|f)$ 是在已知客观环境变量 f 的情况下，传感器得到的 d 关于 f 的条件密度。当环境情况和传感器性能已知时，$p(f|d)$ 由决定环境和传感器原理的物理规律完全确定。而 $p(f)$ 可通过先验知识的获取和积累，逐步渐近准确地得到，因此，一般总能对 $p(f)$ 有较好的近似描述。

在嵌入约束法中，反映客观环境和传感器性能与原理的各种约束条件主要体现在 $p(f|d)$ 中，而反映主观经验知识的各种约束条件主要体现在 $p(f)$ 中。在传感器信息融合的实际应用过程中，通常的情况是在某一时刻从多种传感器得到一组数据信息 d，由这一组数据给出当前环境的一个估计 f。因此，实际中应用较多的方法是寻找最大后验估计 g，即

$$p(g|d) = \max_{f} p(f|d) \qquad (11-44)$$

即最大后验估计是在已知数据为 d 的条件下，使后验概率密度 $p(f)$ 取得最大值得点 g，根据概率论，最大后验估计 g 满足

$$p(g|\boldsymbol{d}) \cdot p(g) = \max_f p(\boldsymbol{d}|\boldsymbol{f}) \cdot p(\boldsymbol{f}) \qquad (11-45)$$

当 $p(\boldsymbol{f})$ 为均匀分布时，最大后验估计 g 满足

$$p(g|\boldsymbol{f}) = \max_f p(\boldsymbol{d}|\boldsymbol{f}) \qquad (11-46)$$

此时，最大后验概率也称为极大似然估计。

当传感器组的观测坐标一致时，可以用直接法对传感器测量数据进行融合。在大多数情况下，多传感器从不同的坐标框架对环境中同一物体进行描述，这时传感器测量数据要以间接的方式采用 Bayes 估计进行数据融合。间接法要解决的问题是求出与多个传感器读数相一致的旋转矩阵 $\boldsymbol{R}$ 和平移矢量 $\boldsymbol{H}$。

在传感器数据进行融合之前，必须确保测量数据代表同一实物，即要对传感器测量进行一致性检验。常用以下距离公式来判断传感器测量信息的一致：

$$T = \frac{1}{2}(x_1 - x_2)^{\mathrm{T}} \boldsymbol{C}^{-1}(x_1 - x_2) \qquad (11-47)$$

式中，x_1 和 x_2 为两个传感器测量信号；$\boldsymbol{C}$ 为与两个传感器相关联的方差阵。当距离 T 小于某个阈值时，两个传感器测量值具有一致性。这种方法的实质是剔除处于误差状态的传感器信息而保留"一致传感器"数据计算融合值。

卡尔曼滤波（KF）用于实时融合动态的低层次冗余传感器数据，该方法用测量模型的统计特性，递推决定统计意义下最优融合数据合计。如果系统具有线性动力学模型，且系统噪声和传感器噪声可用高斯分布的自噪声模型来表示，KF 为融合数据提供唯一的统计意义下的最优估计，KF 的递推特性使系统数据处理不需大量的数据存储和计算。KF 分为分散卡尔曼滤波（DKF）和扩展卡尔曼滤波（EKF）。DKF 可实现多传感器数据融合完全分散化，其优点是每个传感器节点失效不会导致整个系统失效。而 EKF 的优点是可有效克服数据处理不稳定性或系统模型线性程度的误差对融合过程产生的影响。

嵌入约束法是传感器信息融合的最基本方法之一，其缺点是需要对多源数据的整体物理规律有较好的了解，才能准确地获得 $p(\boldsymbol{d}|\boldsymbol{f})$，而且需要预知先验分布 $p(\boldsymbol{f})$。

（2）证据组合法

证据组合法认为完成某项智能任务是依据有关环境某方面的信息做出几种可能的决策，而多传感器数据信息在一定程度上反映环境这方面的情况。因此，分析每一数据作为支持某种决策证据的支持程度，并将不同传感器数据的支持程度进行组合，即证据组合，分析得出现有组合证据支持程度最大的决策作为信息融合的结果。

证据组合法是对完成某一任务的需要而处理多种传感器的数据信息，完成某项智能任务，实际是做出某项行动决策。它先对单个传感器数据信息每种可能决策的支持程度给出度量（即数据信息作为证据对决策的支持程度），再寻找一种证据组合方法或规则，在已知两个不同传感器数据（即证据）对决策的分别支持程度时，通过反复运用组合规则，最终得出全体数据信息的联合体对某决策总的支持程度。得到最大证据支持决策，即信息融合的结果。

利用证据组合进行数据融合的关键在于选择合适的数学方法描述证据、决策和支持程度等概念建立快速、可靠并且便于实现的通用证据组合算法结构。

证据组合法较嵌入约束法有如下优点：

①对多种传感器数据间的物理关系不必准确了解，即无须准确地建立多种传感器数据体

的模型；

②通用性好，可以建立一种独立于各类具体信息融合问题背景形式的证据组合方法，有利于设计通用的信息融合软、硬件产品；

③人为的先验知识可以视同数据信息，赋予对决策的支持程度，参与证据组合运算。

常用的证据组合法有概率统计方法和 Dempster – Shafer 证据推理。

在概率统计方法中，假设一组随机向量 x_1，x_2，$\cdots$，x_n 分别表示 n 个不同传感器得到的数据信息，根据每一个数据 x_i 可对所完成的任务做出一决策 d_i。x_i 的概率分布为 $p_{ai}(x_i)$，a_i 为该分布函数中的未知参数，若参数已知时，则 x_i 的概率分布就完全确定了。用非负函数 $L(a_i, d_i)$ 表示当分布参数确定为 a_i 时，第 i 个信息源采取决策 d_i 时所造成的损失函数。在实际问题中，a_i 是未知的，因此，当得到 x_i 时，并不能直接从损失函数中定出最优决策。先由 x_i 做出 a_i 的一个估计，记为 $a_i(x_i)$，再由损失函数 $L[a_i(x_i), d_i]$ 决定出损失最小的决策。其中利用 x_i 估计 a_i 的估计量 $a_i(x_i)$ 有很多种方法。

概率统计方法适用于分布式传感器目标识别和跟踪信息融合问题。

Dempster – Shafer 证据推理（简称 D – S 推理）是一种基于统计的数据融合分类算法，可以很明显地区分和处理信息的不确定性与不准确性，属于人工智能的范畴。它是在 Dempster 于 1967 年提出的"上、下概率"及其合成规则的基础上，由 G. Shafer 在其出版的专著《证据的数学理论》中建立的。

D – S 证据理论用"识别框架 Θ"表示感兴趣的命题集。设 Θ 为 V 所有可能取值的一个论域集合，且所有在 Θ 内的元素之间是互不相容的，则称 Θ 为 V 的识别框架。定义 Θ 为一识别框架，则幂集函数 $m: 2^{\Theta} \rightarrow [0, 1]$（$2^{\Theta}$ 为 Θ 的幂集）满足下列条件

$$m(\phi) = 0 \tag{11 - 48}$$

$$\forall A \in 2^{\Theta}, \ m(A) \geqslant 0, \ 且 \sum_{A \subset \Theta} m(A) = 1 \tag{11 - 49}$$

时，称 $m(\cdot)$ 为 Θ 上 A 的基本概率赋值（BPA）。若 $m: 2^{\Theta} \rightarrow [0, 1]$ 是 Θ 上的基本概率赋值，定义函数

$$BEL: 2^{\Theta} \rightarrow [0, 1] \qquad BEL(A) = \sum_{B \subseteq A} m(B), (\forall A \in \Theta) \tag{11 - 50}$$

则称该函数是 Θ 上的信任函数。若识别框架 Θ 的一子集为 A，且 $m(A) \neq 0$，则称 A 为信任函数 BEL 的焦元。

似真函数定义为

$$PL(A) = 1 - BEL(\overline{A}) = \sum_{B \cap A \neq \varnothing} \tag{11 - 51}$$

其中，$\overline{A} = \Theta - A$。

由定义可知：

$$BEL(\Phi) = PL(\Phi) = 0, BEL(\Theta) = PL(\Theta) = 1 \tag{11 - 52}$$

$$BEL(A) + BEL(\overline{A}) \leqslant 1, \ PL(A) + PL(\overline{A}) \geqslant 1 \tag{11 - 53}$$

$$BEL(A) + PL(\overline{A}) = 1 \tag{11 - 54}$$

$$PL(A) \geqslant BEL(A) \tag{11 - 55}$$

对 $\forall A, B \in 2^{\Theta}$，若 $A \subseteq B$，则 $BEL(A) \leqslant BEL(B)$。信任函数 $BEL(A)$ 是支持 A 的总信任的最小值，似真函数 $PL(A)$ 表示不否定 A 的信任程度，是支持 A 的总的信任最大值，

$[BEL(A)，PL(A)]$ 表示了对 A 的信任区间，记为 $A[BEL(A)，PL(A)]$。$A[0，1]$ 表示对 A 一无所知，$A[1，1]$ 说明 A 为真，$A[0，0]$ 说明 A 为假，$A[0.6，1]$ 说明对 A 部分信任，$A[0，0.4]$ 表明对 $\overline{A}$ 部分信任。$A[0.3，0.9]$ 表示对 A 和 $\overline{A}$ 部分信任。

设 m_1 和 m_2 是 2^Θ 上的两个相互独立的基本概率赋值，信任函数分别为 BEL_1 和 BEL_2，对于子集 A，D–S 组合规则为

$$m(A) = \begin{cases} \dfrac{\sum\limits_{A_1 \cap A_2 = A} m_1(A_1) m_2(A_2)}{\sum\limits_{A_1 \cap A_2 \neq \varnothing} m_1(A_1) m_2(A_2)} = m_1(A_1) \oplus m_2(A_2) & \forall A\Theta, A \neq \varnothing \\ 0 & A = \varnothing \end{cases} \tag{11-56}$$

m 所对应的 BEL 称为 BEL_1 和 BEL_2 的合成或直和，记为 $BEL = BEL_1 \oplus BEL_2$。

不同的证据代表不同的信息来源，两个系统的基本概率赋值表示不同系统对各个命题的支持程度，D–S 规则反映了信息的重新分配。$A = A_1 \cap A_2$ 表明 $A_i \supseteq A$，$i = 1，2$。即 A_i 中有支持 A 的成分。$m_1(A_1) m_2(A_2)$ 表示两个系统的 A_1、A_2 共同支持 A 的基本概率赋值。只要有一个 m_i 为 0，则 $m_1(A_1) m_2(A_2)$ 就为 0。$\sum\limits_{A_1 \cap A_2 = A} m_1(A_1) m_2(A_2)$ 表示两个系统共同支持 A 的信息。另外，$\sum\limits_{A_1 \cap A_2 \neq \varnothing} m_1(A_1) m_2(A_2)$ 则表示交非零的各个子集 A_1、A_2 的信息总量，而 A 是 $\{A_1 \cap A_2 \neq \varnothing\}$ 的子集，因此用这两者的比值表示两个系统对 A 的基本概率赋值是合理的。由于 $\sum\limits_{A_1 \subseteq \Theta} m_i(A_i) = 1$，$i = 1，2$，从而有

$$1 = \sum_{A_1 \subseteq \Theta} m_1(A_1) \sum_{A_2 \subseteq \Theta} m_2(A_2) = \sum_{A_2, A_2 \subseteq \Theta} m_1(A_1) m_2(A_2)$$
$$= \sum_{A_2 \cap A_2 = \varnothing} m_1(A_1) m_2(A_2) + \sum_{A_2 \cap A_2 \neq \varnothing} m_1(A_1) m_2(A_2) \tag{11-57}$$

设 $K = \sum\limits_{A_2 \cap A_2 = \varnothing} m_1(A_1) m_2(A_2)$，则式（11–57）可简化为

$$m(A) = \begin{cases} \dfrac{\sum\limits_{A_1 \cap A_2 = A} m_1(A_1) m_2(A_2)}{1 - K} & \forall A \subset \Theta, A \neq \varnothing \\ 0 & A = \varnothing \end{cases} \tag{11-58}$$

若 $K \neq 1$，则 m 确定一个基本概率赋值；若 $K = 1$，则 m_1 和 m_2 矛盾，不能对基本概率赋值进行组合。

当用 D–S 组合规则得到组合的基本概率赋值后，接着是根据得到的 $m(A)$ 来进行目标判断。设 A_1，$A_2 \subset \Theta$，且满足

$$m(A_1) = \max\{m(A_1)，A_i \subset \Theta\} \tag{11-59}$$
$$m(A_2) = \max\{m(A_1)，A_i \subset \Theta \text{ 且 } A_i \neq A_1\} \tag{11-60}$$

若

$$\begin{cases} m(A_1) - m(A_2) > \varepsilon_1 \\ m(\Theta) < \varepsilon_2 \\ m(A_1) > m(\Theta) \end{cases} \tag{11-61}$$

则 A_1 为判定结果，其中 ε_1、ε_2 为预先设定的门限。

例如，在决策级目标识别融合中，将多个振动传感器采集的振动目标脉冲宽度信息作为证据，每个传感器提供一组命题，对应决策 x_1，x_2，…，x_m，并建立一个相应的信度函数，这样多传感器数据融合实质上就成为在同一个识别框架下，将不同的证据体合并成一个新的证据体的过程。多传感器数据融合的一般过程是：

①分别计算各传感器的基本可信度、信度函数和似然度函数；

②利用 Dempster 合成规则，求得所有传感器联合作用下的基本可信度、信度函数和似然度函数；

③在一定决策规则下，选择具有最大支持度的目标。

这个过程可用图 11 – 10 表示，先由 n 个传感器分别给出 m 个决策目标集的信度，经 Dempster 合成规则合成一致的对 m 个决策目标的信度，最后对各可能决策利用某一决策规则得到结果。

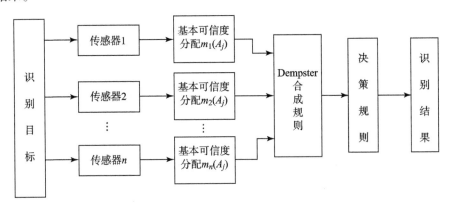

图 11 – 10　D – S 证据推理用于数据融合目标识别的过程

D – S 证据推理的优点是，当算法确定后，无论是静态还是时变的动态证据组合，其具体的证据组合算法都有一共同的算法结构。但其缺点是当对象或环境的识别特征数增加时，证据组合的计算量会以指数速度增长，因此不适合特征数较多的对象的快速识别。

（3）人工神经网络法

人工神经网络法是通过模仿人脑的结构和工作原理，设计和建立相应的机器和模型并完成一定的智能任务。神经网络根据当前系统所接收到的样本的相似性，确定分类标准。这种确定方法主要表现在网络权值分布上，同时可采用神经网络特定的学习算法来获取知识，得到不确定性推理机制。神经网络多传感器信息融合的实现，分以下三个重要步骤：

①根据智能系统要求及传感器信息融合的形式，选择其拓扑结构；

②各传感器的输入信息综合处理为一总体输入函数，并将此函数映射定义为相关单元的映射函数，通过神经网络与环境的交互作用以环境的统计规律反映网络本身结构；

③对传感器输出信息进行学习、理解，确定权值的分配，完成知识获取信息融合，进而对输入模式做出解释，将输入数据向量转换成高层逻辑（符号）概念。

基于神经网络的传感器信息融合特点包括：

①具有统一的内部知识表示形式，通过学习算法可将网络获得的传感器信息进行融合，获得相应网络的参数，并且可将知识规则转换成数字形式，便于建立知识库；

②利用外部环境的信息，便于实现知识自动获取及并行联想推理；

③能够将不确定环境的复杂关系，经过学习推理，融合为系统能理解的准确信号；

④由于神经网络具有大规模并行处理信息能力，使得系统信息处理速度很快。

11.4　目标识别技术的应用

11.4.1　目标识别技术在地面运动目标识别中的应用

地面运动目标是指处于行进状态的车辆、坦克、自行火炮等。它们发出的噪声能够被传感器探测到，可以利用上面介绍的目标识别方法对其进行识别。下面介绍一个基于上述所介绍的识别方法的快速目标探测识别系统。

目标识别系统的设计思路：采用小波变换进行目标信号的前期处理，然后对目标的FOBW编码特征进行提取，运用数据融合识别的方法对基于异种传感器的特征进行融合识别。

信号的频率范围在 $0 \sim 1\,500$ Hz，考虑采样时应遵守 Nyquist 准则，所以采样频率应该在 $3\,000$ Hz 以上，要求 DSP 芯片的处理速度在毫秒级；系统的运算中小波变换与特征提取部分的计算量都是与采样个数 N 同数量级的，如果采样 256 点，则运算指令周期应在 100 ns 以下；小波变换占用的存储空间也与 N 同数量级，所以对于 256 点，保证有 300 个字节的数据存储空间就足够了，整个程序所占用的空间在 4 KB 的范围内也足够了；小波变换的精度能保证精确到小数点后 $3 \sim 4$ 位就足够了；系统主要是用来进行控制的，要求有输入、输出端口。针对以上要求，可以选用 TMS320 系列中的 F206 芯片作为核心处理控制器。

根据 TMS320F206 芯片的特点以及在智能引信中需要实时快速处理数字信号的要求，可以把整个系统分为 4 个模块：信号采集模块、接口功能模块、信号处理模块和数据库模块。

（1）信号采集模块

信号采集模块包括前五部分：声传感器（可以是一个或多个）、前置放大器、低通滤波器、阈值判断、A/D 转换（如果需要，可以再增加一层放大器），主要完成对空气、大地中的声音信号的预处理、采样保持以及模/数转换。这部分工作主要包括：振动传感器在振动信号作用下产生微小的电压变化，经放大、滤波、二次放大产生足够大的信号通过一门限触发器，若有目标信号存在，则启动后继的电路，实现高速采样、A/D 转换，形成待处理的数字信号。

（2）接口功能模块

接口功能模块主要完成各器件间的指令、数据传输，提供统一时钟频率并负责整个系统的电源供应。DSP 系列芯片有强大的接口功能，它的地址总线与数据总线是分开的，TMS320F206 有 16 位地址总线与 16 位数据总线，不存在寻址与数据传输在总线占用上的冲突，与译码器、A/D 转换电路的连接非常简单。为了保证数据输入的顺利进行，需要在采样、A/D 转换、数据输入时均采用统一的时钟信号，同时为了减小电源供应中的寄生电容，所有的电源要统一提供，并且只使用一个地电位。

（3）信号处理模块

信号处理模块主要是完成对输入信号的特征提取与目标识别，小波变换是较好地提取目标的频率特征的工具，可以用它完成特征提取部分的任务；对信号小波变换后的近似信号波形特征进行编码，所得到的码可以反映信号的主要频率特征，目标识别部分的工作可利用编码识别来判断完成。输入的数字信号经 TMS320F206 中算法程序的处理，将提取出的特征信号与预先存放在芯片中特征信号库中的信号进行对比、判断，并将结果输出到相应的控制端口。完成此部分任务的程序事先存储在 TMS320F206 的 FlashROM，在阈值电平的触发下启动。

（4）数据库模块

数据库模块中主要存放各种目标的特征编码值，如小波变换的特征编码、Fourier 变换的特征值等。这些特征码值是根据预先在计算机上的仿真结果统计出的特征码值而得出的，不同的目标对应不同的特征码统计值，它是系统进行目标识别的依据，随着目标类型的不断增多，特征码库中的值也会不断增加。数据库模块可以直接固化在 DSP 芯片中，也可以写在附加的 EPROM 中，在运行的过程中，系统可以根据地址直接调用。

系统原理样机的工作过程如下：由传感器采集的信号经滤波与放大处理首先输入一个比较器中，当目标信号的幅值达到一定的数值时，比较器产生一个启动电平，启动高速 A/D 转换器和 DSP 进入工作状态，高速的 A/D 转换器以 1 024 点/s 的速度采样模拟信号，转换为数字信号后经并行口输入 DSP 中，DSP 在完成一批（如 256 点）数据读入后，立即进行相应的变换及编码，同时将编好的特征码值与特征码库中的值进行对比判断，并根据不同的判断结果产生不同的输出结果，完成目标识别的过程。整个目标识别的过程在毫秒级完成。

在针对 DSP 的目标识别软件设计中，可依照如下设计过程进行设计。

（1）地址的分配

在 TMS320F206 芯片的内部存储区分配可以根据需要自己设定，也可以使用其默认设置，一般推荐使用芯片自己携带的默认分配设置。

不同的地址存放不同的内容，我们开发的程序被导入程序存储区，所处理的变量放在相应的数据存储区中。其中数据存储区的 64 KB 的空间被分为 0～511 共 512 个区域，每个区域 256 B，这是为了方便寻址。在程序的一开始，首先在数据存储区中开辟 300 B 左右的空间供处理时存放中间变量，注意不可使用保留区域。

（2）变量初始化

地址空间分配好之后就要进行必要的变量初始化，其中包括变量的定义、输入变量个数、Daubechies 小波系数、小波变换层数等，TMS320F206 提供 10 个寄存器（AR0～AR7（16 位）、TREG（16 位）、PREG（32 位））存放计算过程中的临时变量，在初始化的过程中应该有合理的分配。32 位 ACC 是系统进程中进行数值计算、逻辑运算的关键，由于只有一个，所以在计算过程中需配合寄存器一起使用。TMS320F206 是 16 位定点 DSP 处理器，TMS320F206 中所有的数据都是以 16 位二进制代码存放的，最高位为符号位，所以，在初始化数据时一定要考虑好数据的精度问题，一方面满足设计要求，另一方面也要防止在计算的过程中出现溢出。

（3）原始数据的输入

TMS320F206 的地址总线和数据总线是分开的，可以在一个机器周期内同时完成数据的寻址与传输，只需用一个循环语句和一个输入语句就可在 N 个机器周期内将所需的数字信号输入数据存储区。这里有一点需要强调一下，由于每次输入的数据被存入数据存储区 RAM 中，如果突然出现掉电情况，数据就会丢失，只能在恢复供电后重新运行数据输入、信号处理程序。

（4）信号的去均值与归一化

信号的能量大小也是信号特征的一部分，从信号能量的大小可以定性地分析出目标的可能范围，然后再进一步识别，也就是首先进行大范围分类，再提取信号的频率特征进行细的目标识别。在第一步的识别完成以后，为了防止在以后的信号处理的计算过程中出现溢出，信号输入后需要进行去均值与归一化处理，这样可以有效地限制信号幅值的大小，并且将信号统一到同一数量级有助于特征提取与目标识别。去均值与归一化处理的计算公式如下：

$$\eta = \frac{1}{N} \sum_n x_i(n)$$

$$\overline{x_i(n)} = \frac{x_i(n) - \eta}{\sqrt{\sum_{n=0}^{N-1} [x_i(n) - \eta]^2}} \qquad (11-62)$$

其中，计算开方需要利用解一元二次方程的算法，计算除法时，为了减少机器周期的占用，需要将除法转换为乘法。

处理过后的信号作为小波变换的初始信号，它的能量和为 1.0，在变换过程中，由于小波变换没有能量损失，上一尺度近似信号的能量应该等于下一尺度近似信号与细节信号能量之和。

（5）小波变换

利用四阶 Daubechies 小波进行小波变换，计算公式如下：

$$x_i(k) = \sum_i x_{i-1}(2k+l)h(L-l), \quad k = 0,1,\cdots,\frac{N}{2^i} - 1 \qquad (11-63)$$

其中 L 是 Daubechies 小波的长度，获得的信号为在第三尺度上的近似信号，共 32 个数据。

（6）编码

FOBW 法的编码过程需要首先求得信号在第三尺度上的均值，然后用每一信号的数值与均值比较，比均值大产生"1"码，比均值小产生"0"码，编好的码经移位器移入 ACC 中，共 32 位，占用两个字节，存放在数据存储区中。

（7）统计各种特征码出现的次数

进行特征码的出现次数统计可以把编好的码放入 ACC 中，然后将 ACC 中的码经移位器依次移入状态位中，每次移入一位，然后对状态位进行判断，分别统计"00""11""01""10"码的出现频率，将统计值分别存入 4 个寄存器中。循环的次数需预先放入循环计数器中，每移一位，计数器的值减 1。

（8）判断与输出

通过将 4 个寄存器中各种特征码的统计结果与特征值库中的值分别进行比较发现，不同类型的目标有不同的判断准则，将目标特征码值与库中参考目标的特征码值进行对比、判断、识别，若可以找到对应的参考目标，就判断为该目标；若找不到相似的参考目标或找到不止一个的参考目标，就判断为不可识别目标，最后将识别结果输出到相应的端口。这一步工作中包含了许多预先做好的工作，只有在计算机上对多种方法进行了大量的模拟与统计，才能找出各种目标对应的四种码值的统计特性及判断误差范围，以便能够正确地判断目标。

实际上，对于出现不可识别的目标，在不断的发展过程中，将考虑用其他的目标识别方法共同判断，既可以增加判断范围，又可以提高可信度。无论哪一种目标识别方法，能够真正实际应用都需要利用计算机做大量的建模与仿真工作，才可以将实际应用中直接获取的许多很有价值的数据整理出统计规律，作为实现实际应用系统新功能的依据。

11.4.2　自动目标识别技术在导弹中的发展和应用

自动目标识别技术是弹道导弹实现自动寻的精确末制导的关键技术之一。自动目标识别（ATR）技术是采用计算机处理一个或多个传感器的输出信号，识别和跟踪特定目标的一种技术。它对导弹武器精确打击目标、智能化攻击目标和提高发射平台的生存能力，具有重要意义。

ATR 技术起源于 20 世纪 60 年代初，直到 80 年代，一直处于摸索阶段。当时，研究的重点集中在使导引头具有类似人脑功能的知识基目标识别上。这种方法在当时的数字技术条件下，要求实现高度智能的信息处理功能，难度可想而知：一方面，数字技术硬件水平相对很低；另一方面，要求具有人工智能的目标识别能力的软件性能很高。因此，尽管投入很大，但该阶段没有一个国家这方面的 ATR 系统进入实际应用阶段。

20 世纪 80 年代末 90 年代初，数字技术取得了极大进展，与 ATR 相关的图像处理技术、传感器技术（红外传感器已发展到第三代）也很成熟。在此条件下，前视模板匹配技术被应用于 ATR 系统并获得成功。与之相似的是"战斧"导弹的数字式景象匹配区域相关（DSMAC）系统。接下来的时间内，ATR 技术的发展和应用取得了前所未有的成绩。应用了 ATR 技术的导弹或炸弹计划包括：采用红外成像技术的美国 SLAM – ER 空地导弹、JDAM 制导炸弹、JSOW 空地导弹、JASSM 空地导弹，英国"风暴前兆"空地导弹，法国"斯卡耳普"空地导弹，日本 ASM – 2C 反舰导弹，德国/瑞典 KEPD – 350 空地导弹；采用激光成像技术的美国 LAM 巡逻攻击导弹、LOCCAAS 空地导弹。自 SLAM – ER 投入使用至今，是 ATR 技术的实用化时代。

从上述计划来看，实用化 ATR 系统的技术体制包括采用红外成像传感器技术和采用激光成像传感器技术。这两种形式都属于前视模板匹配 ATR 技术。

目前，SAR 成像自动目标识别技术综合现代信号处理和模式识别技术，利用计算机对采集的信息进行自动分析，完成发现、定位、识别目标的任务，提高信息的处理速度和精度，为侦察数据处理、精确打击等任务应用提供了有力支持，具有重要的军事应用价值。当前发展较快的 SAR 图像的军事目标识别应用系统主要有：美国陆军试验室（America Army Laboratory，ARL）SARATR 系统，美国麻省理工学院林肯试验室基于模板的 SARATR 系统，美国运动和精致目标获取与识别（Moving and Stationary Target Acquisition and Recognition，MSTAR）计划的基于模型的 SARATR 系统，美国 Sandia 国家试验室 SARATR 系统，"北约"组织的 RG20 项目。

目前，ATR 系统传感器的探测装置主要有红外成像传感器、激光雷达、毫米波雷达和合成孔径雷达等。前视红外（FLIR）成像装置具备灵敏度高、作用距离远、搜索速度快和无镜面回波等优点，因而一直是 ATR 系统研制的首选传感器。近年来，红外图像 ATR 系统已成功用于导弹的末制导。另外，激光雷达 ATR 技术也正在进入实用化阶段。

从 ATR 技术的发展过程来看，其研究方向有两个：一是提取目标特征进行自动目标识别，二是利用前视模板匹配进行自动目标识别。

提取目标特征进行自动目标识别的方法主要有：统计模式自动目标识别、知识基自动目标识别、模型基自动目标识别、多传感器信息融合自动目标识别和人工神经网络与专家系统自动识别。这类方法的特点是利用目标的某种特征识别目标。

利用前视模板匹配进行自动目标识别就是采用目标的结构图或纹理图制作目标基准图，在传感器输出的实时图中匹配识别目标。其过程是先建立有关目标的基准图（为二进制图像）数据库，然后将数据库存储在导弹或飞机等武器的计算机存储器中，当武器临近目标时，成像传感器实时拍摄目标的区域图像，系统中数字装置将这些实时图像变换为二进制的数字图像，再与模板进行匹配相关，产生的结果用于确定目标位置。

自动目标识别技术的关键在于目标的特征提取，在 ATR 系统中，如何使目标特征化是实现实时、准确目标识别的关键。作为关键步骤，特征提取的目的是获取一组"少而精"的分类特征，即获取特征数目少且分类错误概率小的特征向量。下面介绍几种自动目标识别的方法。

（1）经典的统计模式识别方法

该方法主要是利用目标特性的统计分布，依靠目标识别系统的大量训练和基于模式空间距离度量的特征匹配分类技术，可在较窄的场景定义域内获得较有效的识别。该方法是早期实用的方法，仅限于很窄的场景定义域内，且在目标图像和周围背景变化不大的情况下才比较有效，难以解决姿态变化、目标污损变模糊、目标部分被遮蔽等问题。

（2）基于知识的自动目标识别方法

20 世纪 70 年代末，人工智能专家系统开始应用到 ATR 的研究，形成了基于知识的 ATR，即知识基（Knowledge Based，KB）系统。基于知识的 ATR 算法在一定程度上克服了经典统计模式识别法的局限性和缺陷，该方法目前存在的主要问题是可供利用的知识源的辨识和知识的验证很困难，同时，难以在适应新场景中有效地组织知识。

（3）基于模型的自动目标识别方法

模型基（Model Based，MB）首先是将复杂的目标识别的样本空间模型化，这些模型提供了一种描述样本空间各种重要变化特性的简便途径。典型的 MB 系统抽取一定的目标特性，并利用这些特性和一些辅助知识来标记目标的模型参数，从而选择一些初始假设，实现目标特性的预测。确定一个 MB 系统的最终目标时，应匹配实际的特性和预测后面的特性，若标记准确，匹配过程则会成功和有效。MB 方法目前尚限于试验室研究阶段。

（4）基于传感器信息融合的自动目标识别方法

单一传感器的导引头在有光、电干扰的复杂环境中，目标搜索和知识识别的能力、抗干扰能力及其工作可靠性都将降低。20 世纪 80 年代兴起的基于多传感器信息融合（Multi - sensor Information Fusion Based，MIFB）的 ATR 方法克服了单一传感器系统的缺陷，每个传感器将数据反馈到各自的信号处理机，先分别进行目标检测，得出有无目标的判决以及目标的位置信息或运动轨迹，然后将这些信息送入数据融合单元，对目标位置或运动轨迹进行关联后再做进一步的判决。

（5）基于人工神经网络和专家系统的自动目标识别方法

专家系统是以逻辑推理为基础，模拟人类思维的人工智能方法。人工神经网络（ANN）是以神经元连接结构为基础，通过模拟人脑结构来模拟人类形象思维的一种非逻辑、非语言的人工智能方法。ANN 自底向上的训练和归纳判断特性与专家系统的积累知识的自顶向下的利用特性，可以实现很好的互相补充结合，提供更强的处理信息能力。二者混合使用的结构形式有并接结构、串接结构和嵌入结构三种。并接结构系统可并列使用专家系统和神经网络；在串接结构中，各模块独立工作，实现各自特定的功能串联连接；嵌入结构是在专家系统内嵌入小型神经网络或者在 ANN 内嵌入小型专家系统以改善系统性能。ANN 技术可以提供 ATR 算法固有的直觉学习能力，在目标分类处理中有许多算法都可由 ANN 有效地实现。神经网络应用到模式识别中能解决许多传统的识别方法所不能克服的困难，其工程应用的"瓶颈"是实时性欠佳。

目前精确制导弹道导弹所装配的末制导系统多数是被动雷达导引头、主动雷达导引头或红外成像导引头。虽然雷达导引头的全天候作战能力较强，但即使使用了现代数字信号处理技术，其自动目标识别能力也相当有限，难以识别复杂的地面目标，如机场、桥梁、军事指挥通信中心等，因而攻击目标范围有限。合成孔径雷达成像对目标识别能力较强，但需要在导弹上安装精确定位系统如 GPS 系统，并且对导弹的运动有一定的要求才能较好地工作，而 GPS 系统容易受到干扰，战时可能不太好用。上述局限迫使弹道导弹设计师寻找新的能满足导弹作战性能要求的末制导系统。

红外凝视成像末制导由于具有二维成像能力，灵敏度高、导引精度高、抗干扰能力强、智能化（可实现发射后不管）、可以准全天候作战、适应性强（可以安装在各种型号的导弹上使用，只是识别跟踪软件不同）、自动目标识别能力很强，可以大大地扩展弹道导弹的攻击目标范围，并且容易实现导弹结构化、模块化的设计思想，因此已经成为弹道导弹的一种重要的末制导方式。

红外成像制导是利用目标的红外辐射形成制导指令导引导弹攻击目标的一种制导方法。其作用距离视大气的实际透过率、探测器的最小可分辨温差、观察要求（探测识别概率要求）以及目标实际情况的不同而不同。弹道导弹一般利用红外成像进行末段制导，视场大小根据导弹中制导精度、导弹姿态控制情况和要求的作用距离来选择。为了降低研制难度，导弹中段制导精度应保证红外成像制导开机工作时，目标在其视场范围内，即使有了这一条保障前提，弹道导弹使用红外成像制导仍存在许多需要解决的技术难题。只有相关关键技术都得到完全解决，才可以将红外成像制导技术应用到弹道导弹上。

弹道导弹红外成像关键技术包括：弹道导弹红外成像制导总体技术、红外窗口材料研究、目标特性研究、超高速动态红外图像数据的获取方法、自动目标识别算法及系统研究、气动热效应和气动光学效应消除技术。下面仅就自动目标识别问题中的关键技术问题进行简单描述。

（1）目标特性研究

掌握目标特性是红外成像制导技术的先决条件，目前弹道导弹高速飞行条件下的目标特性还没有被系统地研究。目标特性研究有两条技术途径：一是对退化图像进行某种校正和恢复，使退化图像复原到正常图像，然后利用正常图像的目标特性研究成果对目标特性进行研究，提取出简单适用的目标特征，因此要研究图像退化的机理、研究气动光学效应和气动热效应的校正方法、研究自适应光学校正方法以及图像恢复校正方法；二是直接利用退化图像进行目标特性研究，充分利用目标特性的先验知识直接提取目标特征，这种方法节省了图像恢复所需要的硬件资源和时间资源，但目标特征提取的难度较大。实际研究中应对两种途径并重，并结合两种途径的优点寻找新的目标特征提取方法。

（2）超高速动态红外图像数据的获取方法

目标识别算法的研究和验证需要大量图像数据，而通过外场搭载试验获得真实图像的数量相当有限，远远满足不了目标识别算法的研究需要。将低速未退化的图像转换成高速退化图像是一条获得图像的有效途径，因此要在深入研究退化图像机理和退化模型的基础上，研究超高速动态红外图像数据的获取方法，并通过获得的有限图像样本进行修正。要研究有限样本条件下高速图像数据的模拟方法，应用外场试验对获得的真实图像进行修正，使研究出的获取方法正确、有效。

（3）自动目标识别算法及系统研究

弹道导弹飞行速度高，末制导时间较短，自动目标识别和跟踪系统的时间很短，对该算法和系统的实时性要求严格。目前，所取得的自动目标识别算法研究成果可以为弹道导弹自动目标识别算法提供技术支持，但还需利用形态学理论、模式识别理论、图像处理理论、光学理论、计算机理论、并行算法理论、现代数字信号处理理论中的多种知识进行适应弹道导弹需要的自动目标识别算法和系统研究。高速大容量信号处理机是自动目标识别算法实现的载体，弹道导弹对其实时性要求更强，面临的问题更多，需要研究并行算法，并研究可动态重构的数字信号处理机。

反辐射导弹（Anti – radiation Missile，ARM）是战争中用以摧毁和压制防空导弹武器系统中雷达等电子设备的主要硬杀伤武器。弹道导弹安装反辐射末制导系统可以充分发挥弹道导弹射程远、速度快、战斗部杀伤威力大的特点，精确打击敌方地面固定雷达目标或海面舰船目标。反辐射导弹能否在日益复杂的电磁环境中保证对目标的跟踪和攻击，取决于导引头正确选择和跟踪信号的能力，信号的分选问题已成为导引头系统设计的关键技术之一。信号的分选问题主要有两种解决方案：一种是利用先验雷达数据库识别目标，另一种是利用现场信号统计特征在线识别目标。

利用先验雷达数据库目标信号识别过程，根据被动雷达导引头接收到的实际脉冲信号，由瞬时测频仪测量脉冲信号的载波频率（Carrier Frequency，CF），由计时电路测量脉冲信号的脉冲宽度（Pulse Width，PW）以及到达时间（Time of Arrival，TOA），由天线及测角电路测量信号的到达角（Direction of Arrival，DOA，包括俯仰角与方位角两个参数）。目标信号分选分为搜索和跟踪两个阶段。在搜索阶段，将脉冲信号参数与先验雷达库的参数进行比较，先进行 CF、PW 分选，再进行脉冲重复周期（Pulse Repetition Period，PRI）、DOA 分选。在参选允许抖动范围内，若搜索到与先验雷达库中参数相匹配的信号脉冲序列，且序列脉冲的 DOA 也相同，则认为此序列为先验库锁定的雷达目标。之后转入信号分选的跟踪阶段，并将目标序列的 DOA 传送到弹上计算机，引导导弹对雷达目标实施精确打击。

在线信号统计特征识别目标的过程是从视场统计信号的特征出发，把信号到达角 DOA 作为主要分选参数，使得反辐射导弹在不预先装定对方雷达的参数特性下也能正常工作。与需装定目标的先验工作方式相对应，此工作方式称为自主工作方式。雷达目标在视场中的出现，必然会伴随着在导引头视场某一范围内的脉冲的增加，对于捷变频雷达，在该区域会出现频率跳变数的增加。在导弹飞行的过程中，DOA 是缓慢渐变的，这使得在小时间片内用"信息统计"的方法对视场角进行统计、选定雷达目标成为可能。自主分选算法就是基于此提出来的。在导引头刚开机状态，对导引头的视场区进行分区，然后对各分区内的信息进行统计。根据统计的信息确定一个目标分区，计算该目标区的脉冲重心。然后以该重心扩展一个跟踪小区，对跟踪区的中间部分进行到达脉冲的重心计算，作为角度信息输出给弹上计算机。同时，再以该重心重新扩展跟踪小区，计算中间部分的重心……如此循环，直至导引导弹摧毁目标。

合成孔径雷达（Synthetic Aperture Radar，SAR）的概念是 1951 年由美国 Goodyear 航空公司的 Carl Wiley 首次提出的。SAR 是一种主动式微波传感器，它利用脉冲压缩技术提高距离分辨率，利用合成孔径原理提高方位分辨率，从而获得大面积的高分辨率雷达图像。SAR 具有全天时、全天候、多波段、多极化工作方式、可变侧视角、穿透能力强和高分辨率等特点。它不仅可以较详细、较准确地观测地形、地貌，获取地球表面的信息，还可以透过一定地表和自然植被收集地下的信息。

弹道导弹装有 SAR 成像制导系统，可以提高其对目标的探测与识别的距离以及远距对目标的定位能力。但由于 SAR 图像的强斑点噪声、高信息离散性、目标不完整、目标尺寸小、多尺度、全方位、数据海量性等，导致 SAR 图像的自动特征提取和目标识别非常困难。基于二维 SAR 图像的自动目标识别研究主要从特征提取方法的研究和分类方法的研究两个方面进行。

特征提取的目的是利用各种优化的变换技术改善特征空间中原始特征的分布结构，压缩特征维数，去除冗余特征，减小计算量。一方面，合成孔径雷达对目标产生的成像数据量很大，另一方面，目标像的大小相对于图像的尺寸比较小，这对正确识别目标非常不利。因此，就更有必要研究目标图像的特征提取方法，压缩目标的像的特征维数，提高目标的正确识别率。利用各种正交变换技术提取目标的正交分量、去除相关性、实现维数压缩，是常用的特征提取方法，如 K－L 变换、Hough 变换、小波变换、Radon 变换及 Mellin 变换等。其中小波变换以其独特的优点较其他变换更适合于图像的目标识别，因为用小波变换可以提取宽带响应多尺度特性并进行雷达数据压缩。除此之外，科学研究人员还以 SAR 图像的纹理、极化信息、纹理与图像的灰度统计值、图像的分形布朗维数等作为图像特征。

在分类方法的研究中，基于 SAR 图像的自动目标识别方法虽然较多，但从广义上可将绝大多数方法分为两大类，即统计模式识别方法和基于模型的 SAR 目标识别方法。

基于模型匹配的 SAR 目标识别是最常用的也是最典型的统计模式识别方法。它是样本与由训练样本形成的标准模板按照某种匹配准则完成分类或识别的。在目标分类或识别之前要进行目标检测和鉴别工作。目标检测的目的是判断 SAR 图像中有无目标存在，并将杂波与目标区分开，在检测级中要求检测概率必须接近100%，虚警概率可以高一些，以确保目标不被漏检。目标的检测过程通常采用恒虚警检测法（阈值法）。在目标鉴别阶段，要对检测级输出的结果进行过滤。由于在检测阶段保证了检测概率足够高的同时也增大了虚警概率，也就是说，检测出来的目标很可能有一部分是不感兴趣的目标，即使在平坦区域（如草地），由于相干斑的存在，也会出现虚警概率，这就给下一步的目标识别带来了困难，因此，在进行识别之前，须将有用目标（感兴趣的目标）提取出来。目标的鉴别过程也可以看成两类模式分类问题，即目标与非目标的分类问题，因此，可采用模式识别方法实现。最后分类或识别过程包括粗分类和细分类两部分，粗分阶段主要确定目标大致的方位和类型，细分阶段先利用图像增强技术（High－Definition Vector Imaging，HDVI）提高 SAR 目标图像的分辨率，然后由 MSE 分类器完成最后分类。由于采用了两级分类及图像增强技术，有效地改善了系统的识别性能。这里目标模板是按方位形成的，在360°范围内每5°间隔内的像形成一个模板。模板匹配法的优点是当识别目标种类增加时，原有的目标模板无须重新训练，而只需要建立新增类别的模板即可，非常方便，这是与其他分类方法明显不同的地方。但是，这种方法的缺点是目标的模板库随着目标种类的增大而增大，一方面需要大量的存储空间，另一方面对识别速度、正确识别率都有一定的影响。

基于模型的SAR目标识别方法的主要思想是将未知目标特征与目标模型数据库中预测的特征相比较，得出识别结果。它克服了模板匹配法的不足。具体来说，就是从未知目标中提取特征，通过数学模型预测出一系列与之相关的候选目标，对其类型、姿态（位置和方位）、轮廓状态以及对目标的局部遮挡程度等做出假设，据此利用计算机辅助设计或其他模型构建技术对候选的假设目标进行3D成像，再对所成的3D像提取出散射中心目标模型，并进一步做出相对待识别目标的特征预测，作为待识别目标的参考特征，进行匹配做出判决。在匹配过程中有两个关键步骤：一是选择用来表示每一个候选目标的有效的假设特征；二是匹配方法，一般采用最小均方差准则或最大似然判决准则等。通常将上述两个步骤称为假设与检验（Hypothesis and Test，HAT）过程，注意每识别一个目标可能需要多次预测（Predict）、提取（Extract）、匹配（Match）和搜索（Search）模块，简称PEMS，由它完成HAT功能。其中Search模块控制PEMS的迭代过程，由它控制特征提取模块提取出样本中感兴趣的特征，并控制预测模块预测出与其具有相同特征的特征值，匹配模块完成对提取特征和预测特征的距离测度以及不稳定测度的计算。在基于模型的SAR目标识别方法中，目标的特征提取很重要，特征质量主要会受到样本数据失真因素的影响。例如，在估计特征位置和属性引起的误差导致特征的不稳定，遮盖引起特征丢失，地杂波导致伪特征，等等。系统的识别性能除了与模型因素（如目标模型的个数）以及目标的相似度有关外，还与上述特征数据因素有关。

在新一代作战系统中依靠单传感器提供信息已无法满足作战需要，必须运用包括微波、毫米波、电视、红外、激光、电子支援措施（ESM）以及电子情报技术（ELINT）等覆盖宽广频段的各种有源和无源探测器在内的多传感器集成，来提供多种观测数据，通过优化综合处理，实时发现目标、获取目标状态估计、识别目标属性、分析行为意图和态势评估、威胁分析、精确制导、电子对抗、作战模式和辅助决策等作战信息。

目前，应用较广的复合形式有毫米波主动/被动、毫米波/红外和毫米波/双色红外、紫外/红外和雷达/红外等，其中毫米波与红外复合制导是较有前途的制导体制。毫米波和红外成像制导在使用与性能上互相补充，将两者结合取长补短，可取得很好的作战结果。而双色红外/毫米波双模三波段复合制导体制，由于毫米波频带宽和复合系统使用三波段工作，使敌方很难干扰，且目标的伪装和隐身也难以奏效。

ATR技术是精确制导的核心技术之一，现代的智能化多模制导导引头本质上就是一个自动目标识别系统。虽然对自动目标识别技术的研究已有近40年的历史，但仍未取得突破性的进展，主要问题是已有的一些自动识别系统的检测概率较低或虚警率较高，解决这个问题的一个有效途径就是采用多传感器数据融合技术。

目前，国外重点发展的多模制导技术是长波红外和主动毫米波寻的的双模制导，这样的系统具有四大优势：全天时/全天候工作能力、抗多种电子/电光干扰和反隐身目标能力、复杂环境下的目标识别能力、对快速目标的精确定位能力。

不同的多传感器应用系统所采用的数据融合方法以及信息融合的层次是不一样的。对用于精确制导的多传感器目标识别系统而言，采用决策级的数据融合方法是比较合适的，这主要是以下两个原因造成的。

①精确制导系统所采用的传感器通常是前视红外探测器、毫米波探测器、激光雷达、可见光传感器等。这些传感器大多是可以成像的，即现代精确制导系统中的多传感器自动目标识别系统所处理的数据一般都是各种图像序列，数据量很大；如果采用数据级融合方法，信息处理系统在与各传感器通信时对数据带宽的要求非常高，这给系统实现带来很大的困难。

②由于在多传感器目标识别系统中，数据融合技术的主要用途是提高目标的检测概率，降低虚警率或为后续的目标识别提供更多的有效信息，而且现代目标识别系统中的传感器与信号处理系统的集成度越来越高，它们一般都具备很强的预处理能力和一定的目标检测乃至识别功能。因此，在各传感器及其信号处理系统得出局部的检测或识别结果后，再通过数据融合单元做出全局的检测或识别结果将非常可靠。

思考题

1. 设两类一维问题的条件密度函数服从 Cauchy 分布：

$$P(x|\omega_i) = \frac{1}{\pi b} \cdot \frac{1}{1 + \left(\dfrac{x - a_i}{b}\right)^2}, \ i = 1, \ 2$$

且有 $P(\omega_1) = P(\omega_2)$。

①证明当 $x = \dfrac{1}{2}(a_1 + a_2)$ 时，有 $P(\omega_1|x) = P(\omega_2|x)$；

②画出当 $a_1 = 3$，$a_2 = 5$，$b = 1$ 时的 $P(\omega_1|x)$ 的曲线。

2. 设两类一维问题的判决规则为：若 $x > \theta$，则 $x \in \omega_2$，反之，$x \in \omega_2$。

①证明其总的错误率由下式给出：

$$P(总错) = P(\omega_1)\int_{-\infty}^{\theta} P(x|\omega_1)\,\mathrm{d}x + P(\omega_2)\int_{\theta}^{+\infty} P(x|\omega_{21})\,\mathrm{d}x$$

②证明当 θ 满足下式时，P（总错）最小：

$$P(\theta|\omega_1)P(\omega_1) = P(\theta|\omega_2)P(\omega_2)$$

3. 样品为印刷字符"A"～"F"的二值矩阵，怎样从中抽取其笔画作为基元？

4. 写出字母表 $\{0, 1\}$ 上下列语言的上下文无关文法产生式：

①所有至多含一对连续的两个 0 且至多含一对连续的两个 1 的句子；

②所有不含子句 101 的句子。

5. 人工神经网络模型参考了哪些生理学发现？有哪些不足？

6. 简述大脑神经网络的构成及其机理。

7. 用于模式识别的人工神经网络技术与统计模式识别技术有何异同？

8. 在 BP 算法的创建中，最困难的是哪一步？设计者是怎样解决的？

9. BP 算法主要涉及哪些参数？它们对学习效果有何影响？

10. 用二元对比排序法建立苹果、香蕉、荔枝、西瓜等水果对"好吃的水果"的隶属度。

11. 用推理法建立隶属度函数，以区分手写字符"5""S"。

12. 用推理法建立四边形对"矩形"的隶属度函数。

13. 数据融合识别和其他常用识别方法有什么异同？

14. 简述 D – S 证据理论融合识别的步骤。

15. D – S 证据理论的实施难点是哪一步？如何解决？

16. 比较各类目标识别方法的优缺点及其适用范围。

17. 自动目标识别技术在导弹中有哪些应用？

参 考 文 献

［1］ 姜来根. 21 世纪海军舰船［M］. 北京：国防工业出版社，1998.

［2］ 王颂康. 高新技术弹药［M］. 北京：兵器工业出版社，1997.

［3］ 马忠旗. 装甲与反装甲武器［M］. 北京：科学技术文献出版社，1996.

［4］ 洪昌仪. 兵器工业高新技术［M］. 北京：兵器工业出版社，1994.

［5］ 程翔，等. 反直升机智能雷弹引信技术——系统理论［R］. GF 报告：NLG－2001－090－1，2002.

［6］ 程翔等. 反直升机智能雷弹引信技术——风对被动声定位的影响及其修正［R］. GF 报告：NLG－2001－090－2，2002.

［7］ 杨亦春. 反直升机智能雷弹声复合引信研究——时延估计、目标识别、定位计算研究及系统设计［D］. 南京：南京理工大学，2000.

［8］ 张元. 被动声探测技术研究［D］. 南京：南京理工大学，1996.

［9］ 程翔，等. 智能雷弹引信技术——窄带被动声探测技术系统设计［R］. GF 报告：NLG－2002－090，2002.

［10］ 杨成林. 瑞雷波探测［M］. 北京：地质出版社，1993.

［11］ Waterways Experiment Station, U. S. Army Corps of Engineers, Analysis of seismic intrusion detector portion of tactical remote sensor system［R］. Vicksburg, MS, July, 1993.

［12］ 李体然，唐赵英. 外军高新技术现状与发展趋势［R］. 北京：中国国防科技信息中心，1991. 12：270－280.

［13］ Shou Y Mui, Paul A Walter, Joseph Mollo. Flexible intrusion detection and early warning system［C］. Proceedings of SPIE, 1997 (3081)：30－41.

［14］ Julienne E. LeMond, Richard A. Gramann. Vehicle weight estimates using a buried three－axis seismometer［C］. Proceedings of SPIE, 1999 (3577)：106－116.

［15］ Richard A Gramann, Mary Beth Bennett, Thomas D O Brien. Vehicle and personnel detection using seismic sensors［C］. Proceedings of SPIE, 1999 (3577)：74－85.

［16］ Gerard E Sleefe, Steven G Peglow, Robert G Hamrick. Application of unattended ground sensors to stationary targets［C］. Proceedings of SPIE, 1997 (3081)：21－29.

［17］ Fred E Followill, James K Wolford, James V. Candy. Advanced array techniques for unattended ground sensor applications［C］. Proceedings of SPIE, 1997 (3081)：266－280.

［18］ 赵月白. 现代声呐技术的几个发展方向［J］. 现代军事，2005 (5)：42－44.

［19］ Cesarotti W L, Zuk D M. Survey of Ladar sensors for warhead fuzing, AD A268558［R］. 1993.

［20］ Jon G Holt, Gary G Hayward, Irving Goldstein. Optical fusing arrangement：US Patent, 3,

793，958［P］.1974 – 02 – 26.

［21］孔有发．国外激光引信的现状及其发展趋势［J］.现代引信，1992（4）：41 – 46.

［22］袁正．激光引信综述［J］.航空兵器，1998（3）：31 – 38.

［23］孙全意，江小华，张河．单电源模拟设计技术及虚地发生器的应用［J］.半导体技术，2001，26（12）：51 – 54.

［24］孙全意．激光近炸引信的体制、定距与识别技术研究［D］.南京：南京理工大学，2002.

［25］崔占忠，宋世和，徐立新．近炸引信原理［M］.北京：北京理工大学出版社，2009.

［26］刘亨，等．近感检测原理［M］.西安：西北工业大学出版社，1988.

［27］李兴国，李跃华．毫米波近感技术基础［M］.北京：北京理工大学出版社，2009.

［28］杨亦春．近程探测技术原理与应用［D］.南京：南京理工大学，1998.

［29］阮成礼．毫米波理论与技术［M］.成都：电子科技大学出版社，2001.

［30］Paul W. Kruse. Elements of Infrared Technology［M］. USA，New York：John Wiley & Sons Inc.，l962.

［31］万欣，等．红外光电探测器及其材料［M］.北京：科学出版社，1960.

［32］威拉德森，比尔．红外探测器［M］.《激光与红外》编辑组，译．北京：国防工业出版社，1973.

［33］杨臣华，梅遂生，林钧挺．激光与红外技术手册［M］.北京：国防工业出版社，1990.

［34］吴宗凡．高 Tc 超导体的理论和试验研究［J］.红外技术，1988，10（3）：1 – 8.

［35］于凌宇．超导探测器技术与发展［J］.国外电子元器件，2001，1（12）：13 – 16.

［36］方如章，刘玉风．光电器件［M］.北京：国防工业出版社，1988.

［37］邵式平．热释电效应及其应用［M］.北京：兵器工业出版社，1994.

［38］苏培超，张星灿．红外双色探测器［J］.红外技术，1989，11（4）：29 – 34.

［39］陈世达．8 ～ 12 m 量子阱超晶格红外探测器材料与器件［J］.红外技术，1991，13（5）：10 – 16.

［40］钟云，孙娟．红外焦平面技术发展概况［J］.红外技术，1991，13（6）：1 – 6.

［41］曾戈虹．红外焦平面器件的研制与展望［J］.红外技术，1995，17（3）：1 – 5.

［42］欧阳杰．红外电子学［M］.北京：北京理工大学出版社，1997.

［43］张敬贤，李玉丹，金伟其．微光与红外成像技术［M］.北京：北京理工大学出版社，1995.

［44］杨宜禾，岳敏，周维真．红外系统［M］.第二版．北京：国防工业出版社，1995.

［45］吴宗凡，柳美琳，张绍举，等．红外与微光技术［M］.北京：国防工业出版社，1998.

［46］中国卫星导航系统管理办公室．北斗卫星导航系统公开服务性能规范（1.0 版）［S］.

［47］中国卫星导航系统管理办公室．北斗卫星导航系统空间信号接口控制文件（2.0 版）［S］.

［48］张贤达．现代信号处理［M］.北京：清华大学出版社，1995.

［49］王宏禹．随机数字信号处理［M］.北京：科学出版社，1998.

［50］程佩青．数字信号处理教程［M］.第四版．北京：清华大学出版社，2013.

［51］ 孙即祥，等．现代模式识别［M］．长沙：国防科技大学出版社，2002.

［52］ 郭桂蓉，谢维信，庄钊文，等．模糊模式识别［M］．长沙：国防科技大学出版社，1992.

［53］ 沈清，汤霖．模式识别导论［M］．长沙：国防科技大学出版社，1991.

［54］ 边肇祺，张学工，等．模式识别［M］．第二版．北京：清华大学出版社，2000.

［55］ 傅京孙．模式识别及其应用［M］．北京：科学出版社，1983.

［56］ 陈笃行．磁测量基础［M］．北京：机械工业出版社，1985.

［57］ 周世昌．磁性测量［M］．北京：电子工业出版社，1994.

［58］ 杨军，朱学平，张晓峰，等．弹道导弹精确制导与控制技术［M］．西安：西北工业大学出版社，2013.